柴油机颗粒物排放机外控制技术

楼狄明　谭丕强　张允华　房　亮　胡志远　著

同濟大學出版社
TONGJI UNIVERSITY PRESS
·上海·

图书在版编目(CIP)数据

柴油机颗粒物排放机外控制技术 / 楼狄明等著. —
上海：同济大学出版社，2020.12
ISBN 978-7-5608-9637-3

Ⅰ. ①柴… Ⅱ. ①楼… Ⅲ. ①柴油机－汽车排气污染
－粒状污染物－污染防治－研究 Ⅳ. ①X734.2

中国版本图书馆 CIP 数据核字(2020)第 251994 号

“同济大学学术专著(自然科学类)出版基金”资助项目

柴油机颗粒物排放机外控制技术

楼狄明 等 著

责任编辑 翁 晗 责任校对 徐逢乔 封面设计 陈益平

出版发行 同济大学出版社 www. tongjipress. com. cn
(地址：上海市四平路 1239 号 邮编：200092 电话：021－65985622)
经 销 全国各地新华书店
排 版 南京文脉图文设计制作有限公司
印 刷 常熟市华顺印刷有限公司
开 本 787mm×1092mm 1/16
印 张 16.5
字 数 412 000
版 次 2020 年 12 月第 1 版
印 次 2020 年 12 月第 1 次印刷
书 号 ISBN 978-7-5608-9637-3

定 价 78.00 元

前　言

　　汽车工业与环境有着极为紧密的关系,近年来随着全球汽车工业的飞速发展,温室气体和大气污染物导致的全球气候、空气质量问题日趋明显,而其中机动车尾气排放出的颗粒污染物($PM_{2.5}$)是导致大气雾霾问题的主要原因之一。中国是公认的汽车产销大国,汽车产销量已连续11年稳居世界第一,据调查显示,如今随着中国机动车保有量的大幅增长,部分城市的机动车排放甚至已经成为大气中 $PM_{2.5}$ 的首要来源。

　　中国幅员辽阔,客货运输均以公路运输为主,而柴油机由于油耗低、转矩大、可靠耐用等优势,在汽车、船舶、非道路移动机械(工程机械、农业机械、发电机组等)等领域得到了广泛应用,各类货车、中大型客车均主要使用柴油机作为动力源,其中以柴油车为主的公路运输承担了三分之二以上的旅客和货物运输。可以预测,在未来相当长的时间内,柴油动力仍将是国家国防装备、经济发展和基础设施建设的中坚力量。柴油机相关的排放法规越来越严格,但是中国柴油车目前依然以国三和国四标准的柴油车为主,相较于最新出台的国六法规,柴油车的尾气后处理发展依然任务艰巨。

　　笔者在机动车尾气后处理领域深耕十余载,主持及参与了三十余项国家和省部级重点科研项目,在总结、凝练研究成果的基础上,参考大量论文、专利等成果,并结合自身多年高校教学授课经验和当下国家对移动源污染物攻坚任务的核心内容及颗粒物评价测试标准和方法,在本书中引入了国际行业内最前沿、新颖的专业内容,通过精心设计撰写,对现有柴油机颗粒污染物机外控制技术乃至汽车行业未来尾气后处理技术的发展做了较系统全面的分析和观点表述。

　　本书从柴油机燃烧特性及颗粒物产生机理开始,详细阐述了柴油机颗粒污染物的生成、构成及分布、颗粒物化学催化氧化反应原理、污染物基本控制方法等内容,同时结合国内外先进的机外捕集技术及设备,通过大量实例分析了柴油机颗粒污染物机外排放控制技术及颗粒物后处理系统。作者力求全书在完整地解释相关基本概念的前提下,严谨且专业地表达柴油机后处理系统相关技术内容及其优缺点,章节顺序安排合理,脉络清晰,文字叙述与插图、示例严格对应,站在科学角度介绍柴油机后处理的同时更加专注于工业中的实践运用,便于行业内外读者参考及广大高校学生群体学习借鉴。

　　本书的撰写得到了潍柴动力股份有限公司、昆明云内动力股份有限公司、无锡威孚环保催化剂有限公司、无锡威孚力达催化净化器有限责任公司、江苏省宜兴非金属化工机械厂有限公司、上海市环境科学研究院等单位的大力支持,特此感谢。

　　由于作者水平有限,不免有疏漏错误之处,敬请各位专家、读者多提宝贵意见。

2020 年 8 月

目 录

第1章 绪论

中国汽车工业自 20 世纪 80 年代以来迅猛发展,中国汽车工业协会的数据显示[1],2019年中国汽车产销量分别为 2 572.1 万辆和 2 576.9 万辆,连续 11 年稳居世界第一。同时2019 年全国机动车保有量达到 3.48 亿辆,其中汽车保有量达到 2.6 亿辆[2]。

而柴油机由于油耗低、转矩大、可靠耐用等优势,在汽车、船舶、非道路移动机械(工程机械、农业机械、发电机组等)等领域得到广泛应用,各类货车、中大型客车均主要使用柴油机作为动力源。中国移动源环境管理年报数据显示[3],2018 年全国 2.4 亿汽车保有量中柴油车 2 103.0 万辆,占 9.1%。其中柴油货车占柴油车保有量的 86.5%,柴油客车占柴油车总量的 13.5%。中国柴油车目前以国三和国四标准的柴油车为主,分别占柴油车保有量的47.5% 和 36.4%,国五标准柴油车占 15.4%。图 1-1 所示为 2018 年中国汽车保有量构成。

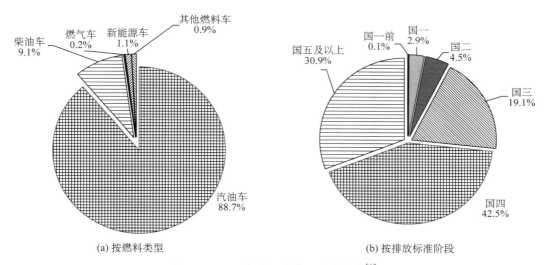

(a) 按燃料类型   (b) 按排放标准阶段

图 1-1　2018 年中国汽车保有量构成[3]

我国幅员辽阔、山地面积大,随着我国经济高速发展,国家客货运输量也持续高速增长。图 1-2 为 1980—2018 年全国货运量变化。而客货运输均以公路运输为主,2018 年以柴油车为主的公路运输承担了约 76.2% 的旅客运输和 76.9% 的货物运输[3]。在未来相当长的时间内,柴油动力仍将是国家国防装备、经济发展和基础设施建设的中坚力量。图 1-3 为 2018年全国客、货运输结构。

《国家中长期科学和技术发展规划纲要(2006—2020 年)》[4]和《中国制造 2025》[5]都明确指出:要重点研发"高效低排放内燃机"等核心技术。2018 年全国生态环境保护大会明确指出:要突出加强"机动车污染源"治理,坚决打赢"蓝天保卫战",环境就是民生,青山就是美丽,蓝天也是幸福。坚决打赢蓝天保卫战是重中之重,是国内民众的迫切期盼。2018 年 6 月,国务院颁布《打赢蓝天保卫战三年行动计划》[6],提出了防治工作的总体思路和基本目标,其中优化调整货物运输结构、加快柴油货车等车辆与船舶的结构升级、加快油品质量升级、强化移动源污染防治作为主要任务被明确,因此柴油车尾气污染物减排是我国亟待解决的重大课题。

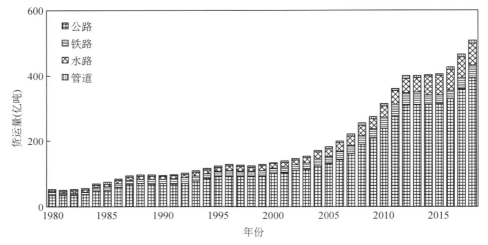

图 1-2　1980—2018 年全国货运量变化[3]

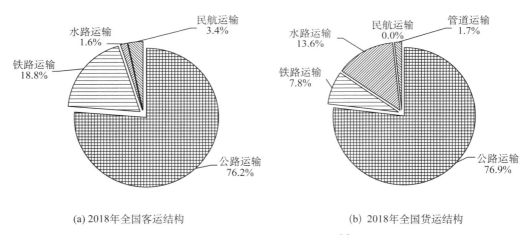

(a) 2018年全国客运结构　　　　　　　　　(b) 2018年全国货运结构

图 1-3　2018 年全国运输结构图[3]

1.1　颗粒物排放污染现状

国家标准《车用压燃式、气体燃料点燃式发动机与汽车排气污染物排放限值及测量方法(中国Ⅲ、Ⅳ、Ⅴ阶段)》(GB 17691—2005)[7]中定义:颗粒物(PM)是指在温度为 315 K(42 ℃)～325 K(52℃)的稀释排气中,由滤纸收集到的所有排气成分,主要是碳、冷凝的碳氢化合物、硫酸盐水合物。

细颗粒物是指环境空气中空气动力学当量直径小于或等于 2.5 μm 的颗粒物(以下简称PM$_{2.5}$),作为对我国环境空气质量影响最大的污染物之一,表现出 4 个重要的特征[8]:

（1）年均浓度绝对值高。2013 年 74 个城市的监测数据表明，PM$_{2.5}$ 浓度年均值高达 72 $\mu g/m^3$，超过我国环境空气质量标准 1.1 倍，超过世界卫生组织指导值 6.2 倍。

（2）超标天数多，重污染过程发生频率高。2013 年 74 个城市的平均达标天数仅为 221 天，达标率占 60.5%。

（3）区域污染特征明显，其中京、津、冀地区污染尤其突出。2013 年京津冀 13 个地级以上城市的 PM$_{2.5}$ 浓度年均值超过 100 $\mu g/m^3$，平均达标率仅为 37.5%。

（4）二次颗粒物比例高。由二氧化硫（SO$_2$）、氮氧化物（NO$_x$）、挥发性有机物（VOCs）、氨（NH$_3$）等气态污染物通过化学反应形成的二次颗粒物在 PM$_{2.5}$ 中的比例高，部分区域超过了 60%。

我国自 2013 年起逐渐加大污染防治力度，国务院印发了《大气污染防治行动计划》[9]，对于 PM$_{2.5}$ 等问题展开全面的防治行动。《2016 年全球 PM$_{2.5}$ 空气污染年报》显示，我国排放的颗粒物浓度严重超标，造成的大气污染极为严重[10]。

根据《大气中国 2019：中国大气污染防治进程》[11]，我国在污染防治方面的政策及措施取得了良好成效，如图 1-4 所示，除臭氧（O$_3$）外，一氧化碳（CO）、二氧化氮（NO$_2$）、二氧化硫（SO$_2$）、PM$_{2.5}$ 和可吸入颗粒物（PM$_{10}$）等各项污染物年均浓度均有所下降，PM$_{2.5}$ 污染继续得到有效遏制，但 PM$_{2.5}$ 超标城市的比例仍占一半以上，且整体浓度仍超出国家二级标准 35 $\mu g/m^3$ 的浓度限值 11.4%。

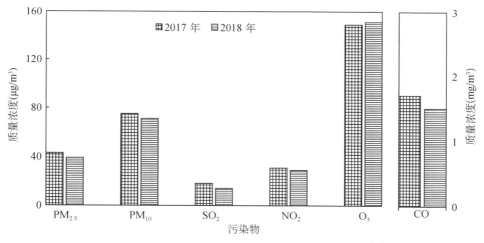

图 1-4　2017 年与 2018 年中国污染物年均浓度对比[10]

1.1.1　颗粒的危害

柴油车尾气中含有大量会对人类与环境造成极大危害的以颗粒形式存在的污染物，对于粒径较小的颗粒，尤其是 30～100 nm 这一粒径段的颗粒，其含有毒性有机成分的比例相对较高，并且极易被人体吸收，产生的危害较大。因此，在控制柴油机颗粒物排放的同时，关注颗粒物的粒径分布、数量和成分是十分必要的。柴油机排气颗粒物主要通过口、鼻吸入人体，大部分进入呼吸系统，少量经吞咽进入食道。如图 1-5 所示，颗粒物经过鼻腔、咽喉、气管、支气管最终到达肺泡,在此过程中,粒径较大的颗粒物被过滤,超细颗粒物可进入并沉积在肺泡中,被血液吸收,纳米级颗粒物被嗅觉细胞吸收并进入中枢神经和大脑,被过滤的颗粒物仍需要一定时间才能排出体外。

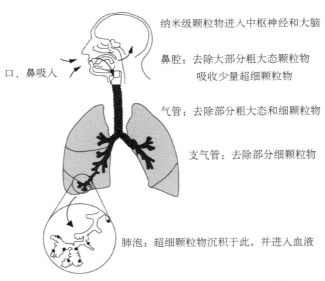

图 1-5　颗粒物在人体内的走向和沉积部位[12]

大量的医学研究指出,PM$_{2.5}$ 与人类疾病的死亡率和发病率密切相关,PM$_{2.5}$ 主要通过对呼吸系统和心血管系统造成伤害,引起咳嗽、降低肺功能、引发呼吸道炎症。吸入肺部的 PM$_{2.5}$ 中有 50% 会沉积在肺中造成肺部硬化,同时在这些可入肺的颗粒物中,包含多环芳烃等化合物,该类有毒物质是一种致癌物,将大幅增加癌症风险。世界卫生组织(World Health Organization,WHO)在 2005 年版《空气质量准则》中指出:当 PM$_{2.5}$ 年均浓度达到 35 $\mu g/m^3$ 时,人的死亡风险比 10 $\mu g/m^3$ 的情形约增加 15%。联合国环境规划署的报告中指出,在欧盟国家中,PM$_{2.5}$ 导致人们的平均寿命减少 8.6 个月。2013 年,世界卫生组织宣布,柴油机尾气排放物是一级致癌物。[13]

此外,柴油机排放的颗粒物还是引起当前日益严重的大气气溶胶污染的关键因素。大气气溶胶是指沉降速度可以忽略的固体粒子、液体粒子或固体和液体粒子在气体介质中的悬浮体,和气态大气污染物一同被视为大气污染物的两大基本要素。

大气气溶胶粒子对气候的辐射平衡有重要的影响,通过吸收和散射太阳辐射及地面辐射出的长波辐射影响辐射收支平衡,进而影响气候;在城市大气中,由汽车尾气和燃烧排放气体造成的高浓度的大气气溶胶会降低大气可见度,甚至引起灰霾天气,从而影响城市的交通和人类的正常生活;微米级的大气气溶胶粒子还会对人的呼吸系统产生重要影响,尤其含有各种微生物和生物性物质的大气气溶胶对人体健康影响更大;此外大气气溶胶中的金属微粒对工业产品的危害很大,会对电子器件的性能产生影响,大气气溶胶中的重金属影响更广泛。因此,世界卫生组织(WHO)、欧盟环境署(EEA)等诸多国际机构在评价大气污染的健康危害时均选择颗粒作为代表性空气污染物之一。

1.1.2　颗粒排放物的来源及组成

我国第一批城市大气 $PM_{2.5}$ 源解析表明,在部分城市,机动车排放物已经成为 $PM_{2.5}$ 的首要来源,而国内多数城市 $PM_{2.5}$ 浓度的贡献仍以燃煤排放为主。北京、上海、杭州、广州、深圳等城市,移动源排放为 $PM_{2.5}$ 首要来源,以北京和上海为例,如图 1-6 所示,移动源的 $PM_{2.5}$ 贡献率分别为 45% 和 29.2%。南京、武汉、长沙等城市的移动源排放为第二大污染源。随着机动车保有量的不断增加,其 PM 排放量也与日俱增,山东、河北、河南、广东、江苏等工业发达地区的 PM 排放量很高,如图 1-7 所示,机动车排放已逐渐成为 PM 排放的最主要来源之一。

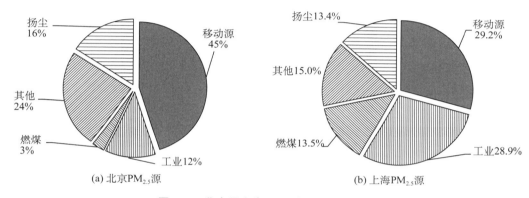

图 1-6　北京及上海 2018 年 $PM_{2.5}$ 源解析

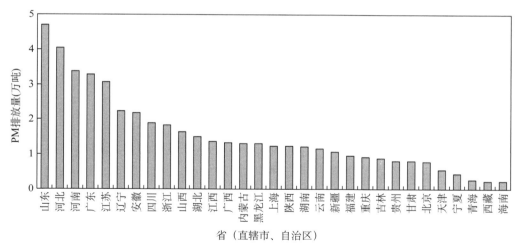

图 1-7　各省(直辖市、自治区)2018 年机动车 PM 排放量[3]

《2019 年中国移动源环境管理年报》显示[3],2018 年全国汽车排放 CO 合计 3 089.4 万吨,碳氢化合物(HC)合计 368.8 万吨,NO_x 合计 562.9 万吨,PM 合计 44.2 万吨。其中柴油车的 NO_x 排放量为 371.6 万吨,PM 排放量为 42.2 万吨,分别占汽车排放总量的 71.2% 和 99.0% 以上,如图 1-8 所示。由此可见,汽车排放的 PM 主要来源于柴油车。

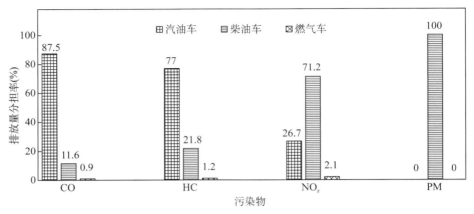

图 1-8　不同燃料类型汽车的污染物排放量分担率[3]

柴油机排放颗粒物按其形成过程，又分为一次颗粒物（Primary Particles）和二次颗粒物（Secondary Particles）[14]。一次颗粒物通常指由排气管直接排出的颗粒物，其组分主要为Soot、附着在 Soot 表面或以颗粒态排出的无机盐、可溶性有机物（SOF）等。针对柴油机排放性能的检测对象多属于一次颗粒物。二次颗粒物指一次颗粒物进入大气环境或稀释环境后，形成的二次气溶胶污染物。Soot 遇到氧气发生光学氧化作用[15-16]，伴随吸附、凝并和沉降作用，形成粒径更大的颗粒物，是 $PM_{2.5}$ 的主要前体之一。排气中的 SO_3 在光化学作用下会生成硫酸和硫酸盐粒子等二次颗粒物。SOF 等有机物组分会因温度降低和稀释作用，从颗粒物表面挥发，形成粒径更小的粒子，或与大气中的 O_3 和 OH 自由基等氧化剂形成二次气溶胶[17]。粒径为 $10\sim100$ nm 的超细颗粒物多为有机成分，具有十分活跃的化学性质，同时具有颗粒物的传播能力[17]，在造成大气二次污染的同时，对人体健康具有严重危害。

1.1.3　我国柴油车颗粒物排放现状

在车用柴油机中，柴油被喷入燃烧室与压缩后的高温空气混合迅速燃烧，由于柴油蒸发性和流动性较差、油气混合时间较短，造成混合气浓度分布极不均匀，局部不均的混合气不完全燃烧会产生颗粒物。研究发现，柴油机的碳烟颗粒物排放比汽油机大几十倍甚至更多，且柴油机在瞬态工况下排放的污染物浓度明显高于稳态工况。加速工况下，虽然喷油量猛增，但缸内温度升高较慢，同时涡轮转速和供气量的增加相对喷油量有滞后，造成混合不充分，燃烧恶化，颗粒物显著增加。

图 1-9 为各类汽车的 PM 排放分担率。从图中可以看出，装备柴油机的中、重型货车和大型客车是颗粒物排放的主要贡献者，重型货车颗粒物排放量占比达 66.3%，中型货车占7.8%，轻型货车占 10.6%，大型客车占比达 13.3%，总占比超过颗粒物排放量的 98%。因此，先进的柴油车后处理技术的应用推广与最新汽车排放法规的全面实施，是我国防治大气环境污染、实现绿色可持续发展的重要途径；柴油车颗粒物后处理技术，是我国治理灰霾污染、打赢蓝天保卫战的重要依托。

由于国三和国四标准柴油车保有量大，分别占我国柴油车保有量的 47.5% 和 36.4%。且此类柴油车未加装后处理系统或加装的后处理系统效果较差，外加年久失修，导致各项污

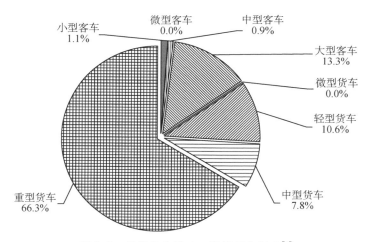

图 1-9　各类汽车的 PM 排放量分担率[3]

染物的排放分担量均较高,尤其国三标准柴油车污染物排放分担量远高于其他标准柴油车。图 1-10 所示为不同排放法规柴油车污染物排放量分担率。从图中可以看出,老旧的国三柴油车各类污染物排放的贡献率均在 50% 以上,国四柴油车各类污染物排放贡献率均在 15%以上,国三和国四车辆的 CO、HC、NO_x 和 PM 的贡献率分别占我国柴油车排放贡献率的 85.7%、89.3%、89.3% 和 88.8%。

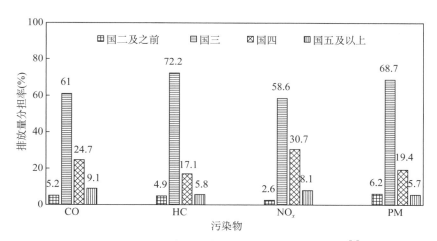

图 1-10　不同排放法规柴油车污染物排放量分担率[3]

近年来柴油机技术不断改进,颗粒物排放量也处于下降趋势,但随着对内燃机低排放的要求不断严格,能兼顾动力性、经济性、排放性的内燃机越来越复杂,成本急剧上升,因此,车用柴油机后处理技术就显得尤为重要。

1.2　颗粒物排放的评估指标

颗粒物数量排放和质量排放是衡量颗粒物排放的最常用指标,通过分析单位流量或单位时间下的颗粒物排放浓度、不同粒径范围颗粒物排放浓度等,可以有效地评估颗粒物排放污染物的情况,并加以约束和有针对性地治理。目前,众多科研人员积极展开了多项围绕颗粒物排放浓度的研究,主流的尾气颗粒物检测方法有重量分析法、滤纸烟度法、扫描电迁移率颗粒粒径谱仪法(SMPS)和电子低压撞击器法(ELPI)。

柴油机排放颗粒物的主要评价指标有颗粒物比排放量、质量、质量浓度、数量、数量浓度、粒径分布、烟度和分形维数等。

（1）颗粒物比排放量

柴油机排放法规中规定,用颗粒质量的比排放来衡量颗粒物排放水平。颗粒的比排放是指单位有效功生成的颗粒质量排放,单位为 g/kWh。

（2）颗粒物质量

测量颗粒物质量(PM)时,通常把柴油机排气中的颗粒收集在滤纸上,用精密天平称得滤纸在收集颗粒前后的质量差,单位为 g。为了使收集到的颗粒能够再现柴油机颗粒的特征,应采用排放法规要求的稀释通道取样。

（3）颗粒物质量浓度

颗粒物质量浓度是指单位体积气体中颗粒的质量。颗粒物质量浓度的公式为

$$\rho_m = \frac{D_R \cdot m_{pf}}{q_{VSN} \cdot \Delta t} \tag{1-1}$$

式中　　ρ_m——颗粒物质量浓度,g/m^3;

D_R——稀释比;

m_{pf}——取样滤纸上的颗粒质量,g;

q_{VSN}——在标准状态下取样的稀释排气体积流量,m^3/s;

Δt——取样时间,s。

（4）颗粒物数量

颗粒物数量(PN)指在去除了挥发性物质的稀释排气中,所有粒径超过 23 nm 的粒子总数,单位为个,用 ♯ 表示。

（5）颗粒物数量浓度

颗粒物数量浓度定义为单位体积气体中颗粒的个数。颗粒物数量浓度的公式为

$$\rho_N = \frac{N}{V} \tag{1-2}$$

式中　　ρ_N——颗粒物数量浓度,♯/cm^3;

N——气体中颗粒的数量,♯;

V——气体的体积,cm^3。

（6）颗粒物粒径分布

按测量方法,颗粒物粒径分为空气动力学直径和电子迁移直径。空气动力学直径的测量是利用重力法,定义为单位密度($\rho_0 = 1$ g/cm^3)的球体在静止空气中做低雷诺数运动时,达到与实际粒子相同的最终沉降速度(v_s)时的直径。电子迁移直径的测量是利用粒子数量尺寸分布法。

颗粒物的粒径分布表示颗粒物数量、体积或质量某参量的值或比例与颗粒物直径（粒径，D_p）的关系。在研究粒径分布特征时，一般按粒径不同将颗粒物分类讨论，比较广泛采用的分类方法有以下两种[18-21]：

（a）内燃机领域常用分类方法：核模态（Nucleation Mode，$D_p < 50$ nm）、聚集态（Accumulation Mode，50 nm$<D_p<$1 000 nm）、粗态（Coarse Mode，$D_p>$1 000 nm）；

（b）环境科学领域常用分类方法：可吸入颗粒物（PM_{10}，$D_p \leqslant 10$ μm）、细颗粒物（$PM_{2.5}$，$D_p \leqslant 2.5$ μm）、超细颗粒物（Ultrafine Particles，$D_p \leqslant 1.0$ μm）、纳米级颗粒物（Nanoparticles，$D_p \leqslant 0.05$ μm）。

柴油机排气颗粒物的典型粒径分布为包含了核模态和聚集态颗粒物峰值的双峰分布，如图 1-11 所示[22]，基本属于 $PM_{2.5}$ 的范畴。其中，聚集态颗粒物的主要成分是粒径较大的 Soot 聚集体，表面吸附了无机盐和 SOF 等成分；核模态颗粒物的主要成分为无机盐粒子、半挥发或固态有机物粒子、液态硫酸和 HC 小液滴、少量的 Soot 粒子[23]。

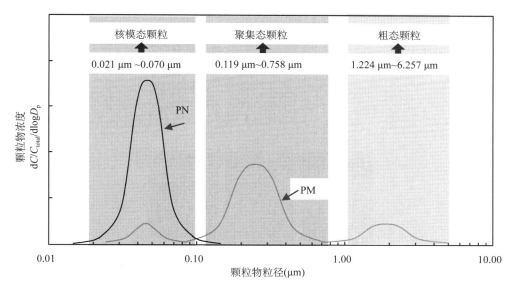

图 1-11 柴油机排气颗粒物典型粒径分布

柴油机颗粒物粒径分布取决于不同机型、工况和燃料等诸多因素，通常情况下，聚集态粒径区间对颗粒物总质量起主导作用，贡献了 60%～90% 的颗粒物质量；核模态粒径区间对颗粒物总数量起主导作用，贡献了 90% 以上的颗粒物数量[24-25]。

（7）烟度

柴油机燃烧会排出由未燃碳氢化合物、润滑油、燃油中的硫化物以及燃烧室裂解的碳等组成的微粒，这些成分组成了柴油机的烟度排放，也就是常看到的排烟。

柴油机排烟指悬浮在柴油机排气流中的微粒和雾状物。排烟阻碍光线通过，并反射和折射光线。柴油机的排烟常见的有黑烟、蓝烟和白烟三种。白烟由凝结的水蒸气和直径大于 1 μm 的液体燃油的微滴形成。蓝烟由直径小于 0.4 μm 的未完全燃烧的燃油和润滑油的微滴形成。黑烟由发动机燃烧过程中排出的直径小于 1 μm 的固体碳形成。柴油机排烟多少的传统衡量指标为烟度。烟度不仅是评价柴油机对大气污染程度的重要指标,也是评价柴油机强化程度和燃烧过程是否完善的重要参数。烟度值越大,表示形成的碳烟越多,而碳烟作为形成颗粒的主要载体,就可能导致形成更多的颗粒,但烟度与颗粒质量之间没有一一对应的关系[26]。

柴油机排气中的可见污染物主要指的是排气中肉眼可以直接观察到的黑色排烟。法规对排气中可见污染物的评价,通常采用烟度来衡量。我国国家标准《柴油车污染物排放限值及测量方法(自由加速法及加载减速法)》(GB 3847—2018)[27]中定义:光吸收系数表示光束被单位长度排烟衰减的一个系数,它是单位体积的微粒数、微粒的平均投影面积和微粒的消光系数三者的乘积;林格曼黑度是将排气污染物颜色与林格曼浓度图对比得到的一种烟尘浓度表示法,分为0~5级。对应林格曼浓度图有六种,0级为全白,1级黑度为20%,2级黑度为40%,3级黑度为60%,4级黑度为80%,5级为全黑。图1-12所示为林格曼烟气浓度图。

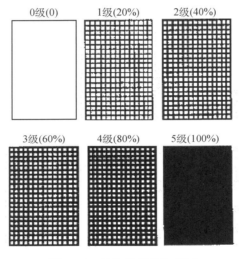

图 1-12　林格曼烟气浓度图

(8)颗粒物分形维数

分形是指局部和整体以某种方式相似,即自相似性[28]。采用分形理论可以描述具有不规则几何外形的物质结构,如材料断面、团聚颗粒和高分子结构等。柴油机燃烧颗粒在形态和大小上差异很大,具有典型的分形结构,目前已有学者提出可以采用分形理论研究颗粒的结构。根据颗粒的微观结构特征,采用分形维数来表征具有不规则形状的团聚颗粒。分形维数的确定可以通过采集颗粒的电镜图像,结合图像处理软件计算得到。此外,采用光散射的方法也能确定颗粒的分形维数。

(9)颗粒物在大气环境中的演变及评估指标

柴油机尾气对大气颗粒物的大气化学作用主要通过两种途径:一是形成二次气溶胶,二是碳黑颗粒在大气中的老化。前者是通过柴油机排入大气的化学组分被羟基(OH)自由基、O_3及其他氧化剂氧化所形成,柴油机最初排放的疏水性碳氢化合物被氧化后可形成羰基和羧酸官能团,使其饱和蒸气压降低,碳氢组分更易于通过凝结或成核作用进入颗粒相,形成二次气溶胶。碳黑颗粒的老化也是柴油机尾气参与二次化学过程的重要途径,碳黑主要由元素碳(EC)和有机碳(OC)组成。碳黑对可见光和红外光具有强烈吸收作用,除有机碳自身吸光发生光化学反应外,元素碳也可以吸光而引发有机碳的光化学反应,光化学反应能够促进碳黑颗粒的老化与组分变化,从而影响大气环境,导致二次气溶胶产量的增加。

《环境空气质量指数(AQI)技术规定(试行)》(HJ 633—2012)[29]中指出,大气环境中评价空气质量综合系数 AQI 的项目包括 SO_2、NO_2、CO、O_3、PM_{10} 和 $PM_{2.5}$ 等,其中 PM_{10} 与 $PM_{2.5}$ 以日均浓度的平均值计算所得的月、季、年度浓度平均值作为评价浓度,PM_{10} 与 $PM_{2.5}$ 的年均浓度二级标准限值分别为 $70\ \mu g/m^3$ 和 $35\ \mu g/m^3$。通过对单项污染物项目浓度值的计算得到空气质量分指数(IAQI)来直观判断污染程度,如表 1-1 所示。

表 1-1　　　　　　　　　　　　空气质量分指数(IAQI)对应污染等级表

IAQI 范围	0~50	51~100	101~150	151~200	201~300	>300
级别	一级	二级	三级	四级	五级	六级
类别	优	良	轻度污染	中度污染	重度污染	严重污染

1.3　柴油车排放法规

随着社会的进步和经济的发展,人们对环境保护的认识不断增强,对柴油机排放危害的认识也逐渐加深。世界各国相继对汽车排放污染物提出控制要求并制定了相应的排放标准。世界范围内的排放法规主要包括美国、日本、欧盟三大体系,其他国家的排放法规基本都是参照这三个体系所制定[30]。

美国的排放标准分为由美国国家环境保护局(United States Environmental Protection Agency,EPA)指定的国家层面排放标准 Tier1~Tier3 和由加利福尼亚州空气资源委员会(California Air Resources Board,CARB)指定的州和地方政府层面排放标准 LEV Ⅰ~LEV Ⅲ(以下简称加州标准)。加州标准一般比 EPA 标准要求更加严格,但也有逐渐趋同的趋势。日本的汽车尾气排放法规比较特殊,是由不同的法令和法律组合而成。为减轻大气污染,东京于 2001 年推出了日本首部专门针对 $PM_{2.5}$ 及其以下颗粒物的法令,甚至严于欧美正在执行的标准。欧洲标准是由欧洲经济委员会(ECE)的汽车废气排放法规和欧盟(EU)的汽车废气排放指令共同加以实现的。欧盟自 1992 年开始执行欧Ⅰ标准,然后形成了四年周期,即平均每四年就推出下一级别的排放法规。欧盟的排放法规成为大部分国家制定法规时的参考标准,且排放法规多将按照轻型车和重型车来分类。

1.3.1　轻型车排放法规

轻型车主要包括乘用车、皮卡、SUV、小型货车等。图 1-13 为世界主要轻型车排放标准的实施进度。美国 EPA 的 Tier1 排放标准早在 1991 年 5 月 5 日发布,采用联邦测试循环(FTP75),并在 1994—1997 年间开始逐步实行。Tier2 标准自 1999 年 12 月 21 日发布,在

2004—2009 年间逐步实行,对燃油质量提出了要求。Tier3 标准于 2014 年 3 月 3 日正式确定,要求于 2017—2025 年逐步实行,新增了对非甲烷有机气体(NMOG)和 NO_x 总数的限制,并对排放质保里程有所提升。美国加州标准在 Tier1 的基础上于 2003 年提出 LEV(Low Emission Vehicle)标准,后续 LEV Ⅱ 和 LEV Ⅲ 标准在 2004 年和 2015 年开始逐步实施。

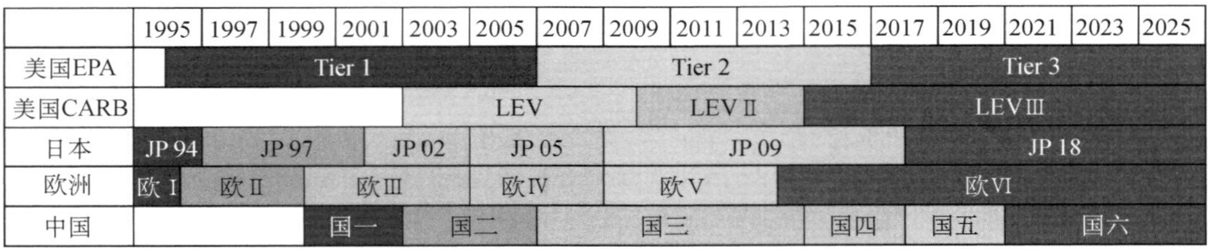

	1995	1997	1999	2001	2003	2005	2007	2009	2011	2013	2015	2017	2019	2021	2023	2025
美国EPA		Tier 1						Tier 2						Tier 3		
美国CARB					LEV			LEV Ⅱ				LEV Ⅲ				
日本	JP 94		JP 97		JP 02		JP 05		JP 09				JP 18			
欧洲	欧Ⅰ	欧Ⅱ		欧Ⅲ			欧Ⅳ		欧Ⅴ			欧Ⅵ				
中国					国一		国二		国三			国四	国五		国六	

图 1-13　世界主要轻型车排放标准的实施进度

日本早在 1986 年便提出了基于 10-15 工况的轻型车排放标准,对 CO、HC、NO_x 等污染物排放进行了限制,而后于 1994 年新增了对于 PM 的限制。2005 年,日本开始使用 JC08 工况进行测试并进一步提高各污染物限制要求,2018 年,其最新的排放法规开始使用世界统一轻型车排放规程(Worldwide harmonized Light-duty Test Procedures,WLTP)。

欧盟于 1992 年开始实施欧Ⅰ排放标准,随后于 1996 年、2000 年、2005 年和 2009 年相继推出欧Ⅱ、欧Ⅲ、欧Ⅳ和欧Ⅴ排放标准,测试工况从欧洲十五工况(ECE15)和额外城市行驶工况(EUDC)逐步替代为新欧洲行驶工况(New European Driving Cycle,NEDC)。2014 年欧洲开始执行欧Ⅵ排放标准,逐步替换为 WLTP 测试工况,并加入了 PN 的排放限值和对实际行驶排放(Real Driving Emissions,RDE)的要求。

中国的排放标准起步较晚,在制定的过程中主要参照欧洲的排放标准,于 2000 年起在全国范围内实行轻型车国一排放标准,2004 年开始全国实行国二排放标准,2007 年全国范围实行国三排放标准,2011 年全国推行国四排放标准,2016 年全国推行国五排放标准,最终定于 2021 年全国实行轻型车国六 a 阶段排放标准,2023 年全国实行国六 b 排放标准。目前,北京、上海、广东、河北、河南等多个省市已于 2019 年 7 月 1 日提前实施国六排放标准。

图 1-14 为世界主要轻型车排放法规对 NO_x 和 PM 排放的限值(以柴油乘用车为例)。对于柴油乘用车,Tier3、JP2018、欧Ⅵ和国六排放标准的限值逐渐趋于相同水平。新的排放法规除了各种污染物限值更加严格外,还增加了对 N_2O、PN 等污染物的限值,测试循环也发生了一定的升级和改变。

相比于国五排放标准,国六排放标准不仅对测试循环和排放污染物限值做了变更,而且修订了车载诊断系统相关技术要求、生产一致性检查相关要求、试验用燃料技术要求、混合动力电动车试验要求等。国六排放标准中Ⅰ型试验测试循环从 NEDC 变为世界统一轻型车测试循环(Worldwide harmonized Light-duty Test Cycle,WLTC)。同时国六排放标准加严了污染物排放限值。相对于国五排放标准,国六 a 的 CO 限值加严 56%,国六 b 相比于国六 a,其 CO、THC、非甲烷总碳氢(NMHC)以及 NO_x 限值分别下降了 26%、50%、

50%、42%。此外,国六排放标准新增加了 N_2O 的限值要求,并要求对 CO_2 的排放结果进行申报。图 1-15 为轻型柴油车国标中 NO_x 和 PM 指标变化。从图中可以看出,轻型柴油车国六排放标准的 NO_x 和 PM 分别比国三排放标准下降了 92% 和 90%。

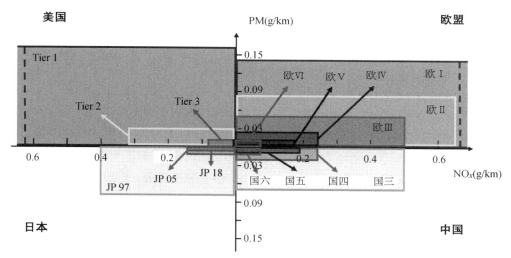

图 1-14　轻型车排放法规对 NO_x 和 PM 排放的限值(以柴油乘用车为例)

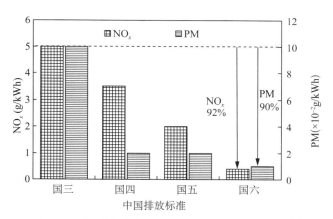

图 1-15　轻型柴油车国标中 NO_x 和 PM 指标变化[3]

1.3.2　重型车排放法规

美国的重型车排放标准同样分为 EPA 标准和 CARB 标准,但和轻型车不同,对于重型车,这两个标准的要求几乎一致。美国早在 1974 年就推出了重型车的排放标准,其标准经过不断改进完善,在 1991 年加入了对 PM 排放的要求(0.335 g/kWh),在 1998 年加入了对 NO_x 排放的要求(5.36 g/kWh),随后在 2004 年提出更严格的降 NO_x 排放要求,于 2007 年提出超低硫排放要求。2020 年,美国 EPA 和 CARB 共同制定了更低的 NO_x 排放标准,并加入了实际道路测试和低负载测试循环(Low Load Certification cycle,LLC)。

日本最早在 1988 年开始实行重型柴油车的排放标准,其中就包括对于柴油机 NO_x 排放的要求，随后，其在 1994 年提出的排放法规中对 PM 排放也提出了要求。日本最新的重型柴油车排放法规于 2016 年施行，其标准和测试循环与欧洲基本相同。

欧洲从 1992 年开始提出重型柴油机污染物排放控制要求，随后在 1996 年推出欧Ⅱ法规，采用欧洲经济委员会（Economic Commission of Europe，ECE）测试方法。在此基础上不断加严排放限值，并且在 1999 年开始推出欧洲稳态测试循环（European Steady-state Cycle，ESC）、欧洲瞬态测试循环（European Transient Cycle，ETC）、欧洲负荷特性测试（European Load Response test，ELR）污染物测试方法，在 2013 年推出世界稳态测试循环（World Harmonized Steady-state Cycle，WHSC）、世界瞬态测试循环（World Harmonized Transient Cycle，WHTC）污染物测试方法，同时增加了颗粒数的测试项目。对于重型柴油机而言，NO_x 和 PM 排放是排放控制的重中之重。在欧Ⅲ至欧Ⅴ阶段，重型柴油机污染物测试循环采用 ESC 和 ETC 循环测试方法。2009 年实施的欧Ⅴ标准对重型车用柴油机污染物测试循环进行了更改，改为采用 WHTC、WHSC 循环测试方法，并且增加颗粒物数目限值要求。欧洲重型发动机稳态排放限值变化如表 1-2 所示。

表 1-2 欧洲重型发动机稳态排放法规发展

等级	实施时间	测试方法	质量浓度/(g/kWh)					浓度(L/m)
			CO	HC	NO_x	PM	PN	Smoke
欧Ⅰ	1992	ECE	4.5	1.1	8	0.612/0.36*		
欧Ⅱ	1996	ECE	4	1.1	7	0.25		
	1998	ECE	4	1.1	7	0.15		
欧Ⅲ	1999	ESC、ELR	1.5	0.25	2	0.02		0.15
	2000	ESC、ELR	2.1	0.65	5	0.1		0.8
欧Ⅳ	2005	ESC、ELR	1.5	0.46	3.5	0.02		0.5
欧Ⅴ	2008	ESC、ELR	1.5	0.46	2	0.02		0.5
欧Ⅵ	2013	WHSC	1.5	0.13	0.4	0.01	8.0×10^{11}	

* 发动机功率＞85 kW 时的排放限值。

我国逐步分阶段地实施了国一、国二、国三、国四、国五重型发动机排放标准：2001 年 9 月 1 日国一标准在全国范围内全面实施；2004 年 1 月 1 日国二标准在全国范围内全面实施；2008 年 1 月 1 日重型发动机国三标准实施；2015 年 7 月 1 日重型发动机国四标准实施。2017 年 7 月 1 日起，我国开始在全国范围内实施重型发动机国五排放标准；2018 年 6 月 22 日，《重型柴油车污染物排放限值及测量方法（中国第六阶段）》（GB 17691—2018）正式发布，并规定自 2019 年 7 月 1 日起，所有生产、进口、销售和注册登记的燃气汽车应符合本标准要求，在燃气汽车先行的基础上分批次、分阶段地执行重型柴油车国六标准。对于保有量较大的重型柴油车，国家给出了三年缓冲期，规定自 2021 年 7 月 1 日起，所有生产、进口、销售和注册登记的重型柴油车应符合本标准要求，给予车企与用户充足的时间进行调整适应。图 1-16 所示为世界主要重型车排放标准的实施进度。

1987
1989
1991
1993
1995
1997
1999
2001
2003
2005
2007
2009
2011
2013
2015
2017
2019
2021
美国
EPA87~88
EPA91~93
EPA94~96
EPA98
EPA04
EPA07
EPA15
日本
JP88
JP94
JP97
JP03
JP05
JP09
JP16
欧洲
欧 I
欧 II
欧III
欧IV
欧 V
欧VI
中国
国一
国二
国三
国四
国五
国六

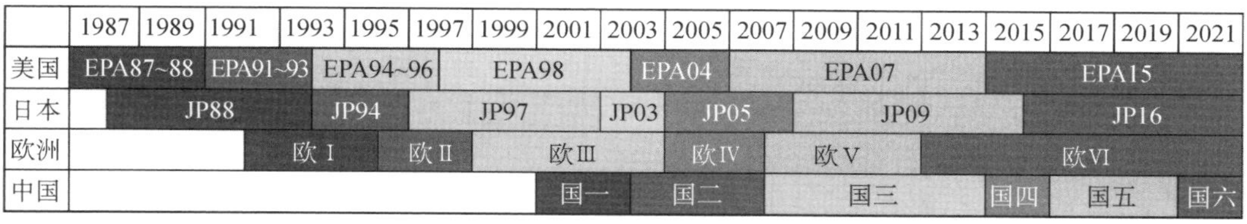

图 1-16　世界主要重型车排放标准的实施进度

2018 年生态环境部发布的《重型柴油车污染物排放限值及测量方法（中国第六阶段）》融合了欧洲标准和美国标准的先进之处，并针对我国的实际情况提出了更严格的要求，柴油机重型车国六排放标准成为全球最严格的排放标准之一。国六排放标准的发动机测试工况从 ESC 和 ETC 改为更具有代表性的 WHSC 和 WHTC，在型式检验中增加了循环外排放测试的要求，包括发动机台架的非标准循环（WNTE）和利用车载排放测试系统（PEMS）进行的实际道路排放测试，并增加了实际行驶工况有效数据点的 NO_x 排放浓度要求，同时加严了排放控制装置的耐久里程要求，对排放相关零部件提出了排放质保期的规定。图 1-17 为世界主要重型车排法规对 NO_x 和 PM 排放的限值。

美国
PM(g/km)
欧盟
EPA 91
0.15
欧 II
EPA 98
0.09
欧 III
EPA 07
欧 VI
欧 V
欧 IV
0.03
6
4
2
2
4
6
0.03
NOx(g/km)
JP 16
国六
国五
国四
JP 05
0.09
国三
JP 94
JP 03
0.15
日本
中国

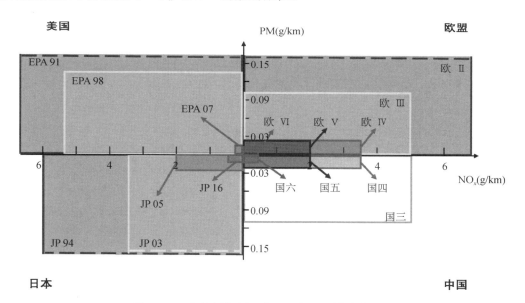

图 1-17　重型车排法规对 NO_x 和 PM 排放的限值

在我国重型柴油车排放标准的发展过程中，随着排放标准的越发严格，从国三到国四，颗粒物排放指标下降了 80%，国四到国五没有变化，国五到国六再下降 50%。图 1-18 为重型柴油车国标中 NO_x 和 PM 指标变化，从图中可以看出，重型柴油车国六 b 排放标准的 NO_x 和 PM 指标分别比国三排放标准下降了 93%和 94%。

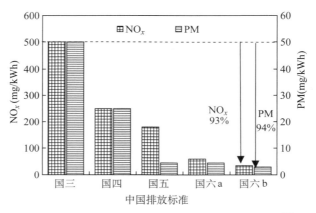

图 1-18　重型柴油车国标中 NO_x 和 PM 指标变化[3]

1.4　技术路线

要满足国六/欧Ⅵ等最新排放标准的要求,重点在于对 NO_x 和 PM 排放的有效控制,在保障减排效果可靠稳定的前提下尽可能降低成本。目前,柴油机理论上可以采用的减排控制策略主要依托 EGR＋DPF 和 SCR 两种关键技术,因此形成了无-EGR、无-SCR 和 EGR＋SCR 三种技术路线。柴油机排放控制关键点和排放控制要求如图 1-19 所示。

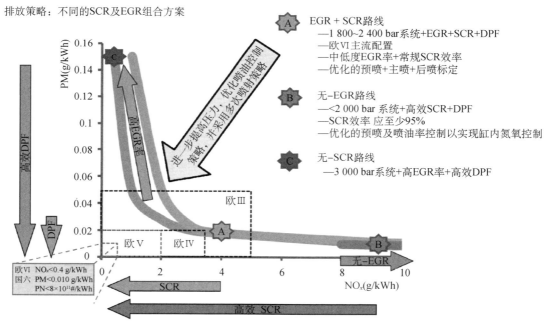

图 1-19　柴油机排放控制技术路线

当前,国际上发动机技术路线根据发动机排放情况及是否采用废气再循环(Exhaust Gas Re-circulation,EGR)情况主要分为两种。两种技术方案对发动机的硬件配置和后处理方案有着不同的要求,中低 EGR 方案要求较高的燃油喷射轨压、较高的增压比,需采用可变截面涡轮增压(Variable Geometry Turbocharger,VGT)或两级增压,但对选择性催化还原(Selective Catalytic Reduction,SCR)转化效率要求较低;而无 EGR 方案对燃油喷射轨压和增压比要求较低,但对 SCR 转化效率要求非常高(>95%)。

(1)中低 EGR 方案:柴油机原机 NO_x 比排放为 3~6 g/kWh;PM 比排放为 0.03~0.06 g/kWh;

(2)无-EGR(SCR-only)方案:柴油机原机 NO_x 比排放为 7~8 g/kWh,PM 比排放为 0.02~0.04 g/kWh。

欧Ⅵ后处理系统无一例外地都采用了柴油机氧化催化转化器(Diesel Oxidation Catalyst,DOC)+催化型柴油颗粒捕集器(Catalyst Diesel Particulate Filter,CDPF)+SCR+氨逃逸催化器(Ammonia Slip Catalyst,ASC)的集成式后处理系统方案,后处理各部件主要作用及减少污染物排放的能力如表 1-3 所示。

表 1-3　　　　　　　　　　　　欧Ⅵ后处理部件作用及其减排效果

	作　　用	减排效果
DOC	(1)氧化排气中的 CO、HC、颗粒物中的碳; (2)将 NO 转换为 NO_2 用于 cDPF 被动再生; (3)在主动再生系统中,将柴油氧化放热升温,用于 DPF 主动再生	CO 减排效率≈90% HC 减排效率≈90% NO→NO_2 效率≈50%
CDPF	过滤颗粒物,减少颗粒物尾排的质量与数量	PM 过滤效率>90% PN 过滤效率>95%
SCR	降低 NO_x 排放	NO_x 减排效率 90%~98%
ASC	氧化 SCR 后过多的氨	NH_3 减排效率>90%
SCRF	(1)降低 NO_x 排放; (2)降低颗粒物排放	NO_x 减排效率>90% PM 过滤效率>90% PN 过滤效率>95%
LNT	利用碱金属化合物吸附 NO_x,与 HC、CO 和 H_2 发生催化还原反应生成 N_2	NO_x 吸收率>90%

目前主流的国六排放柴油机技术路线参考欧Ⅵ标准及国际经验,并结合国内情况选取了不同的技术组合。国六排放柴油机多采用单级增压,并配置水空中冷系统来提高增压效果、提高功率、降低 NO_x 排放,同时改进高压共轨燃油系统,提高最大喷油压力至 2 000 bar以上,可减少燃油消耗 3%,降低发动机排放 20%。国六排放柴油机后处理技术路线中,对于轻型柴油机,采用 DOC+CDPF+SCR,DOC+SCR 催化涂层的 DPF(SCR catalysts coated DPF,SCRF)+SCR,稀释 NO_x 搜集技术(Lean-burn NO_x Trap,LNT)+CDPF+SCR,LNT+SCRF+SCR 的路线实现国六排放标准,为达到国六 b 的要求,可加装 48 VBRS(Boost Recuperation System)弱混技术,扩大 LNT 的再生区域,提高捕捉和催化效率,降低 NO_x 排放;对于重型柴油机,采用 DOC+CDPF+SCR+ASC,DOC+SCRF+SCR+ASC 的技术路线实现国六排放标准,如图 1-20 所示。

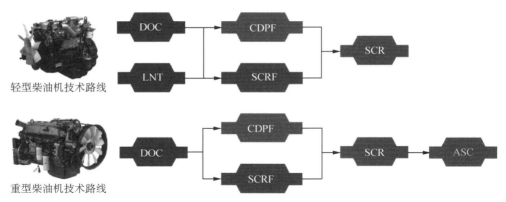

图 1-20　国六轻型柴油机/重型柴油机后处理技术路线

国六排放法规不仅采用了更为严格的测试循环和更低排放限值要求,对柴油车实际道路排放、排放保质期、故障诊断、氨泄漏、非常规污染物排放等均提出了更高的要求,需要更为智能的控制系统和更多的传感器来精准控制 DPF 的再生和 SCR 尿素的喷射等,从而保障柴油车排放的可靠性。典型国六轻型柴油机/重型柴油机后处理系统如图 1-21 所示。

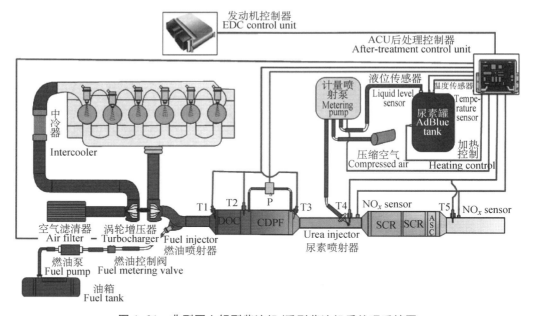

图 1-21　典型国六轻型柴油机/重型柴油机后处理系统图

1.4.1　斯堪尼亚欧Ⅵ排放后处理技术路线

斯堪尼亚公司早在 2011 年便推出了满足欧Ⅵ排放标准的重型柴油发动机。其采用 EGR＋DOC＋DPF＋SCR＋ASC 的技术路线,同时匹配 240 MPa 超高压喷油技术(XPI)和可变截面涡轮增压技术(VGT)或定截面涡轮增压技术(FGT),在保证发动机的燃油经济性、操控性以及发动机的响应速度等指标与欧Ⅴ一致的同时降低了污染物排放。图 1-22 所示为斯堪尼亚欧Ⅵ柴油机技术路线图。

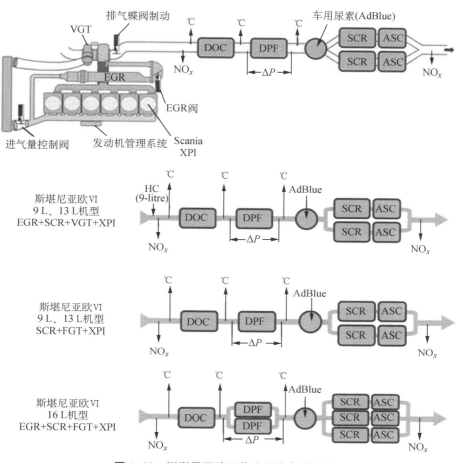

图 1-22　斯堪尼亚欧Ⅵ柴油机技术路线图

　　斯堪尼亚开发了一套新的尿素喷射控制系统,在消声器中有两个并联的 SCR 系统,尿素喷射量控制更精确,稳定性更高。SCR 后耦合紧凑的 ASC,能够过滤掉尾气中的氨,过滤路线非常短,这样可以使尾气保持在合适的温度、压力,NO_x 传感器保持在最佳的工况。EGR 和 SCR 系统能够让发动机的性能和废气的排放保持在最佳的工况,EGR 系统从来源处就能够将 NO_x 降低 50%,SCR 系统则在后处理系统降低 95%,PM 过滤器则可以将颗粒排放物减少 99%。图 1-23 为斯堪尼亚欧Ⅵ柴油机及后处理总成。

图 1-23　斯堪尼亚欧Ⅵ柴油机及后处理总成

1.4.2　沃尔沃欧Ⅵ排放后处理技术路线

沃尔沃推出的直列六缸欧六发动机采用单体喷油嘴和EGR+DPF+SCR,相比于欧Ⅴ,欧Ⅵ发动机NO$_x$的排放减少了77%,固体颗粒物的排放减半。当发动机没有足够的热量来加热废气时,则主要使用EGR来提高废气温度。SCR需要环境温度至少达到250℃以上时,运行效率最高。传统的EGR通过冷却循环废气以降低发动机温度从而减少NO$_x$排放,欧Ⅵ发动机的EGR在公路巡航模式下不会进行废气循环,因而在此类操作情况下不会增加油耗。图1-24为沃尔沃欧Ⅵ柴油机技术路线图。

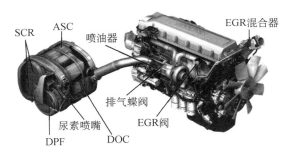

图 1-24　沃尔沃欧Ⅵ柴油机技术路线图

1.4.3　康明斯国六排放后处理技术路线

康明斯自2005年开始研究欧Ⅵ技术,采用EGR+DOC+DPF+SCR的排放技术路线,并于2013年批量投入全球市场。2015年康明斯在燃烧技术和控制技术升级后,针对国六阶段要求采用了无EGR系统的技术路线。采用非EGR结构设计,使其具备结构简单、高效、更具性价比等特点,且同样能满足国六b阶段和欧ⅦD阶段的标准。图1-25为国六/欧Ⅵ的EGR+SCR减排系统。

图 1-25　康明斯国六/欧Ⅵ的 EGR+SCR 减排系统

康明斯国六发动机新开发了智慧大脑2.0版电控系统,如图1-26所示,更精准、更快速,并可提升零部件兼容程度,提升发动机效率,保障出勤率。在国六之前,发动机的电控系统和后处理系统的电控系统是两套控制系统,分别运转。国六阶段,通过一套智能控制系统即可全闭环控制发动机及所有零部件子系统,让发动机性能得到全系统的整合提升。在这一智慧大脑的控制下,有了不使用EGR系统的可能,发动机缸内燃烧、排气、油料供应、尿素供应等,直接实现尾气排放的控制,且优化了发动机的性能。

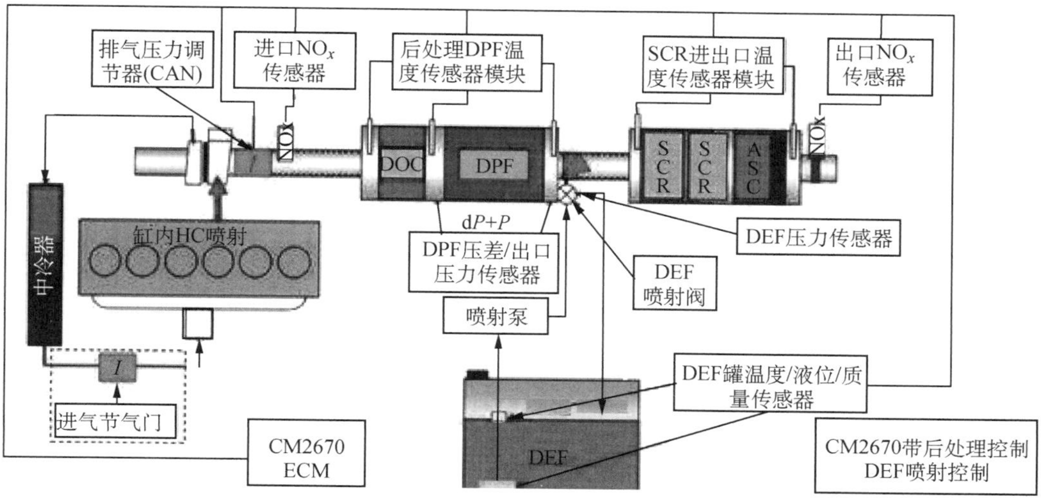

图 1-26　康明斯国六柴油机技术路线图

1.4.4　潍柴国六排放后处理技术路线

相比于国五,潍柴国六柴油机排放后处理技术路线新增了 DOC、DPF 后处理系统,并在 SCR 后端集成了 ASC。其针对 WP 9H 及以上机型选择不带 EGR 系统的技术路线,WP 9H 以下排量的机型选择带中/低 EGR 系统的技术路线。为了满足国六排放法规要求,潍柴的排放后处理系统还在 DOC 前增加了低压燃油喷射系统用于 DPF 的主动再生,在 DOC 前和 ASC 后增加了 NO_x 传感器以实现 SCR 喷射精确控制和 NH_3 泄漏的检测,新增排气温度传感器 4 个和压差传感器以保证后处理系统的可靠性,同时对 ECU 软硬件控制进行了全面升级,以满足 DOC＋DPF＋SCR 的监测、控制和稳定工作。图 1-27 为潍柴国六柴油机技术路线图。

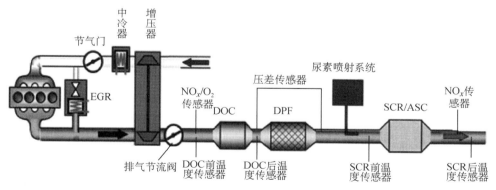

图 1-27　潍柴国六柴油机技术路线图

1.4.5　玉柴国六排放后处理技术路线

玉柴国六发动机是联合欧美设计开发的新一代产品,对标欧美同排量先进发动机技术,设计爆发压力可以达到 220 bar，具有动力良好、燃油消耗率低、NVH 性能高、可靠耐用等优点。国六发动机技术路线沿用了国际公认的主流路线：高压共轨＋EGR＋DOC＋DPF＋SCR(ASC)。表 1-4 所为玉柴国六柴油机技术路线。

表 1-4　玉柴国六柴油机技术路线

序号	平台	系列	技术路线	市场定位	
				卡车	客车
1	Y	Y20/24	德尔福高压共轨＋EGR＋DOC＋DPF＋SCR	1T 轻卡、皮卡	5～6 米轻客、海狮和欧系类轻客、SUV
2		Y30		3～5T 轻卡	6～7.7 米前置公交、6～7.3 米前置公路
3	S	S04		3～6T 大轻卡、短途物流、轻工	7.3～8.1 米公交、7.5～7.7 米公路、8.5～9 米混动
4		S06		6～10T 中卡 4×2,6×2、市政等专用车、中工	8.5～10.5 米公交、10.5～12 米混合动力、8.5～10 米公路
5	K	K05	博世高压共轨＋EGR＋DOC＋DPF＋SCR	6～9T 中卡 4×2、中长途物流、市政等专用车、中工	7.7～9 米公交、7.8～8.5 米公路
6		K08		10～18T 中重卡、中重工程车、港口牵引、轿运、危化品专用车等	10.5～12 米公交、9～11.5 米公路
7		K09		8×4 载货、标载牵引、港口牵引、重工	12 米公交、11～12 米公路
8		K11		标载牵引、重工	12～13.7 米公路
9		K13		高效物流牵引、重工	
10		K15		高效物流牵引、大型矿用车	

参考文献

［1］ 中国汽车工业协会. 2019 年汽车工业经济运行情况［EB/OL］. http://www.caam.org.cn/chn/4/cate_39/con_5228367.html,2020-01-13.

［2］ 国家统计局. 中华人民共和国 2019 年国民经济和社会发展统计公报［EB/OL］. http://www.xinhuanet.com/finance/2020-02/28/c_1125637788.htm.

［3］ 中国生态环境部. 2019 中国移动源环境管理年报［EB/OL］. http://www.mee.gov.cn/xxgk2018/xxgk/xxgk15/201909/t20190904_732374.html.

［4］ 中华人民共和国国务院国家中长期科学和技术发展规划纲要(2006—2020 年)［M］. 北京：中国法制出版社，2006.

［5］ 国务院. 中国制造 2025［EB/OL］. 国发〔2015〕28 号. http://www.gov.cn/zhengce/content/2015-05/19/content_9784.htm.

［6］ 国务院. 国务院关于印发打赢蓝天保卫战三年行动计划的通知［EB/OL］. 国发〔2018〕22 号. http://www.gov.cn/zhengce/content/2018-07/03/content_5303158.htm.

［7］ 国家环境保护总局. 车用压燃式、气体燃料点燃式发动机与汽车排气污染物排放限值及测量方法(中国Ⅲ、Ⅳ、Ⅴ阶段)：GB 17691—2005［S］. 北京：中国环境科学出版社，2005.

［8］ 王金南，雷宇，宁淼. 实施《大气污染防治行动计划》：向 $PM_{2.5}$ 宣战［J］. 环境保护，2014,042(006)：28-31.

［9］ 国务院. 大气污染防治行动计划［EB/OL］. 国发〔2013〕37 号. http://www.gov.cn/zhengce/content/2013-09/13/content_4561.htm.

［10］ WHO. Modeled annual mean $PM_{2.5}$ for year 2016($\mu g/m^3$)［EB/OL］. https://who.maps.arcgis.com/apps/webappviewer/index.html? id=8bdbf74b9ab491798de1f5dd797040a.

［11］　亚洲清洁空气中心. 大气中国 2019：大气污染防治进程［R］. 2019.

［12］　GUARNIERIM, BALMES J R. Outdoor Air Pollution and Asthma［J］. The Lancet，2014，383 (9928)：1581-1592.

［13］　WHO. Global health observatory-public health and environment［EB/OL］. (2014-03-25)［2014-04-05］. http://www. who. int/gho/en.

［14］　JOHN D MCKENNA，JAMES H TURNER，JAMES P MCKENNA. Fine particle (2.5 microns) emissions［M］. The United States of America，Hoboken：John Wiley & Sons，Inc.，2008.

［15］　FUSHIMIA A，SAITOH K，FUJITANI Y，et al. Organic-rich nanoparticles (Diameter：10-30 nm) in diesel exhaust：Fuel and oil contribution based on chemical composition［J］. Atmospheric Environment，2011(45)：6326-6336.

［16］　李旭海. 柴油机排气颗粒尺寸的研究综述［J］. 柴油机，2008，30(4)：36-40.

［17］　HUANG C，LOU D M，HU Z Y，et al. Ultrafine particle emission characteristics of diesel engine by on-board and test bench measurement［J］. Journal of Environmental Sciences，2012，24(11)：1972-1978.

［18］　谭丕强，阮帅帅，胡志远，等. 发动机燃用生物柴油的颗粒可溶有机组分及多环芳烃排放［J］. 机械工程学报，2012，48(8)：115-121.

［19］　谢亚飞. 柴油公交车燃用餐厨废弃油脂制生物柴油的颗粒排放特性研究［D］. 上海：同济大学，2016：3-41.

［20］　胡志远，章昊晨，谭丕强，等. 国 V 公交车燃用生物柴油的颗粒物碳质组分排放特性［J］. 中国环境科学，2018，38(08)：2921-2926.

［21］　耿小雨. 结构参数对重型柴油机 DOC+CDPF 性能影响研究［D］. 上海：同济大学，2018：31-45.

［22］　KITTELSON D B，ARONOLD M，WATTS W. Review of diesel particulate matter sampling methods［R］. Minnesota：University of Minnisota，1999.

［23］　ABDUL-KHALEK I S. Influence of dilution conditions on diesel exhaust nanoparticle emissions：experimental investigation and theoretical assessment［D］. Minnisota：University of Minnisota，1999.

［24］　KITTELSON D B. Engines and nanoparticles：a review［J］. Journal of Aerosol Science，1998，29(5/6)：575-588.

［25］　黄成. 机动车细颗粒与挥发性有机物排放及其环境影响研究［D］. 上海：同济大学，2013：17-63.

［26］　李兴虎. 汽车环境污染与控制［M］. 北京：国防工业出版社，2011.

［27］　中国环境科学研究院. 柴油车污染物排放限值及测量方法(自由加速法及加载减速法)：GB 3847—2018［S］. 北京：中国环境出版集团，2019.

［28］　陈鬃. 柴油机颗粒物分形维数与碳组分的研究［D］. 镇江：江苏大学，2016.

［29］　王艳琴. 环境保护部发布 HJ 633—2012《环境空气质量指数(AQI)技术规定(试行)》［J］. 中国标准导报，2012(4)：49.

［30］　世界运输政策轻型汽车(中国)排放政策统计［DB/OL］. https://www. transportpolicy. net/standard/china-light-duty-emissions/.

第 2 章　柴油机颗粒物排放特征

本章介绍柴油机颗粒物排放特征,主要包括柴油机颗粒物的理化性质、颗粒物生成机理、颗粒物生成的影响因素、颗粒物的稳态与瞬态排放特性。

2.1　颗粒物的理化性质

表 2-1 为某柴油机颗粒物组成元素的分析结果,其主要构成为 C、H、O、N、S 五种元素和灰分等,其中 C、H、O 三种元素分别占 90.40%、4.40%、2.77%。颗粒物中的各组分含量会随着柴油机工况、种类等因素变化。

表 2-1　　　　　　　　　　　　　　　柴油机颗粒物元素组成

元素	C	H	O	N	S	灰分
质量分数(%)	90.40	4.40	2.77	0.24	0.79	—

柴油机颗粒物由数百种以上的有机和无机成分组成,主要可分为 SOF、无机盐、Soot 类和微量金属成分。柴油机颗粒物包含了各组分的聚集态和某一组分以纳米级核模态单独存在的两类形态[1-2],典型结构如图 2-1 所示。

　　　　●　碳烟Soot

　　　　◗　可溶性有机物SOF

　　　　◗　无机盐

　　　　·　纳米级核模态颗粒物

图 2-1　柴油机排气颗粒物典型结构[1]

2.1.1　SOF

SOF 是可溶于二氯甲烷等有机溶剂的一类物质的统称。SOF 的主要成分为烷烃和 PAHs 等烃类有机物,还包括少量的有机酸、有机碱、醛和酮等有机物。SOF 中的烃类为馏分较重的 HC 化合物,在排气中以固相或半挥发态颗粒物形态存在,吸附于 Soot 粒子或单独以极小直径的颗粒物形态排出,对颗粒物的质量和数量的增加均有影响。

1）多环芳烃

SOF 中很多组分都具有毒性，其中以 PAHs 的毒性最为突出[3-4]。柴油机颗粒物中的 PAHs 成分十分复杂，其中具有代表性的 19 种成分包括：苊烯（Acpy）、苊（Acp）、芴（Flu）、菲（Phe）、蒽（Ant）、荧蒽（Flua）、芘（Pyr）、苯并[g,h,i]荧蒽（BghiF）、苯[cd]芘（BcdP）、苯并[a]蒽（BaA）、䓛（Chr）、苯并[b]荧蒽（BbF）、苯并[k]荧蒽（BkF）、苯并[e]芘（BeP）、苯并[a]芘（BaP）、蒽嵌蒽（Ath）、茚并[1,2,3-cd]芘（IND）、苯并[g,h,i]菲（BghiP）和二苯并[a,h]蒽（DBA），相对分子量范围为 152～278。

柴油机颗粒物中多环芳烃质量比并不大。表 2-2 为某柴油机在转速 1 400 r/min 最大转矩工况下的颗粒相多环芳烃排放占颗粒物质量比，其占比仅为 426.69×10⁻⁶。

表 2-2　　　　　　　　　　柴油机颗粒相多环芳烃排放占颗粒物质量比

多环芳烃	颗粒物中的多环芳烃质量比（$\times 10^{-6}$）	颗粒相多环芳烃质量排放率（μg/kWh）
数值	426.69	12.36

图 2-2 为某柴油机在转速 1 400 r/min 最大转矩工况下的不同成分颗粒相多环芳烃排放[6]，颗粒相多环芳烃中，Phe、Pyr 和 Flua 的排放较高，BghiP、Flu、IND 和 Ant 也占有一定比重。从图中分析可知，Phe 质量比占比最高，达到 231.1×10⁻⁶；Pyr 和 Flua 质量比分别占 90.6×10⁻⁶ 和 25.8×10⁻⁶。

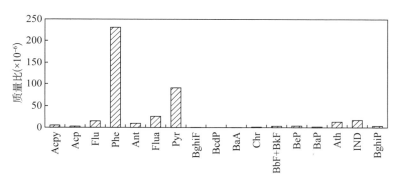

图 2-2　不同成分多环芳烃在颗粒物中的质量比

柴油机颗粒物所含多环芳烃中，2 环～3 环主要为气相，3 环以上主要为颗粒相。图 2-3 为图 2-2 中的颗粒相多环芳烃环数分布[5]。从图中分析可知，颗粒物中的多环芳香烃主要为 3 环，占 62%；其次为 4、5、6 环芳香烃，分别占 22%、9%、7%，占比依次减小。

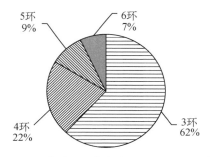

图 2-3　柴油机颗粒相多环芳烃环数分布

2) 烷烃

图 2-4 为某柴油公交车在 CCBC 循环下, $PM_{0.056\sim0.1}$、$PM_{0.1\sim1.8}$ 和 $PM_{1.8\sim10}$ 三大粒径段及总颗粒物中各成分比例[6]。由图可知, 颗粒物中 SOF 成分主要是碳数为 16 到 26 的正烷烃, 烷烃主要分布在 $PM_{0.1\sim1.8}$ 粒径段; 各类烷烃在 $PM_{0.056\sim0.1}$、$PM_{1.8\sim10}$ 粒径段有较多分布, $PM_{0.1\sim1.8}$ 粒径段内主要为 $C_{25}H_{52}$ 以下的烷烃, $C_{25}H_{52}$ 以上的烷烃含量仅为 $C_{25}H_{52}$ 以下的 1/10。

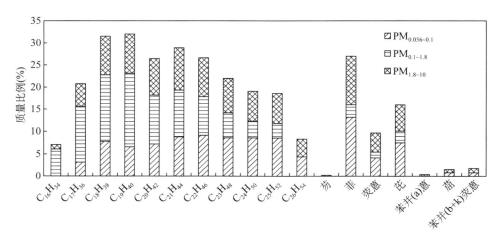

图 2-4　颗粒物 SOF 各成分质量比例

表 2-3 为柴油车颗粒物各粒径段下颗粒物烷烃各成分质量浓度[6]。从表中分析可知, 颗粒物各种类的碳数为 16 到 26 之间的正烷烃, 中粒径段颗粒物 $PM_{0.1\sim1.8}$ 的烷烃质量总浓度最高, 其颗粒物质量总浓度为 149.37 $\mu g/m^3$; $C_{21}H_{44}$ 为相对含量最高的烷烃, 其总颗粒物质量浓度达到 24.35 $\mu g/m^3$。

表 2-3　　　　　　　　　各粒径段下颗粒物烷烃各成分质量浓度

种类	质量浓度($\mu g/m^3$)			
	$PM_{0.056\sim0.1}$	$PM_{0.1\sim1.8}$	$PM_{1.8\sim10}$	总颗粒物
$C_{16}H_{34}$	0.00	0.00	1.45	2.53
$C_{17}H_{36}$	0.94	6.41	3.00	13.00
$C_{18}H_{38}$	1.54	15.93	3.59	22.43
$C_{19}H_{40}$	1.63	13.49	3.96	22.75
$C_{20}H_{42}$	1.40	14.76	2.66	21.15
$C_{21}H_{44}$	1.57	18.03	2.53	24.35
$C_{22}H_{46}$	1.52	18.71	2.11	22.43
$C_{23}H_{48}$	1.13	17.65	1.34	20.19
$C_{24}H_{50}$	1.11	17.67	0.89	17.62
$C_{25}H_{52}$	1.02	17.62	0.78	17.94

种类	质量浓度($\mu g/m^3$)			
	$PM_{0.056\sim0.1}$	$PM_{0.1\sim1.8}$	$PM_{1.8\sim10}$	总颗粒物
$C_{26}H_{54}$	0.59	9.09	0.00	10.25
总浓度	12.45	149.37	22.30	194.65

3）脂肪酸

表 2-4 为某柴油公交车颗粒有机组分脂肪酸主要组成成分的排放浓度[7]。从表中可以看出，颗粒物中脂肪酸主要成分为十二碳酸、肉豆蔻酸、棕榈酸、硬脂酸，其中棕榈酸占比最大，脂肪排放浓度为 20.33 ng/cm^2。

表 2-4　　　某柴油公交车颗粒有机组分脂肪酸主要组成成分的排放浓度

脂肪酸	脂肪排放浓度(ng/cm^2)
辛酸	0.14
壬酸	0.35
癸酸	0.54
月桂酸	0.05
十二碳酸	1.66
十三酸	0.23
肉豆蔻酸	4.82
十五酸	1.55
棕榈酸	20.33
十七酸	0.35
硬脂酸	7.11
花生酸	0.13
亚油酸	0.17
油酸	0.71
合计	38.14

2.1.2　无机盐及其组成离子

柴油机排气颗粒物中的无机盐主要包含由 Na^+、K^+、NH_4^+、Mg^{2+}、Ca^{2+}、Al^{3+}、Fe^{3+}、Cl^-、NO_3^-、SO_4^{2-} 等离子组成的盐类。构成无机盐的离子主要可分为金属阳离子、氮系阴离子和硫系阴离子[8-10]。

柴油机颗粒物中的无机离子占颗粒物总质量的 10% 左右。表 2-5 为柴油机排气中的颗粒相无机离子[7]。从表中可知，颗粒物中的无机离子质量占比 12.42%，颗粒相无机离子质量排放率为 3.60 mg/kWh。

表 2-5　　　颗粒物无机离子质量在排放中所占的比例以及无机离子质量排放率

无机离子	颗粒物中无机离子质量比(%)	颗粒相无机离子质量排放率(mg/kWh)
数值	12.42	3.60

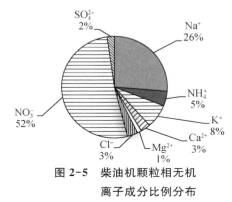

图 2-5　柴油机颗粒相无机
离子成分比例分布

图 2-5 为某柴油机在转速 1 400 r/min 最大转矩工况下的颗粒相无机离子成分比例分布[5]。从图中分析可知,柴油机排气中的主要颗粒相无机离子占比由高至低依次为:硝酸根离子(NO_3^-)占 52%、钠离子(Na^+)占 26%、钾离子(K^+)占 8%、铵根离子(NH_4^+)占 5%、氯离子(Cl^-)占 3%、钙离子(Ca^{2+})占 3%、硫酸根离子(SO_4^{2-})占 2%、镁离子(Mg^{2+})占 1%;主要阴离子为NO_3^-,达到 52%,它也是占比最高的离子;占比最高的阳离子为 Na^+,达到 26%。

2.1.3　有机碳(OC)/元素碳(EC)

颗粒物中的 Soot 是颗粒核心,有机物则是颗粒物毒性的载体[11]。OC 包括脂肪族、芳香族等有机化合物中的碳,EC 指以单质形式存在的碳。OC 来自燃烧化石燃料;EC 由化石燃料或生物质不完全燃烧产生,是黑色、高聚合、难被氧化的物质。

图 2-6 展示了不同加热温度下 OC 的累积排放[12]。由图可知,颗粒物中的 OC 主要为 280℃之内易挥发的物质,在 140~280℃之间挥发量为 47.14 $\mu g/cm^2$,280~480℃挥发量为 11.43 $\mu g/cm^2$,480~580℃挥发量为 1.22 $\mu g/cm^2$。

图 2-7 展示了不同加热温度下 EC 的累积排放[12]。由图可知,颗粒物中的 EC 主要为 740~840℃之间才可挥发的物质,在 580~740℃之间挥发量为 2.76 $\mu g/cm^2$,740~840℃挥发量为 8.49 $\mu g/cm^2$。

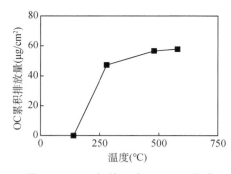

图 2-6　不同加热温度 OC 累积排放

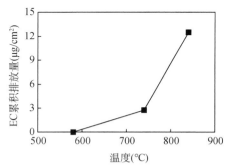

图 2-7　不同加热温度颗粒 EC 累积排放

图 2-8 为柴油机各粒径段颗粒 OC 和 EC 排放对比图[13]。从图中分析可得,颗粒物碳元素中 OC 占比可达 80%,主要集中在细颗粒 $PM_{0.1~0.5}$ 和 $PM_{0.5~2.5}$,而 EC 排放以 $PM_{0.1~0.5}$ 为主。OC 排放在颗粒物各粒径段中占主导地位,而 EC 仅在 $PM_{0.1~0.5}$ 粒径段内有较高的排放。

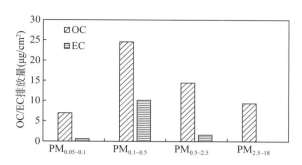

图 2-8　柴油机不同粒径段颗粒有机碳 OC 和元素碳 EC 排放

2.1.4　Soot 及其基本结构

Soot 是构成柴油机排气"黑烟"的主要成分,同时,作为"载体"其表面附着了无机盐、SOF 和痕量金属等多种成分,是颗粒的"主体"。

图 2-9 为颗粒微观形貌图[14],放大倍数分别为 4 万倍(50 nm)和 40 万倍(5 nm)。从放大 4 万倍图像可知,柴油机颗粒由大小相近的球形基本粒子相互黏结,形成链状或葡萄状结构;从放大 40 万倍图像可知,颗粒基本粒子具有典型的核-壳结构,内核居于粒子的中央,直径约 10 nm,由若干个 1~3 nm 的超细粒子组成;外壳呈现石墨微晶结构,由多层微晶碳层以同心圆的形式叠加而成;外层碳壳之外还附着有不定形物质,是碳层吸附的一些金属盐类和可溶性有机成分。

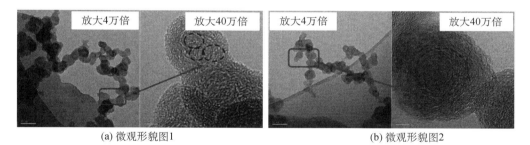

(a) 微观形貌图1　　　　　　　　　　(b) 微观形貌图2

图 2-9　柴油机颗粒物微观形貌

2.2　柴油机颗粒物生成机理

颗粒的形成过程是一个复杂的化学反应和物理演化过程,主要包括碳氢燃料的裂解、前驱体芳香烃的形成与生长、基本碳粒子的成核、颗粒的冷凝/碰撞/团聚生长等过程。

2.2.1　柴油机颗粒物生成过程

柴油机中燃油通过喷油器以一定的高压喷入燃烧室,高速、雾状的细小油滴喷雾贯穿于燃烧室。喷雾受燃烧室内高温、高压气体的作用,最先喷入的燃油经过蒸发、与空气混合等物理过程和焰前反应之后开始着火,使气缸内的压力上升,压缩其他未燃混合气,致使其他可燃范围内混合气的滞燃期缩短,并发生快速燃烧。先期喷入气缸燃料的燃烧使后喷入的液体燃料的蒸发时间缩短,喷油一直持续到预期的油量全部喷入气缸,喷入气缸的全部燃料均不断地经过雾化、蒸发、油气混合及燃烧等过程,气缸内剩余的空气、未燃燃油和已燃气体之间的混合贯穿于燃烧及膨胀的全过程。因此,柴油机燃油喷雾燃烧是颗粒物生成的主要来源。

柴油机排气颗粒物的各组分生成机理各不相同。

1) Soot

燃料在高温缺氧的条件下发生裂解和脱氢,随后经历成核、长大、氧化、聚集等一系列复杂过程形成 Soot,如图 2-10 所示。

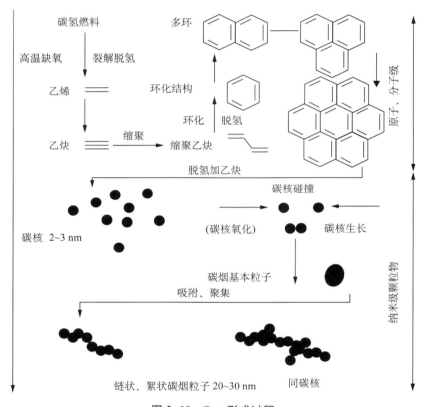

图 2-10　Soot 形成过程

（1）成核:碳氢燃料在高温局部缺氧的条件下发生裂解脱氢,生成烯烃、炔烃等较为简单的不饱和烃类,进一步脱氢生成关键产物乙炔,乙炔发生缩聚生成缩聚乙炔,缩聚乙炔发生环构化并脱氢生成具有多环结构的络合物,多环结构络合物会继续脱氢加乙炔,形成微观结构为六角形碳原子阵列、以层状堆叠起的尺度 2～3 nm 左右的 Soot 核心[1-2],即碳核。

（2）生长:碳核在互相碰撞过程中会以合并的方式不断长大,形成直径更大的 Soot 基本粒子,结构近似球状。温度越高,历时越长,Soot 基本粒子则具有更大的直径和更高的碳氢比[15-16]。

（3）聚集:Soot 基本粒子没有被氧化掉的部分最终会聚集成直径 20～30 nm 呈链状或

絮状的碳烟粒子。碳烟粒子具有很大的比表面积,吸附能力很强,在排气过程中,其他组分会吸附在碳烟粒子上,使聚集体不断长大,乃至成为能见的"黑烟"。

(4) 氧化:Soot 基本粒子在缸内高温条件下会发生氧化,使其直径减小,此时的氧主要来源于缸内的氧气和燃料中的氧原子,生长和氧化会同时重叠作用。

一部分碳烟粒子在排气过程中来不及发生聚集和吸附作用,会以直径较小的碳烟颗粒物形态存在。由于形成过程中的影响因素十分复杂多变,柴油机 Soot 的结构具有很强的随机性和差异性[17]。

2) 无机离子

柴油机颗粒物中的金属系阳离子主要来源于包括燃料、润滑油、添加剂等,来自内燃机材料的金属量极少[18]。氮系和硫系阴离子主要来源于燃料、润滑油等。其中 SO_4^{2-} 对颗粒物排放和后处理装置等具有不利影响[19]。SO_4^{2-} 及硫酸盐的生成过程如式(2-1)～式(2-4)所示:

$$S + O_2 \rightarrow SO_2 \tag{2-1}$$

$$SO_2 + O_2 \rightarrow SO_3 \tag{2-2}$$

$$SO_3 + H_2O \rightarrow H_2SO_4 \tag{2-3}$$

$$SO_4^{2-} + Mg^{2+} \rightarrow MgSO_4 \tag{2-4}$$

硫与氧气生成气态二氧化硫(SO_2),进一步氧化生成三氧化硫(SO_3),SO_3 与水反应生成硫酸(H_2SO_4),H_2SO_4 中的 SO_4^{2-} 进一步与金属阳离子化合生成相应金属硫酸盐,如 $MgSO_4$ 等。其中,式(2-2)阶段由 SO_2 至 SO_3 的氧化反应在高温、长反应时间和氧化性催化剂等条件下会快速进行,对氧化催化型后处理装置十分不利[20-22]。一旦生成 SO_3,式(2-3)和式(2-4)的反应则会非常迅速进行。反应产物中的 H_2SO_4 具有腐蚀性,硫酸盐会沉积并覆盖排气后处理装置中的催化剂而引起催化剂中毒。

一部分 H_2SO_4 和硫酸盐会吸附在 Soot 上排出,未被吸附的 H_2SO_4 和硫酸盐则会以极小直径的颗粒物形态排出,引起颗粒物数量大幅增加。

3) SOF

SOF 主要来源于未燃燃料、润滑油以及燃烧中间产物[23-25]。SOF 中具有毒性的 PAHs 在燃烧过程中生成,同时存在于燃料和润滑油产品中。因此,PAHs 作为燃料和润滑油中的有害成分,其含量受到限制。

2.2.2 颗粒物生成的化学反应模型

颗粒物生成可分为气相反应模型(包括燃烧动力学模型和 PAHs 生长模型)和颗粒物生成模型,如图 2-11 所示。燃烧动力学模型包括由燃油到 PAHs 的形成;PAHs 生长模型用于预测 PAH 能否成为颗粒物的前驱体 PAHs。颗粒物生成模型用于说明 PAHs 生成 Soot 基本粒子后,再经过凝结、表面反应和物理浓缩等过程。

Soot 基本粒子会通过气相物质表面反应增加质量,这一过程称为颗粒物的表面生长。Soot 粒子形成后,通过彼此碰撞发生聚集,颗粒物数量减少但颗粒物体积增大。在颗粒增长的初始阶段,两个球状颗粒物的碰撞能够使其聚集为单一球体,这一过程主要发生在直径小

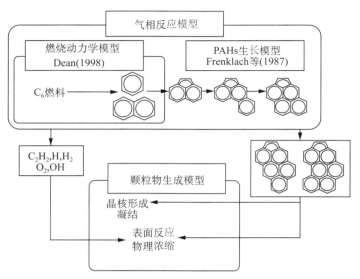

图 2-11　颗粒物生成的化学反应模型[26]

于 10 nm 的颗粒中。形成球形的原因可能为初期的颗粒轻质成分多且黏性较低,类似于半流体,因而能够发生融合,且为达到最低的表面能,形成球形;也可能是颗粒形成初期粒子直径小,相撞时原子力起作用,使粒子趋于球形。球状粒子相互碰撞不再融合成球形,而是黏结成链,称为团聚。Soot 基本粒子形成后经过 0.02~0.07 ms 后就会发生链状团聚,可以一直延续到膨胀冲程[27]。

图 2-12 为用于研究含氧燃料对颗粒物生成影响的化学反应模型。模型分为两个步骤:

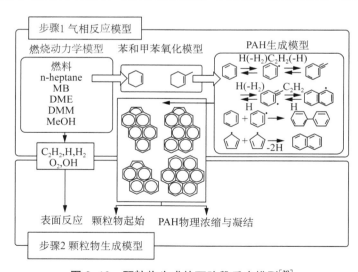

图 2-12　颗粒物生成的两阶段反应模型[28]

(1) 气相反应模型,包括燃烧动力学模型、苯和甲苯氧化模型及 PAH 生成模型;

(2) 颗粒物生成模型,包括表面反应、颗粒物起始、PAH 物理浓缩和凝结四个过程。

图中 n-heptane 为正庚烷,MB(Methyl butanoate)代表 $CH_3(CH_2)(CO)OCH_3$,DME (Dimethylether) 代 表 CH_3OCH_3,DMM (Dimethoxy methane) 代 表 $CH_3OCH_2OCH_3$, MeOH 代表 CH_3OH。

燃烧动力学模型、苯和甲苯氧化模型及 PAH 生成模型等一般由很多反应物之间的化学反应方程式组成。已有的研究表明[27],甲烷的高温氧化与热分解需要用 31 种物质之间的 342 个化学反应描述。在乙炔及乙烯火焰中生成 PAHs 的反应需要用 70 种物质之间的 342 个化学反应描述。因此,柴油这样的高分子 HC 化合物的燃烧化学反应相当复杂。

燃烧过程最终形成颗粒物的最关键反应是低分子化合物或物种能否生成芳烃。表 2-6 给出了气相反应中生成单环芳烃的主要化学反应。芳烃生成后很容易进一步生成颗粒物的前驱体 PAHs。在缺氧条件下,PAHs 将通过表面增长化学反应,增大质量和体积。表 2-7 给出了 PAH 表面生长模型的化学反应方程式及速率常数等。Soot 粒子表面生长和氧化反应主要通过这 8 个化学反应进行,其中 1、2 和 4 为可逆反应。Soot 粒子会通过这三个反应增大或减小,反应 3、5、6、7 和 8 使颗粒物变小或成为燃烧产物。

表 2-6　　　　　　　　　　生成单环芳烃的主要气相化学反应[29]

序号	反应方程式	序号	反应方程式
g130	$n\text{-}C_4H_3+C_2H_2 \Longrightarrow A_1^-$	g141	$A_1C_2H+H \Longrightarrow A_1C_2H^-+H_2$
g131	$n\text{-}C_6H_5 \Longrightarrow A_1^-$	g142	$A_1C_2H+OH \Longrightarrow A_1C_2H^-+H_2O$
g132	$n\text{-}C_4H_5+C_2H_2 \Longrightarrow A_1+H$	g143	$A_1C_2H^-+H \Longrightarrow A_1C_2H$
g133	$n\text{-}C_6H_7 \Longrightarrow A_1^+$	g144	$A_1C_2H^-+O_2 \rightarrow C_6H_4+CHO+CO$
g134	$A_1+H \Longrightarrow A_1^-+H_2$	g145	$n\text{-}C_6H_3+C_2H_2 \Longrightarrow A_1C_2H^*$
g135	$A_1+OH \Longrightarrow A_1^-+H_2O$	g146	$A_1C_2H+H \Longrightarrow A_1C_2H^*+H_2$
g136	$A_1^-+H \Longrightarrow A_1$	g147	$A_1C_2H+OH \Longrightarrow A_1C_2H^*+H_2O$
g137	$A_1+OH \rightarrow CH_2O+C_2H_2+C_3H_3$	g148	$A_1C_2H^*+H \rightarrow A_1C_2H$
g138	$A_1^-+O_2 \rightarrow n\text{-}C_4H_5^*+CO+CO$	g149	$A_1C_2H^*+O_2 \rightarrow C_6H_4+CHO+CO$
g139	$A_1+C_2H_2 \Longrightarrow A_1C_2H+H$	g150	$A_1C_2H+OH \rightarrow A_1+CHCO$
g140	$n\text{-}C_4H_3+C_4H_2 \Longrightarrow A_1C_2H^-$		

注:A_1 表示苯环,A_1^- 表示苯基。

表 2-7　　　　　　　Soot 微粒表面生长和氧化反应机理及其速率常数[28]

序号	反应方程式	$A/(cm^3 \cdot mol^{-1} \cdot s^{-1})$	n	$E/(kJ/mol)$	反应式编号
S_1	$C_{soot}\text{-}H+H \rightarrow C_{soot}\cdot+H_2$	2.5×10^{14}	—	50.2	1
S_{-1}	$C_{soot}\cdot+H_2 \rightarrow C_{soot}\text{-}H+H$	4.0×10^{11}	—	29.3	
S_2	$C_{soot}\cdot+H \rightarrow C_{soot}\text{-}H$	2.2×10^{14}	—	—	2
S_{-2}	$C_{soot}\text{-}H \rightarrow C_{soot}\cdot+H$	2.0×10^{17}	—	455.6	

序号	反应方程式	$A/(\mathrm{cm^3 \cdot mol^{-1} \cdot s^{-1}})$	n	$E/(\mathrm{kJ/mol})$	反应式编号
S_3	$C_{soot}\cdot \rightarrow C_2H_2 + 产物$	3.0×10^{14}	—	259.2	3
S_4	$C_{soot}\cdot + C_2H_2 \rightarrow C_{soot}\dot{C}HCH$	2.0×10^{12}	—	16.7	4
S_{-4}	$C_{soot}\dot{C}HCH \rightarrow C_{soot}\cdot + C_2H_2$	5.0×10^{13}	—	158.8	
S_5	$C_{soot}\dot{C}HCH \rightarrow C_{soot}-H + H$	5.0×10^{10}	—	—	5
S_6	$C_{soot} + O_2 \rightarrow 产物$	2.2×10^{12}	—	31.4	6
S_7	$C_{soot}\dot{C}HCH + O_2 \rightarrow 产物$	2.2×10^{12}	—	31.4	7
S_8	$C_{soot}-H + OH \rightarrow 产物$	反应概率：0.13			8

注：A、E 和 n 依次表示化学反应速率常数 k 计算式 $k=AT^n\exp(-E/RT)$ 中的常数。

2.2.3 碳烟微粒的氧化燃烧

上述反应过程生成的颗粒物可通过氧化燃烧去除或减小，从而降低其排放。如前述，颗粒物的结构与成分非常复杂，而氧化反应在具有不同活性的颗粒表面进行，因而颗粒物氧化燃烧的详细情况并不清楚[27]。

Soot 氧化燃烧的主要影响因素为氧分压、温度、Soot 的表面积及活性等。对于特定的颗粒物来说，Soot 的氧化燃烧仅受氧分压和温度的影响。因此，Soot 氧化速率可被归纳为温度和氧分压的经验及半经验公式。

1) Soot 氧化速率的经验公式

目前，针对 Soot 氧化速率的经验公式的研究较多，其中李(Lee)等[30]提出的经验公式较为经典，该经验公式根据层流扩散火焰中 Soot 氧化的实验结果得到，试验温度范围为 1 200～1 700 K，氧分压的范围为 4～12 kPa，层流扩散火焰中 Soot 的表面氧化速率 $\dot{w}_{O_2}(\mathrm{kg \cdot m^{-2} \cdot s^{-1}})$ 表示为氧化温度和氧分压的函数，其表达式如下：

$$\dot{w}_{O_2}=1.085\times10^5 \frac{p_{O_2}}{T^{1/2}}\exp\left(-\frac{14\,500}{RT}\right) \tag{2-5}$$

式中　T——氧化温度（K）；

p_{O_2}——氧分压（10^5 Pa）；

R——通用气体常数，$R=8.314\,4\ \mathrm{kJ \cdot kmol^{-1} \cdot K^{-1}}$。

式(2-5)表明，Soot 微粒的氧化速率与氧分压成正比，与温度之间的函数关系较为复杂，氧化速率随温度升高而加快。

2) Soot 氧化速率的半经验公式

关于 Soot 氧化速率的半经验公式也较多，下文以广安博之(Hiroyasu)提出的 Soot 生成模型为例来说明 Soot 氧化的影响因素。广安博之等[31]提出的模型为阿雷尼乌斯形式：

$$\left(\frac{\mathrm{d}m_s}{\mathrm{d}t}\right)X_{oxidation}=A_0 m_{0v} p_{O_2}^{1.8}\exp\left(\frac{-E_0}{RT}\right) \tag{2-6}$$

式中　A_0——与实际实验工况相关的常数；

　　　T——氧化温度（K）；

　　　p_{O_2}——氧分压（10^5 Pa）；

　　　E_0——活化能，$E_0=12\times10^4$ kJ·kmol^{-1}；

　　　R——通用气体常数；

　　　m_{0v}——计算区域的总 Soot 微粒量；

　　　m_s——Soot 微粒氧化量。

式(2-6)表明，Soot 氧化速率与氧分压的 1.8 次方成正比，大于经验公式(2-5)。与温度之间的关系为较为复杂的指数函数关系，变化速率也为氧分压越大、温度越高，氧化反应越快。

2.3　颗粒物生成的影响因素

颗粒物生成的影响因素很多，该节主要分析润滑油品质、燃料属性、燃烧室形状、废气再循环以及喷油参数对柴油机颗粒物生成的影响。

2.3.1　润滑油品质

润滑油中的硫与灰分都会影响柴油机颗粒物的形貌，继而影响颗粒物的粒径大小。图 2-13 为某柴油机使用 3 种不同硫含量润滑油时的颗粒物排放变化规律[14,32]。由图可知，润滑油中的硫含量越高，颗粒基本粒子平均粒径越大，粒径分布也会向大粒径偏移。在基准润滑油、硫含量 $5\,000\times10^{-6}$、硫含量 $10\,000\times10^{-6}$ 下的基本粒子平均粒径分别为 18.5 nm、20.6 nm 和 24.2 nm，峰值粒径区间及其占比分别在(17.5 nm，47.3%)、(22.5 nm，40.2%)、(22.5 nm，45.1%)。润滑油中硫氧化消耗缸内氧气，生成硫酸盐或硫化物，带来局部高温缺氧环境，促进了碳烟生成，同时硫酸盐也可被基本粒子所吸附，导致颗粒粒径整体增大。

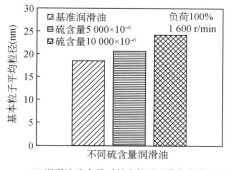

(a) 润滑油硫含量对基本粒子平均粒径的影响

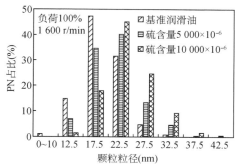

(b) 润滑油硫含量对柴油机颗粒物粒径分布的影响

图 2-13　润滑油硫含量对柴油机颗粒物排放的影响

图 2-14 为某柴油机使用 3 种不同灰分含量润滑油时的基本粒子平均粒径变化规律[14,32]。从图中分析可知，颗粒的基本粒子平均粒径会随着柴油机所使用润滑油灰分含量的增加而先增大后减小，粒径分布也会先向大粒径偏移后偏向小粒径，在基准润滑油、灰分含量 $12\,000\times10^{-6}$、灰分含量 $20\,000\times10^{-6}$ 下，基本粒子平均粒径分别为 21.3 nm、27.9 nm、

22.3 nm,峰值粒径区间及其占比分别在(17.5 nm,47.3%)、(22.5 nm,45.14%)、(17.5 nm,34.2%)。润滑油中灰分主要为无机盐,会附着于碳粒子表面,使颗粒粒径增大,但这些无机盐具有分散、溶解缸内积碳和酸性氧化物的功能,当灰分含量进一步增大时,其清净分散能力加强,会吸收溶解大颗粒,使颗粒粒径减小。

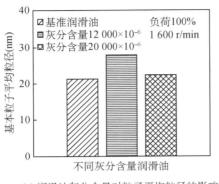 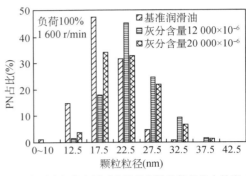

(a) 润滑油灰分含量对粒子平均粒径的影响　　(b) 润滑油灰分含量对柴油机颗粒物粒径分布的影响

图 2-14　润滑油灰分含量对柴油机颗粒物排放的影响

2.3.2　燃料属性

燃料的含硫量、芳香烃含量、十六烷值都会影响柴油机的烟度排放。图 2-15 为不同燃料属性对柴油机 PM 及烟度排放的影响规律[33-34]。图 2-15(a)为某柴油机模拟 NEDC 循环的 PM 排放,由图可知,随着燃料含硫量的上升,柴油机的 PM 排放呈线性增长,燃料硫含量从 50×10^{-6} 上升到 $1\,500 \times 10^{-6}$,PM 排放从 0.037 g/km 上升到了 0.057 g/km。图 2-15(b)为某柴油机分别燃用硫含量为 10×10^{-6} 与 330×10^{-6} 的燃料时,在 1 900 r/min 下的烟度排放,在燃用更高硫含量的燃料时,柴油机在各种负荷下的烟度排放都有所上升,以100%负荷为例,燃用 10×10^{-6} 硫含量燃料时烟度为 1.31 FSN,而燃用 330×10^{-6} 硫含量燃料时烟度为 1.48 FSN。燃料中的硫会生成无机盐等颗粒物成分,并促进碳元素聚集生成 DS,促进颗粒物生成,使柴油机 PM 及烟度排放上升。图 2-15(c)为某柴油机分别燃用30%与5%芳香烃燃料时的 PM 及烟度排放,从图中分析可知,芳香烃会增加柴油机的 PM 及烟度排放,相比于芳香烃含量为5%的燃料,柴油机在燃用芳香烃含量为30%的燃料时,在模拟 NEDC 下的 PM 排放分别是从 0.015 g/km 上升到了 0.018 g/km,烟度排放在全负荷下的都有所上升,100%负荷时,烟度排放从 1.43 FSN 上升到了 1.56 FSN。芳香烃在燃烧过程中难以分解并随排气排出后,成为 SOF,也易聚集并形成 Soot 的前驱体之一 PAHs,促进颗粒物生成,从而增加 PM 及烟度排放。图 2-15(d)为某柴油机分别燃用十六烷值分别为 63、55、50 的燃料时 PM 及烟度排放,从图中分析可知,随着十六烷值的上升,柴油机 PM 及烟度排放降低,柴油机分别燃用十六烷值为 50、55、63 的燃料时,NEDC 循环下 PM 排放分别为 0.015 g/km、0.013 g/km、0.011 g/km,烟度排放持续下降,100%负荷时,烟度排放分别为 1.28 FSN、1.19 FSN、0.47 FSN。燃料十六烷值的增加会改善柴油机缸内燃烧过程,缩短滞燃期,从而减少了颗粒物的生成,抑制 PM 及烟度排放。

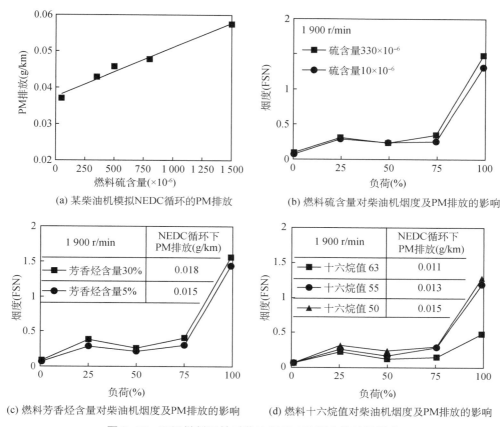

(a) 某柴油机模拟NEDC循环的PM排放　　(b) 燃料硫含量对柴油机烟度及PM排放的影响

(c) 燃料芳香烃含量对柴油机烟度及PM排放的影响　　(d) 燃料十六烷值对柴油机烟度及PM排放的影响

图 2-15　不同燃料属性对柴油机 PM 及烟度排放的影响

2.3.3　燃烧室形状

　　燃烧室形状会影响柴油机混合气混合及其燃烧过程,进而对颗粒物排放产生影响。图 2-16 为某柴油机燃烧室形状参数,其中:H 表示上止点间隙,即凸台顶点到缸盖平面的距离;R 为燃烧室碗底圆弧半径;Φ 为燃烧室敞口角。

　　碗底圆弧半径、上止点间隙对柴油机的颗粒物排放影响不大,而口径比(r_1/r_2)、敞口角对柴油机颗粒物排放具有较大影响。图 2-17、图 2-18 分别为仿真所得的柴油机燃烧室口径比、敞口角对颗粒物排放的

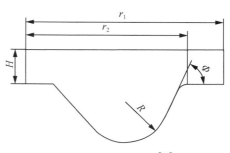

图 2-16　燃烧室形状[35]

影响规律。由图 2-17 可知,随着口径比的上升,颗粒物排放呈先上升后下降的趋势,口径比从 0.71 上升到 0.80 时,Soot 排放量从 0.07 g 上升到 0.10 g,口径比达到 0.82 时,Soot 排放量又下降到 0.98 g。

　　由图 2-18 可知,随着敞口角的增大,Soot 排放量呈现较为线性的下降趋势。敞口角从 50°上升到 70°时,Soot 排放量从 0.16 g 下降到 0.04 g,敞口角达到 75°时,Soot 排放量与 70°

相比略有下降,为 0.036 g。

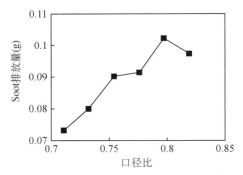

图 2-17　口径比对颗粒物排放的影响[35]

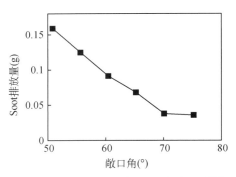

图 2-18　敞口角对颗粒物排放的影响[35]

2.3.4　废气再循环(EGR)

EGR 会导致柴油机颗粒物排放的增加。图 2-19 为某柴油机在 1 885 r/min 各负荷下 EGR 阀开度对柴油机烟度排放的影响规律[36]。由图可知,随着 EGR 阀开度的上升,柴油机烟度排放都有着明显且较为线性的上升,以 75% 负荷为例,EGR 阀开度为 0%、25%、50%、75%、100% 时,柴油机烟度排放分别为 1.8 m^{-1}、2.0 m^{-1}、2.6 m^{-1}、4.8 m^{-1}、7.0 m^{-1}。图 2-20 为某柴油机在 1 500 r/min 转速、50% 负荷、不同 EGR 率下,核态、积聚态颗粒物排放速率的变化规律[37]。由图可知,随着 EGR 率上升,积聚态颗粒 PN 排放呈较为线性的上升趋势,EGR 率从 0% 上升到 18%,积聚态 PN 排放速率从 3.86×10^{10} 个/s 上升到了 12.27×10^{10} 个/s;而核态 PN 排放速率在 EGR 率 10% 之前呈线性上升,在 10% 之后稍有下降,EGR 率为 0%、10%、18% 时,核态 PN 排放速率分别为 0.69×10^{10} 个/s、1.59×10^{10} 个/s、1.50×10^{10} 个/s。EGR 会降低缸内的新鲜空气进气量、恶化缸内燃烧,促进高温缺氧环境的产生,使柴油机烟度排放上升。

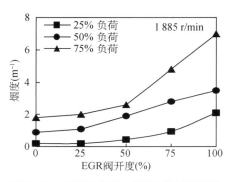

图 2-19　EGR 阀开度对烟度排放的影响

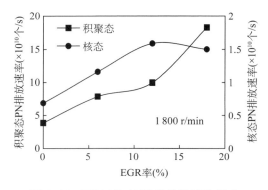

图 2-20　EGR 率对 PN 排放速率的影响

图 2-21 为某柴油机在 1 885 r/min 各负荷下,烟度排放随 EGR 温度的变化规律[38]。由图可知,随着 EGR 温度的升高,柴油机烟度排放具有较为线性的上升趋势,且在低负荷时,

单位 EGR 冷却温度变化对柴油机烟度影响相对最大。25% 负荷时,185℃ 时的烟度为 0.248 m^{-1},206℃ 时的烟度为 0.297 m^{-1},每上升 1℃,烟度上升 $2.3×10^{-3}$ m^{-1};75% 负荷时,208℃ 时的烟度为 0.539 m^{-1},271℃ 时的烟度为 0.612 m^{-1},每上升 1℃,烟度上升 $1.1×10^{-3}$ m^{-1}。随着 EGR 废气温度降低,混合气温度降低,在一定程度上增大了进气量,更多空气的引入使燃烧更加平缓,改善了燃烧,降低了烟度排放。

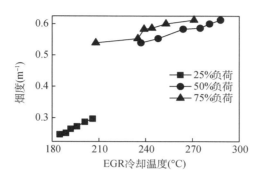

图 2-21　EGR 冷却温度对烟度排放的影响

2.3.5　喷油参数

提高喷油提前角与喷油压力都会改善柴油机的颗粒物排放。图 2-22 所示为某柴油机在转速 1 657 r/min、负荷比 25% 工况下,喷油参数对 PM 排放的影响规律[39]。

由图 2-22(a)可知,在相同喷油提前角下,轨压的升高能够显著降低柴油机 PM 排放,以喷油提前角为 1.5°CA 时为例,轨压从 90 MPa 上升到 130 MPa,PM 浓度从 $30.7×10^4$ μg/cm^3 下降到了 $11.4×10^4$ μg/cm^3;提高喷油提前角也能够降低柴油机颗粒物排放,以轨压 90 MPa 为例,喷油提前角从 1.5°CA 上升到 14°CA 时,PM 浓度从 $30.7×10^4$ μg/cm^3 下降到了 $13.7×10^4$ μg/cm^3;但值得注意的是,轨压为 130 MPa 时,随着喷油提前角的增加,柴油机颗粒排放出现了先减后增的现象。轨压升高能够促进燃油的雾化,同样会加强缸内的流动混合,降低颗粒物的排放。喷油提前时,缸内爆发压力和温度升高,基本碳粒子氧化速率的增幅大于成核速率,且缸内气体流动剧烈,改善缸内缺氧环境,抑制颗粒物的生成。当喷油压力足够时,喷油提前角过大,会恶化缸内燃烧,促进颗粒物生成。

由图 2-22(b)可知,引入预喷后,柴油机排放 PM 浓度出现了明显的上升,但随着预喷油量的增加,PM 排放呈现先增加后减小的趋势,PM 浓度最高时对应的预喷量为 6 mm^3/st,以预喷间隔 900 μs 为例,预喷量为 0、6 mm^3/st、10 mm^3/st 时,PM 浓度分别为 $6.3×10^4$ μg/cm^3、$14.2×10^4$ μg/cm^3、$9.2×10^4$ μg/cm^3;在预喷油量较小时,PM 浓度排放则对预喷间隔不太敏感,在预喷油量较大时,PM 排放随着预喷间隔的增大而增大,预喷量为 10 mm^3/st,预喷间隔从 620 μs 增大到 1 480 μs 时,PM 浓度从 $6.7×10^4$ μg/cm^3 上升到了 $14.1×10^4$ μg/cm^3。预喷射由于其喷油脉宽有限,喷油器针阀升程难以达到最大开度,喷油速率较低,燃油与空气的混合条件较差,产生较多 PM 排放,而喷油脉宽随着预喷量的上升而增加,因此在预喷量继续上升时,PM 排放减小。

由图 2-22(c)可知,引入后喷后,柴油机 PM 浓度出现了明显的上升,随着预喷油量的增加,PM 排放呈现先增加后减小的趋势,PM 浓度最高时对应的后喷量为 6 mm³/st,以后喷间隔为 900 μs 为例,后喷量为 0、6 mm³/st、10 mm³/st 时,PM 浓度分别为 5.1×10⁴ μg/cm³、12.0×10⁴ μg/cm³、8.7×10⁴ μg/cm³;PM 排放随着后喷间隔的增大而增大,后喷量为 10 mm³/st,后喷间隔从 620 μs 增大到 1 480 μs 时,PM 浓度从 3.5×10⁴ μg/cm³ 上升到了 14.0×10⁴ μg/cm³。与预喷相似,后喷由于其喷油脉宽有限,喷油器针阀升程难以达到最大开度,喷油速率较低,燃油与空气的混合条件较差,产生较多 PM 排放,而喷油脉宽随着后喷量的上升而增加,因此在后喷量继续上升时,PM 排放减小。后喷间隔越长,后喷时的缸内温度越低,因此 PM 排放上升。

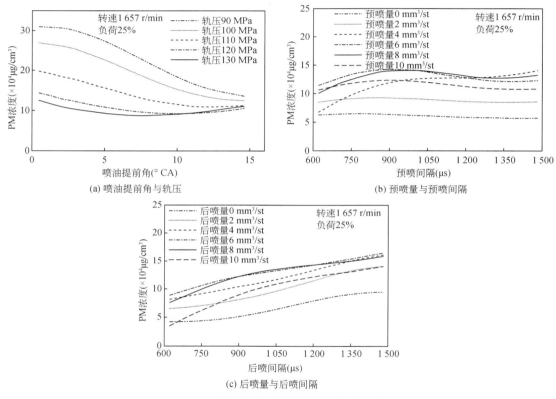

图 2-22 喷油参数对颗粒物 PM 排放的影响

2.4 柴油机颗粒物稳态排放特性

柴油机颗粒物的稳态排放是指柴油机稳定工况下在特定转速、特定负荷的一些排放特性,主要有颗粒物数量(PN)、颗粒物质量(PM)及颗粒物的粒径分布。

2.4.1 颗粒物数量(PN)

图 2-23 是测得的不同工况下某柴油机的 PN 排放特性[40]。由图 2-23(a)可知,柴油机的 PN 排放随着负荷的增加先下降后上升,空负荷时 PN 浓度为 7.34×10⁷ 个/cm³,在 75%

负荷时下降到了 5.97×10^6 个/cm³,在 100%满负荷时为 9.95×10^6 个/cm³。由图 2-23(b) 可知,柴油机 PN 排放随着转速的增加先下降后上升,800 r/min 转速时 PN 浓度为 8.56×10^6 个/cm³,在 1 700 r/min 转速时下降到了 5.48×10^6 个/cm³,在 2 300 r/min 额定转速时 上升到了 1.23×10^7 个/cm³。

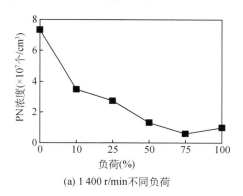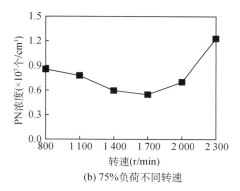

(a) 1 400 r/min不同负荷　　　　　　　　(b) 75%负荷不同转速

图 2-23　不同工况下 EEPS 测得的 PN 浓度

2.4.2　颗粒物粒径分布

图 2-24 为柴油机在不同负荷下的粒径分布规律[40]。由图可知,随着负荷的升高,柴油机 的 PN 排放总体呈现降低趋势,PN 排放峰值粒径也呈现变小的趋势,以空负荷与 50%负荷为 例,PN 排放峰值位置从(22.1 nm,9.1×10^6 个/cm³)偏移到了(10.8 nm,2.4×10^6 个/cm³)。

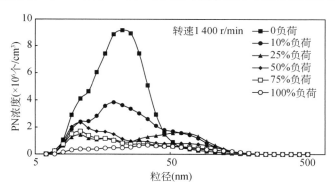

图 2-24　不同负荷下柴油机 PN 粒径分布

2.4.3　颗粒物质量(PM)

图 2-25 为某柴油机不同工况的 PM 排放[41]。由图 2-25(a)可知,柴油机的 PM 排放随 着负荷的增加先增大后减小,0%负荷时 PM 排放为 1 183.7 $\mu g/m^3$,在 25%负荷时升到最高 3 018.4 $\mu g/m^3$,又在 75%负荷时下降到了 1 113.4 $\mu g/m^3$。由图 2-25(b)可知,柴油机的 PM 排放随着转速的增加呈现两边高中间持平的趋势,800 r/min 转速时 PM 排放为 4 375.0 $\mu g/m^3$,在 1 100~2 000 r/min 转速时持平,在 1 400 r/min 时为 2 219.8 $\mu g/m^3$,在 2 300 r/min 时上升到了 3 105.6 $\mu g/m^3$。

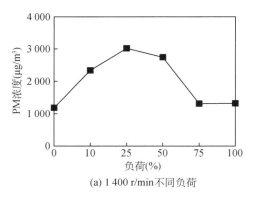 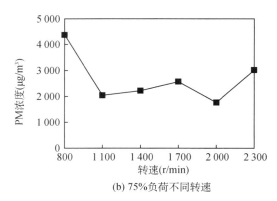

(a) 1 400 r/min 不同负荷 　　　　　(b) 75%负荷不同转速

图 2-25　不同工况下 EEPS 测得的颗粒物排放

2.5　柴油机颗粒物瞬态排放特性

柴油机在实际工作中的工况大多数为瞬态过程,瞬态过程中的颗粒物排放与稳态过程有很大区别,且往往高于稳态过程。

2.5.1　冷机、暖机起动工况

起动工况作为柴油机较为特殊的瞬变工况,其喷油策略、燃烧和排放特点与其他瞬变工况差异较大,因此其颗粒物排放特性与其他瞬变工况差异也较大。

图 2-26 所示为某柴油机冷起动、暖机(60℃、80℃)起动工况下 PM 数量浓度的变化规律[55]。从图中分析可知,起动后颗粒物数量浓度迅速升高至峰值,而后迅速下降至稳定状态。起动瞬间的颗粒物排放较为恶劣,高出怠速状态数倍,到达怠速状态后则相对较低。由图 2-26(a)分析可知,冷起动工况 PN 排放明显高于暖机起动,且在达到怠速工况后 PN 浓度排放也相对较高,随着时间的推移缓慢降低。冷起动过程中,由于循环喷油量较高,冷却水温、油温较低,使燃烧相对较为恶劣,会产生大量核态和聚集态颗粒,随着时间的延长,缸内温度逐渐上升,颗粒物排放逐渐减少。由图 2-26(b)分析可知,暖机起动在达到怠速后

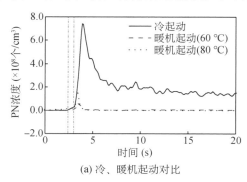 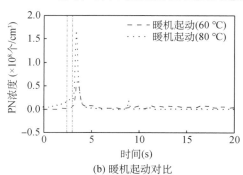

(a) 冷、暖机起动对比 　　　　　(b) 暖机起动对比

图 2-26　冷、暖机起动工况下 PM 数量浓度的变化

PN 排放都处于相对较低水平,水温 60℃暖机起动较 80℃暖机起动的 PN 浓度峰值低,是因其起动过程喷油量较高的前几个循环对应的缓燃期时间较长,大量颗粒物在缓燃期期间被氧化,反而颗粒物排放较低。

2.5.2　瞬变工况

柴油机在瞬变工况下,其颗粒物的排放较之于稳态工况有较大差异。一般来说,在柴油机输出功率上升的过程中,其颗粒物排放会有所恶化。

在一般基于柴油机台架测试瞬变过程的研究中,柴油机的瞬变工况研究主要分为两种工况:恒转速变转矩瞬变工况、恒转矩变转速瞬变工况。

1) 恒转速变转矩瞬变工况

图 2-27 为某柴油机在 1 500 r/min 转速下以不同过渡时间增、减转矩(227～772 N·m)过程中,某柴油机 PN 浓度的变化规律[42]。由图 2-27(a)可知,增转矩过程中,初始变化后 PN 明显上升,在 5 s 之后达到峰值,且该峰值随着过渡时间的延长不断降低,过渡时间分别为 1 s、2 s、5 s 时,峰值分别为 $7.1×10^7$ 个/cm³、$3.4×10^7$ 个/cm³、$2.2×10^7$ 个/cm³。由图 2-27(b)可知,减转矩过程中,初始变化后 PN 有所降低,直至第 4 s 后才出现明显的峰值波动,但峰值持续时间极短,在过渡时间为 2 s 时出现的峰值最高,为 $7.3×10^7$ 个/cm³,1 s 和 5 s 时未出现明显较高的峰值。柴油机在恒转速增转矩瞬变工况中,循环喷油量不断增加,循环进气量的增加相对滞后,导致混合气偏浓,燃烧过程都处于相对缺氧的环境下,产生了大量聚集态微粒,PN 排放增高。恒转速减转矩瞬变工况中,由于循环喷油量不断减少,循环进气量的降低相对滞后,使混合气偏稀,故而 PN 排放降低。

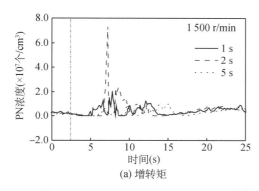
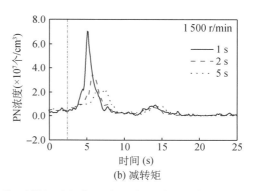

图 2-27　1 500 r/min 转速下以不同过渡时间增、减转矩过程中,颗粒物数量浓度的变化

图 2-28 为不同转速下以 1 s 过渡时间增、减转矩(227～772 N·m)过程中,某柴油机 PN 浓度的变化规律[42]。由图(a)可知,在增转矩过程中,初始变化后 PN 明显上升,在 5 s 之后达到峰值,1 100 r/min、1 500 r/min 时,达到的峰值相差不大,均在 $7.1×10^7$ 个/cm³ 左右,且在峰值后较快降低到较低水平;1 300 r/min 时的 PN 排放较高,且在 5 s 的峰值后在 7 s 左右又达到新的峰值 $9.5×10^7$ 个/cm³,在整个过程中产生了更高的 PN 排放。由图(b)可知,减转矩过程中,初始变化后 PN 有所降低,直至第 5 s 后才出现明显的峰值波动,同样地,在 1 300 r/min 转速下的波动更为剧烈,排放较高。由转速引起的瞬态排放特征不同,是

不同的喷油策略、过量空气系数导致。

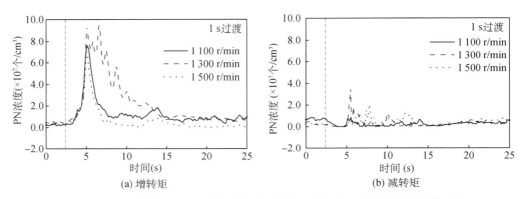

图 2-28　不同转速下以 1 s 过渡时间增、减转矩过程中，颗粒物数量浓度的变化

2) 恒转矩变转速工况

图 2-29 所示为 772 N·m 转矩下以不同过渡时间增、减转速过程中，某柴油机 PN 浓度的变化规律[42]。由图 2-29(a)可知，在增转速过程中，PN 排放明显上升，有明显峰值出现，随着过渡时间的延长颗粒物峰值逐渐降低，且首次峰值出现的位置有所延后，过渡时间分别为 1 s、2 s、5 s 时，峰值出现位置分别在(5 s,4.0×10⁷ 个/cm³)、(6 s,2.3×10⁷ 个/cm³)、(7 s,1.2×10⁷ 个/cm³)；此后在第 13～18 s 期间出现了第二次峰值，三种过渡时间下的峰值接近。由图 2-29(b)可知，减转速过程中，PN 排放先略有减低，在 5 s 之后开始波动，到达稳定状态过程中出现了多个明显的小峰值，且随着过渡时间的延长颗粒物小峰值出现时刻逐渐延后。恒转矩变转速瞬变过程中过渡时间越短，循环喷油量的波动幅度越大，进气滞后也越明显，过量空气系数波动幅度也越大，过量空气系数减小时，PN 排放增加。增转速过程中的 PN 浓度峰值更为显著。虽然增转速过程中 PN 浓度峰值出现时刻附近对应的过量空气系数普遍大于减转速过程，但增转速瞬变过程中，循环时间缩短，颗粒物的氧化时间减少，故而 PN 浓度峰值明显高于减转速过程。

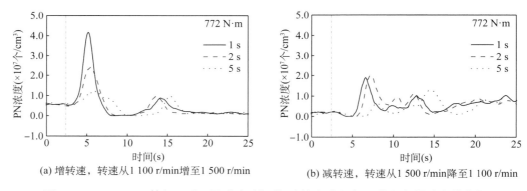

图 2-29　772 N·m 转矩下以不同过渡时间增、减转速过程中，颗粒物数量浓度的变化

图 2-30 为不同转矩下以 1 s 过渡时间增、减转速过程中，某柴油机 PN 浓度的变化规律。由图 2-30(a)可知，增转速过程中，PN 浓度先升高后降低，呈现出明显的峰值；不同的转

矩呈现出的 PN 排放变化略有不同,772 N·m 峰值最低,于 5 s 最先达到峰值 4.0×10^7 个/cm^3,而 454 N·m 峰值最高,为 8.9×10^7 个/cm^3,但总体排放较 227 N·m 略低;且 772 N·m、454 N·m 的 PN 浓度曲线较为平滑,227 N·m 曲线有明显波动。由图 2-30(b)可知,减转速过程中,PN 排放先略有降低,在 5 s 之后开始波动至稳定状态,到达稳定状态过程中出现了多个明显的小峰值,且相较于增转速曲线,三种转矩下的减转速曲线差别较小。增转速过程中,循环进气量、循环喷油量出现波动,过量空气系数也出现波动,过量空气系数减小时,PN 浓度大幅增加。此外,转速增加后,单个循环经历时间缩短,进而导致颗粒被氧化的时间缩短,故 PN 排放大幅增加。减转速瞬变过程中,单个循环时间逐渐延长,颗粒氧化时间增加,PN 排放数量大幅减少,仅呈现出小峰值。

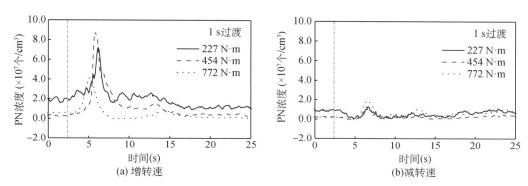

图 2-30　不同转矩下以 1 s 过渡时间增、减转速过程中,颗粒物数量浓度的变化

参考文献

[1]　DESGROUX P, X MERCIER, THOMSON K A. Study of the formation of soot and its precursors in flames using optical diagnostics[J]. Proceedings of the Combustion Institute, 2013, 34: 1713-1738.

[2]　RAJ A, YANG S Y, CHA D, et al. Structural effects on the oxidation of soot particles by O_2: Experimental and theoretical study[J]. Combustion and Flame, 2013, 160: 1812-1826.

[3]　CHRISTOPHER A. LAROO, CHARLES R. SCHENK, L. JAMES SANCHEZ, et al. Emissions of PCDD/Fs, PCBs, and PAHs from legacy on-road heavy-duty diesel engines[J]. Chemosphere, 2012, 89: 1287-1294.

[4]　M. S. CALLÉN, M. T. DE LA CRUZ, J. M. LÓPEZ, et al. PAH in airborne particulate matter. Carcinogenic character of PM_{10} samples and assessment of the energy generation impact[J]. Fuel Processing Technology, 2011, 92: 176-182.

[5]　姚笛. 基于替代燃料的柴油机颗粒物排放特性及控制技术研究[D]. 上海:同济大学,2013:2-60.

[6]　秦艳. 柴油公交车颗粒物数量及组分排放特性研究[D]. 上海:同济大学,2015:22-54.

[7]　苏芝叶. 催化型连续再生颗粒捕集器对生物柴油公交车排放的影响研究[D]. 上海:同济大学,2016:24-55.

[8]　刘朋. 现代车用柴油机微粒化学成分的分析及生物毒性的研究[D]. 天津:天津大学,2004:1-4.

[9]　陈敏东,李芳,李红双,等. 柴油发动机颗粒排放物分析及来源解析[J]. 南京信息工程大学学报,2010,2(2):138-142.

[10] 纪丽伟,董尧清,刘雄.燃料含硫量对柴油机颗粒物排放的影响研究[J].汽车技术,2010(5): 48-50.

[11] 谭丕强,阮帅帅,胡志远,等.发动机燃用生物柴油的颗粒可溶有机组分及多环芳烃排放[J].机械工程学报,2012,48(8):115-121.

[12] 谢亚飞.柴油公交车燃用餐厨废弃油脂制生物柴油的颗粒排放特性研究[D].上海:同济大学,2016: 3-41.

[13] 胡志远,章昊晨,谭丕强,等.国Ⅴ公交车燃用生物柴油的颗粒物碳质组分排放特性[J].中国环境科学,2018,38(08):2921-2926.

[14] 沈海燕.润滑油品质对柴油机排放特性的影响[D].上海:同济大学,2015:2-60.

[15] KWANG CHUL OH, CHUN BEOM LEE, EUI JU LEE. Characteristics of soot particles formed by diesel pyrolysis[J]. Journal of Analytical and Applied Pyrolysis, 2011,92:456-462.

[16] YONGJIN JUNG, KWANG CHUL OH, CHOONGSIK BAE, et al. The effect of oxygen enrichment on incipient soot particles in inverse diffusion flames[J]. Fuel, 2012,102:199-207.

[17] LONG C M, NASCARELLA MARC A, VALBERG P A. Carbon black vs. black carbon and other airborne materials containing elemental carbon: Physical and chemical distinctions[J]. Environmental Pollution, 2013,181:271-286.

[18] 张延峰,宋崇林,成存玉,等.车用柴油机排气颗粒物中有机组分和无机组分的分析[J].燃烧科学与技术,2004,10(3):197-201.

[19] 蒋德明.内燃机燃烧与排放学[M].西安:西安交通大学出版社,2001.

[20] M. MATTI MARICQ. Chemical characterization of particulate emissions from diesel engines: A review[J]. Aerosol Science, 2007,38:1079-1118.

[21] KEVIN HALLSTROM, JEFFERSON M. SCHIAVON. Euro Ⅳ and Ⅴ diesel emission control system review[C]. SAE Paper 2007-01-2617.

[22] 贺泓,翁端,资新运.柴油车尾气排放污染控制技术综述[J].环境科学,2007,28(6):1169-1177.

[23] 刘光辉.催化过滤器同时去除柴油机微粒和氮氧化物的基础研究[D].上海:上海交通大学,2002: 2-10.

[24] 谭丕强,胡志远,陆家祥.柴油机排气微粒可溶有机组分的色谱质谱分析[J].机械工程学报,2006, 42(5):75-80.

[25] 沈言谨.柴油发动机颗粒排放物的组分研究[J].车辆与动力技术,2005(4):12-14.

[26] KAZUHIROA KIHAMA, YOSHIKI TAKATORI, KAZUHISA INAGAKI, et al. Mechanism of the Smokeless Rich Diesel Combustion by Reducing Temperature[C]. SAE Technical Papers, 2001-01-0655.

[27] 李兴虎.汽车环境污染与控制[M].北京:国防工业出版社,2010:50-65.

[28] KITAMURA T, ITO T, SENDA J, et al. Mechanism of smokeless diesel combustion with oxygenated fuels based on the dependence of the equivalence ratio and temperature on soot particle formation[J]. International Journal of Engine Research, 2002,3(4):233-248.

[29] FRENKLACH M, WANG H. Detailed surface and gas-phase chemical kinetics of diamond deposition[J]. Physical Review B, 1991,43(2):1520-1545.

[30] LEE K B, THRING M W, BEÉR J M. On the rate of combustion of soot in a laminar soot flame [J]. Combustion and Flame, 1962,6:137-145.

[31] HIROYASU H, KADOTA T, ARAI M. Development and Use of a Spray Combustion Modeling to

Predict Diesel Engine Efficiency and Pollutant Emissions：Part 1 Combustion Modeling[J]. Bulletin of JSME. 1983，26(214)：569-575.

[32]　TAN P Q，WANG D Y . Effects of Sulfur Content and Ash Content in Lubricating Oil on the Aggregate Morphology and Nanostructure of Diesel Particulate Matter[J]. Energy & fuels，2018，32(1)：713-724.

[33]　谭丕强,胡志远,楼狄明. 发动机燃用不同硫含量柴油的排放特性研究[J].内燃机工程,2009，030(001)：27-31.

[34]　TAN PI-QIANG，ZHAO JIAN-YONG，HU ZHI-YUAN,et al. Effects of fuel properties on exhaust emissions from diesel engines[J]. Journal of Fuel Chemistry and Technology，2013，41(3)：347-355.

[35]　龚鑫瑞,刘振明,刘楠,等.共轨柴油机燃烧室参数对排放性能的影响[J].车用发动机,2019(06)：28-32+37.

[36]　孔德立.柴油机 EGR 系统瞬态工况的控制优化[D].上海:同济大学,2015:10-40.

[37]　楼狄明,徐宁,谭丕强,等.EGR 对轻型柴油机超细颗粒排放的影响[J].车用发动机,2016(04):21-26.

[38]　谭丕强,罗富,胡志远,等.EGR 冷却温度对重型柴油机性能及排放的影响[J].内燃机工程,2018,39(06):39-45.

[39]　张墅.与后处理装置耦合作用的生物柴油发动机喷油参数优化[D].上海:同济大学,2015:15-37.

[40]　耿小雨.结构参数对重型柴油机 DOC＋CDPF 性能影响研究[D].上海:同济大学,2018:31-45.

[41]　杨蓉. 环卫车用增压柴油机瞬变工况的燃烧和排放特性[D]. 上海:同济大学,2015:15-5.

第3章 柴油机/车尾气颗粒物的测试方法

本章对柴油机/车尾气排放的各种测试方法进行了简单介绍。此外,针对柴油机/车尾气颗粒物排放的测量与分析,分别介绍了颗粒物质量、数量浓度、排气烟度、碳质组分测试方法。

3.1 柴油机/车尾气排放测试方法

柴油机/车尾气排放测试方法可分为测功机测量法和道路测试法。测功机测量法为法规常用测试方法,根据车型不同,又可分为重型发动机测功机台架测量与轻型车底盘测功机测试。道路测试法为实际道路测试,更能反映车辆的实际排放情况,近年来也得到了越来越多的应用,其主要可分为车载仪器测试、遥感测试法以及隧道测试法等。

3.1.1 测功机测量法

对于柴油机/车尾气排放测试,法规中对于重型与轻型柴油机/车的测试方法规定有所不同,下面分重型发动机测功机测量法和轻型车底盘测功机测量法两部分简单介绍。

1) 重型发动机测功机台架测量(图 3-1)

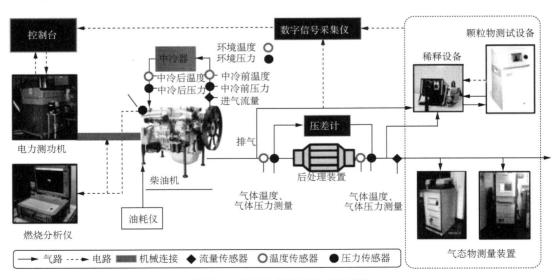

图 3-1 重型车发动机测功机系统

重型车国六排放法规中,常温下污染物排放使用发动机测功机测量,在实验室利用发动机测功机在标准测试工况下模拟汽车在实际道路上的行驶尾气排放特征。测试期间,设计不同工况点模拟实际道路行驶,通过环境空气稀释收集汽车在不同行驶阶段的尾气,并传送到气体分析仪,最后传输到计算机。发动机测功机测量可排除其他因素干扰,且试验过程易控制,可重复性强,长期应用于尾气测试。

气态和颗粒污染物的排放应按瞬态试验循环(WHTC)和稳态试验循环(WHSC)来测量,通过测得的各种排放污染物质量和相应的发动机循环功计算比排放。

测试循环可分为瞬态循环以及稳态循环,以下分别介绍。

(1)瞬态试验循环(WHTC)

为了在发动机试验台上进行试验,根据每台发动机的瞬态性能曲线将百分值转化成实际值,以形成基准循环,按照发动机基准循环展开试验循环并进行试验。按照这些基准转速、转矩值,试验循环在试验台架运行,应记录实际转速、转矩和功率。为保证试验有效性,试验完成后应对照基准循环进行实际转速、转矩和功率的回归分析。WHTC试验循环见图3-2。

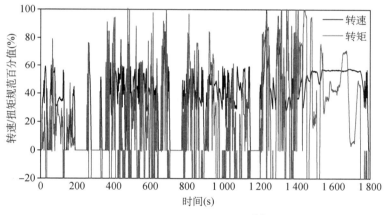

图3-2 WHTC试验循环[1]

为计算比排放量,应对整个循环的发动机实际功率进行积分,计算出实际循环功。实际循环功和基准循环功的偏差在规定范围内,则判定试验有效。气态污染物应连续采样或采样到采样袋中。颗粒物取样经稀释空气连续稀释并收集到合适的单张滤纸上。

(2)稳态试验循环(WHSC)

稳态试验循环(WHSC)包含了若干转速规范值和转矩规范值工况,在进行试验时,根据每台发动机的瞬态性能曲线将百分值转化成实际值。发动机按每工况规定的时间运行,在 $20 \pm 1s$ 内以线性速度完成发动机转速和转矩转换。表3-1为WHSC循环。为确定试验有效性,试验完成后应对照基准循环进行实际转速、转矩和功率的回归分析。

表3-1   WHSC循环[1]

序号	转速规范值(%)	转矩规范值(%)	工况时间(s)
1	0	0	210
2	55	100	50

（续表）

序号	转速规范值(%)	转矩规范值(%)	工况时间(s)
3	55	25	250
4	55	70	75
5	35	100	50
6	25	100	200
7	45	70	75
8	45	25	150
9	55	50	125
10	75	100	50
11	35	50	200
12	35	25	250
13	0	0	210
合计			1 895

在整个试验循环过程中测定气态污染物的浓度、排气流量和输出功率,测量值是整个循环的平均值。气态污染物可以连续采样或采样到采样袋。颗粒物取样经稀释空气连续稀释并收集到合适的单张滤纸上。为计算比排放量,应对整个循环的发动机实际功率进行积分,计算出实际循环功。为试验有效,实际循环功和基准循环功的偏差须在规定范围内。见表 3-2。

表 3-2 劣化系数[2]

试验循环	CO	THC	NO_x	NH_3	PM	PN
WHSC	1.3	1.3	1.15	1.0	1.05	1.0
WHTC	1.3	1.3	1.15	1.0	1.05	1.0

2）轻型车底盘测功机测量

《轻型汽车污染物排放限值及测量方法(中国第六阶段)》中,常温下污染物排放使用底盘测功机测量。底盘测功机法又称台架模拟试验,是在实验室条件下,使用标准的测试循环来模拟机动车实际行驶条件,并对其排气进行取样与测试分析,其测量系统如图 3-3 所示[2]。

测试循环是模拟车辆在道路上的典型运行工况而编制出来的,最常用的有美国的联邦标准测试程序(Federal Test Procedure，FTP)和附加联邦测试规程(Supplemental Federal Test Procedure，SFTP)、欧洲的新欧洲驾驶循环规程（New European Driving Cycle，NEDC)。中国采用全球统一的轻型车测试循环(WLTC)来制定轻型车国家第六阶段排放标准。以下简单介绍主流测试循环。

（1）美国联邦标准测试程序

世界上最早的机动车尾气排放测试规范 1966 年诞生于美国加利福尼亚州,称加利福尼亚标准测试循环,为"7 工况法"。1972 年起联邦政府用美国联邦标准测试循环（Federal

Test Procedure，FTP)代替"7 工况法"，如图 3-4 所示。自从测试循环制定以来，人们对它不断扩充以满足测试要求，这个循环一直使用到现在。

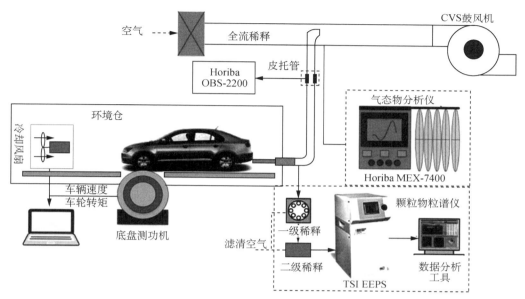

图 3-3　底盘转鼓测功机系统

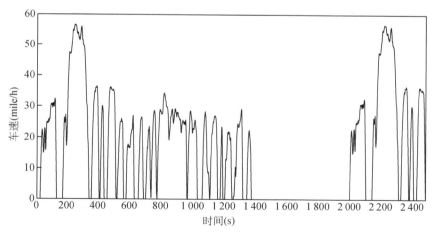

图 3-4　美国联邦标准测试程序

（2）附加联邦测试规程（Supplemental Federal Test Procedure，SFTP）

在美国联邦标准测试程序基础上，为了考察测试样车在高速度、高加速度情况下的排放情况，在模拟驾驶激烈、高速公路驾驶工况后，制定了测试速度高、加速度大、车速频繁变化、起动后直接行驶情况的 US06 循环，如图 3-5 所示。

在美国联邦标准测试程序基础上，为了考察测试样车在夏季高温空调全负荷开启、城市特定行驶循环下的排放情况，制定了测试环境温度保持在 $35\pm5℃$，相对湿度为 40% 的 SC03 循环，如图 3-6 所示。

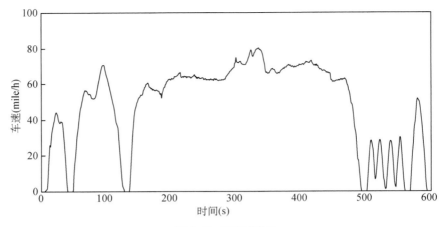

图 3-5 US06 循环

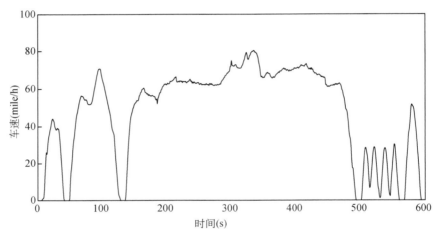

图 3-6 SC03 循环

（3）ECE 15＋EUDC/NEDC（New European Driving Cycle）

ECE＋EUDC 测试循环（也称为 MVEG-A 循环）用于进行轻型车辆排放和油耗的 EU 型式认证测试。该测试在底盘测功机上进行。整个周期包括四个无中断重复的 ECE 段，如图 3-7 所示，然后是一个 EUDC 段，如图 3-8 所示。完整测试从 ECE 周期的四个重复开始。ECE 指单个城市驾驶周期，也称为 UDC，是基于罗马或巴黎等典型城市的驾驶条件制定的。它的特点是车速低，发动机负荷低和废气温度低。在测试之前，允许车辆在 20～30℃的测试温度下浸泡至少 6 个小时。然后启动它，并使其闲置 40 秒钟。

对于冷态循环 EUDC，从 2000 年开始，循环中的空转期已被取消，即发动机从 0 秒开始运行，并且排放采样同时开始。修改后的循环被称为 NEDC 循环或 MVEG-B 测试循环。

（4）轻型车测试循环（WLTC）

全球统一的轻型车测试循环（WLTC）由低速段、中速段、高速段和超高速段四部分组成，持续时间共 1 800 s，如图 3-9 所示。其中低速段的持续时间 589 s，中速段的持续时间 433 s，高速段的持续时间 455 s，超高速段的持续时间 323 s[3]。

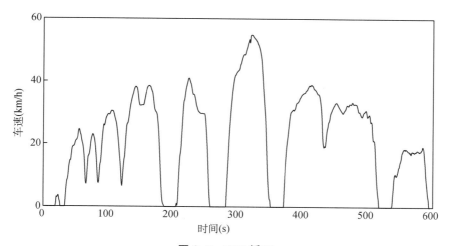

图 3-7　ECE 循环

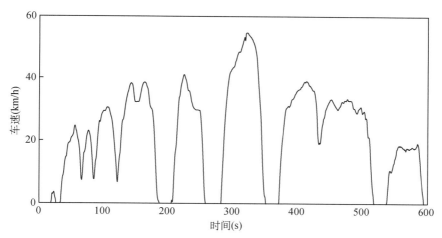

图 3-8　EUDC 循环

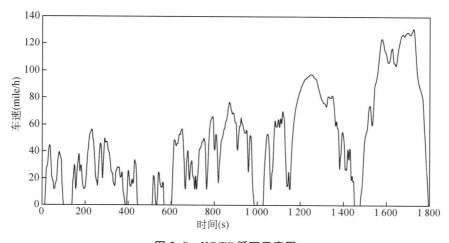

图 3-9　WLTC 循环示意图

3.1.2 道路测试法

1）车载仪器测试

车载排放测试技术主要是通过 PEMS(Portable Emission Measurement System)对车辆尾气进行直采,将排气尾管直接连接到车载气体污染物和颗粒物测量装置上,实时测量车辆排放的体积浓度和排气流量,从而得到气体污染物的质量排放量和颗粒物排放量。通过对所获得的瞬时排放数据以及 GPS 数据进行处理的结果,形成对被测车辆排放水平的评估。这种技术的应用不仅可以保证测试的精确度和可靠性,而且可以节约大量的测试时间和测试成本。特别是该系统具有重量轻、体积小的特点,能够放在各种被测车辆上进行实际道路排放实时测量,从而反映出各种车辆实际道路排放特征,这为评估整个城市的机动车排放污染水平及对环境的影响提供了有效且方便的测试方法。因此,基于 PEMS 的车载排放测试方法将是今后相当长一段时间内的一个重要发展方向。图 3-10 为一种 PEMS 的测试系统。

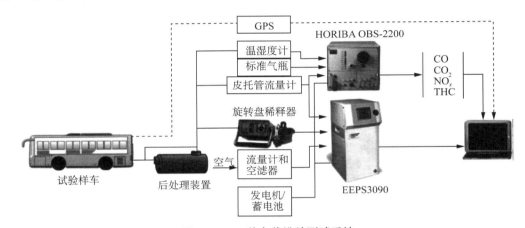

图 3-10 一种车载排放测试系统

目前能应用于车载排放测试的设备有很多,将车载排放测试系统细分,它主要包括两大子系统:气态排放物测试子系统和颗粒物测试子系统。举例而言,气态排放物测试仪器有日本 HORIBA 公司的 OBS-2200、美国 SENSOR 公司的 SEMTECH-D 等。测试颗粒物仪器有包括美国 TSI 公司的 EEPS-3090 和芬兰 DEKATI 公司的 ELPI 在内的诸多设备。

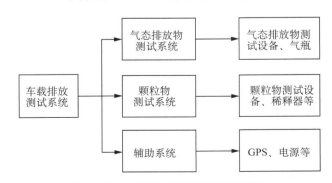

图 3-11 车载排放测试系统总布置图

2）遥感测试

道路遥感测试法的原理为不同的分子有不同的光谱吸收特性,当遥测设备的光源发生器发出红外光(或激光)和紫外光光束时,其道路对面的红外光(或激光)和紫外光反光镜将其反射回光源检测器,道路上行驶的车辆通过这些光束时,排出的尾气会对红外光(或激光)产生吸收,光线接收器通过分析接收光光谱的变化情况计算出车辆行驶中各个排放成分的浓度,进而求出该道路上的机动车排放因子,如图 3-12 所示。

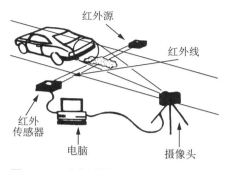

图 3-12　遥感测量(红外法)工作示意图

道路遥感测试自动化程度高,但仅能估测出在一个基于混合气比率或是燃油比率的特定位置上的瞬时排放量的估计值,受测量条件的影响大、测量精度和重复性差。遥感测试技术是分析实际道路机动车排放状况和筛选高排放车辆的有效手段,但是遥感测试不能对多车道道路上机动车排放情况做出准确测定,往往仅能应用于单车道道路或隧道内,而且虽然其可以对大量的车辆进行测试,但其不能对实际运行工况下排放的变化进行测量,从这个角度考虑,遥感测试也属于静态的测试技术。

3）隧道测试

隧道测试法是通过在隧道内外监测污染物的浓度,并根据现场的车流参数,获得对应车队的平均排放因子,如图 3-13 所示。公路隧道被看作一个控制汽车尾气扩散的特殊设施,其作用相当于用定容采样的方法在实验室内监测。隧道实验简单易操作,充分考虑了外界环境的影响,反映车辆的真实排放水平,但是测试工况单一、易受背景浓度影响。这种测试方法只能得到各种车型的排放污染物的平均排放因子,难以进一步区分各种车型的排气污染物排放因子。

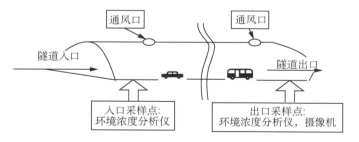

图 3-13　隧道测量工作示意图

3.2　柴油机/车尾气颗粒物的稀释与测试

为了满足法规的要求,不管是在车企生产制造过程中,还是在检测单位检测车辆尾气过程中,对柴油机/车的颗粒物排放进行科学有效的测试都尤为关键。柴油机/车尾气颗粒物的稀释对于颗粒物的采样测试十分关键,本节将从尾气稀释设备及原理、颗粒物排放测试原理及设备、颗粒物质量测量方法、颗粒物数量测试方法四个方面对柴油机/车尾气颗粒物排放测试做简要介绍。

3.2.1 尾气稀释设备及原理

颗粒物测量需要颗粒物稀释取样系统、取样滤纸、微克天平和控制温度及湿度的称重室。颗粒物取样系统的设计应确保颗粒物取样排气与总稀释排气流量成比例。颗粒物测量需要用稀释空气(经过过滤的环境空气、合成空气或氮气)对样气进行稀释。根据国六排放法规,在进行尾气颗粒物测量时,可采用功能同等的两种测量系统:

(1) 气体组分从原始排气中直接采样测量,颗粒物用部分流稀释系统测量;

(2) 气体组分及颗粒物采用全流稀释系统测量。

在型式检验和生态环境主管部门监督检查时,法规规定应使用全流式排气稀释系统、定容取样系统,在控制条件下用背景空气连续稀释所有的汽车排气。可以使用一个临界流量文丘里管(Critical Flow Venturi,CFV)或平行布置的多个临界流量文丘里管、容积泵(Positive Displacement Pump,PDP)、亚音速文丘里管(Subsonic Venturi,SSV)或超声波流量计(Ultrasonic Flowmeter,UFM)等装置。应测定排气与稀释空气的混合气的总容积,并按体积比例连续收集混合气以进行分析。排气污染物的质量由样气浓度和试验期间的总流量计算得到,其中样气浓度须以稀释空气中相应污染物的浓度进行校正。

排气稀释系统应至少包括连接管、混合装置、稀释通道、稀释空气处理装置、抽气装置和流量测量装置。取样探头应安装在稀释通道内。混合装置应是如图 3-14 所描述的容器,使汽车排气和稀释空气在其中混合,并在取样位置产生均匀的混合气。

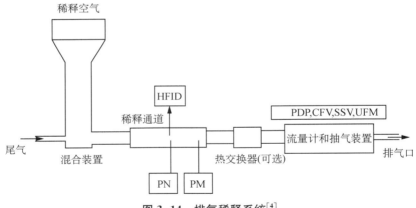

图 3-14 排气稀释系统[4]

稀释空气在进入稀释系统前允许除湿(特别是对于具有较高湿度的稀释空气)。稀释系统要求如下:

(1) 完全消除水在稀释和取样系统中的凝结;

(2) 在滤纸保持架上游或下游 20 cm 内的稀释排气温度保持在 315 ～ 325 K (42～52℃);

(3) 在接近稀释通道入口处的稀释空气温度应保持在 293～315 K(20～42℃);

(4) 在发动机最大排气流量时,总稀释比应在 5：1～7：1 范围内,并且初级稀释比最小为 2：1;

（5）对部分流稀释系统，从稀释空气进入稀释通道起到滤纸保持架止在系统内的滞留时间应在 0.5～5 s 之间；

（6）对全流稀释系统，从稀释空气进入滤纸保持架开始在系统内的总滞留时间应在 1～5 s 之间；如有二级稀释系统，从二级稀释空气进入滤纸保持架开始在二级稀释系统内的滞留时间至少 0.5 s。

以下分全流稀释取样系统和部分流稀释取样系统进行介绍。

1）全流稀释取样系统

由于直采取样存在结果误差较大，不适合高精度定量分析的缺点，为满足瞬态工况的排放精准测试，美国最先研制出定容稀释取样系统（Constant Volume Sampling System，CVS），并通过法规将其规定为汽车排放测试的标准取样系统，其中最先发展的是全流稀释定容取样系统[4]。CVS 系统取样时，将所有排气全部通入稀释通道，使用过滤的环境空气进行稀释，利用限流装置形成恒定容积流量的稀释排气。测试时使尾气稀释情况尽量模拟汽车排气尾管出口处的汽车尾气在环境空气中的实际稀释情况，这时采集到稀释排气取样袋的样气中污染物量与排气污染物总量的比例保持不变。测试循环结束后，测量气袋中各污染物的浓度，乘上 CVS 系统中流过的稀释排气总量，再考虑校正系数、背景浓度校正和流量补偿校正等系数，即得到发动机在整个测试循环过程中污染物排放的总量。根据定容方式分类，全流稀释 CVS 系统又可分为带容积泵的定容取样系统（PDP-CVS）、临界文丘里管定容取样系统（CFV-CVS）等。

PDP-CVS 是指带容积泵的定容取样系统，其工作原理是利用容积泵来确定稀释混合排气流经系统的总流量。PDP-CVS 的优点在于能够根据需要通过调整容积泵流量来控制稀释混合气的流量，系统的质量流量能够实现连续变化；缺点包括噪音严重、结构过大、测量结果受环境温度影响大，容易产生测量误差，因此需要对温度进行有效控制，因此这种系统的应用相对较少。

CFV-CVS 中恒定容积流量采用文丘里管来实现，如图 3-15 所示。文丘里管的工作原

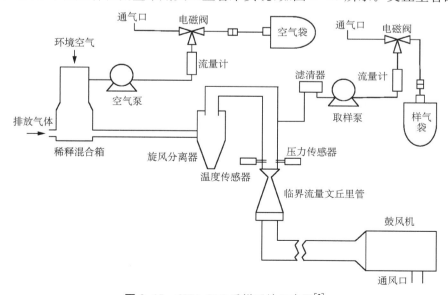

图 3-15　CFV-CVS 采样系统示意图[2]

理是:当文丘里管出口压力与进口压力的比值低于临界压力比(空气临界压力比为 0.53)时,气体流动达到超临界流动状态,此时流经文丘里管的稀释后混合气体的体积流量保持不变,空气在文丘里管中的流量系数为常数 0.484。流过文丘里管的稀释排气混合气的质量流量只与文丘里管进口处的温度和压力相关,因此只需要保证文丘里管进口处温度恒定、压力恒定,质量流量就可以保持恒定不变。CFV-CVS 的优点在于测量结果受环境温度和压力影响小,工作稳定性高,结构紧凑;缺点是由于流经文丘里管的质量流量受温度、压力的影响都不大,因此不能通过改变温度、压力来改变质量流量,只能通过更换文丘里管来改变质量流量。这样导致的结果是,系统中质量流量无法实现连续改变,只能通过更换文丘里管实现有级改变,同时 CFV-CVS 系统的加工难度大[5]。

对于袋取样和颗粒物取样,应从 CVS 系统稀释排气中按比例取样。对于不带流量补偿的系统,取样流量对 CVS 流量的比值不得超过设定值的 ±2.5%。对于带流量补偿的系统,取样流量与其目标值的差在 ±2.5% 之内。

完整的全流稀释试验系统如图 3-16 所示。

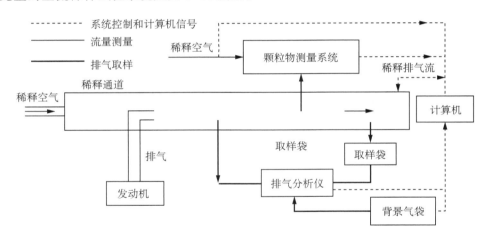

图 3-16　全流采样系统示意图

使用全流稀释定容取样系统进行取样时具有以下优点[5]:

(1) 全流稀释定容取样通过全流稀释尽量模拟尾气排放到大气中的实际状态,减少尾气中微粒出现的凝聚、吸附现象所引起的测量误差,测量结果更加接近尾气排放到大气中的实际情况。

(2) 通过颗粒采样过程分析可以得出,整个循环全部排气中的微粒质量和滤纸测量的微粒质量成正比,因此可以通过测量滤纸质量的变化来计算出整个测试过程发动机排气中含有的颗粒质量总量。

(3) 发动机排气通入稀释通道与稀释空气进行充分混合之后排气温度可以下降到合理的温度,因此不需要冷凝器,防止水蒸气的凝结及其他挥发性气体的凝聚带来的误差,取样更加合理。

CVS 全流稀释的不足之处在于:

(1) 为了满足排放法规对稀释比的要求,CVS 中稀释气体的流量需要远大于发动机的最大瞬时流量,这就会造成设备体积过大,对场地要求比较高。

(2)稀释比过大导致稀释混合气中的气态污染物以及颗粒的浓度降到很低的程度,对分析设备的精度要求会更加严格,设备成本高。

(3)测量结果受到稀释空气中污染物浓度的影响比较大。对欧洲第六阶段的重型发动机排气污染物浓度测量结果表明,排气中颗粒的含量甚至低于污染严重的空气中颗粒含量。

2)部分流稀释取样系统

为了满足超低排放柴油机/车的排放测试的要求,逐渐发展了采用稀释部分汽车排气的方法来替代传统的稀释全部排气的方法,这就是部分流稀释取样系统[6]。部分流稀释取样系统的产生主要是针对 PM 的测量而言,按照一定的比例从发动机的排气管中抽取部分气体进行稀释然后分析。以下简要介绍两种常见的部分流稀释器。

(1)旋转盘稀释器

图 3-17 所示为旋转盘稀释器的结构,主要由控制单元和采样单元两部分组成,两部分之间由气管和电路连接。旋转盘稀释器根据排气背压的变化自动调节转盘转速,实现稳定的稀释比。通过调节转盘的转速和转盘上孔的个数,可以实现 15~3 000 的稀释比。通过控制单元上的温度旋钮可以将加热稀释单元的稀释温度调节为 80℃、120℃或 150℃。

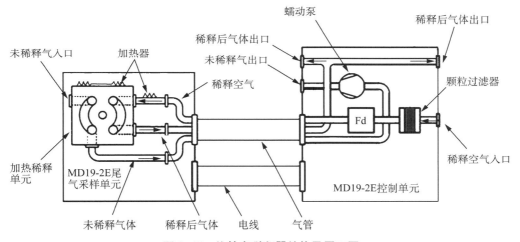

图 3-17　旋转盘稀释器结构及原理图

测量时,尾气通过未稀释气入口进入加热稀释单元,稀释空气通过控制单元内的颗粒过滤器,然后经过气管也进入加热稀释单元,如图 3-18 所示。随着稀释盘的转动,未稀释气与空气在加热稀释单元不断地混合,然后通过气路输送到稀释器控制单元,再经过二级稀释后进入 EEPS 颗粒粒径谱仪。稀释盘的转速不同,则单位时间内与空气混合的未稀释气量改变,从而导致稀释比变化。旋转盘稀释器通过排气

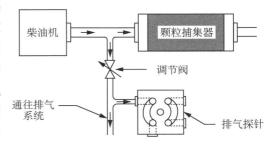

图 3-18　部分流稀释布置示意图

管直接对排气进行采样,然后使用加热的空气进行稀释,因此可以保留排气中颗粒物的原始粒径和数浓度分布。

(2) 两级射流稀释器

图 3-19 所示为两级射流稀释器的结构,主要由稀释器和温度加热控制器两部分组成,两部分之间由气管和电路连接。两级射流稀释器中,采样尾气和一级稀释器均进行加热,以减少尾气中颗粒物冷聚成核现象的发生。

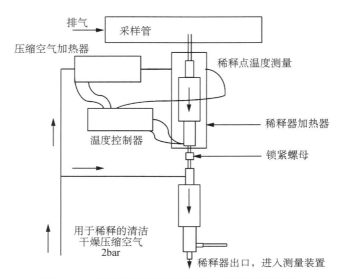

图 3-19 两级射流稀释器结构及工作原理示意图

第一级的高压稀释空气在稳定压力下从喷嘴喷射而出,产生一定真空,吸入尾气,在平衡室中均匀混合达到稀释效果;第二级的空气又与环境压力下的空气进行混合稀释。二级为固定稀释比,一级稀释比需根据每次采样的环境压力和排气压力进行插值修正,这是因为稀释器喷孔是在采样气体为大气压力(而不是排气压力)的情况下标定的。

部分流稀释取样系统的产生就是为了应对超低排放汽车排放测试的要求,目前在欧洲及国内的重型柴油车排放法规中,允许使用部分流稀释取样系统。部分流稀释取样系统在一些方面具备优势:

(a) 部分流稀释取样的测量方法需要很少量的稀释气体,消除了环境空气带来的影响。测量结果受到环境气体的干扰较小。

(b) 全流稀释取样系统的设备体积大、制造费用高,并且在对部分排量过大的发动机测量时会出现部分不能达到稀释比的现象。部分流稀释取样系统则会很好地规避这些问题。

(c) 使用部分流稀释取样系统进行试验,成本和试验费用相对较低,实验过程也相对简单。

从实验成本、设备体积、方法实用性以及发展前景的角度而言,部分流稀释取样系统都具备很大的优势。但由于部分流稀释取样系统的发展时间相对较短,在很多方面还需要进行改进,尤其在工况发生改变的时候会产生剧烈波动,直接从排气管取样难以保证抽取的排气稳定保持所需的比例。

3.2.2　颗粒物排放测试原理及设备

1）颗粒物排放测试

对柴油机/车尾气颗粒物质量进行测量时,通常利用滤纸对稀释尾气中的颗粒物进行收集,使用称重法进行测量,计算颗粒物的比排放量。颗粒物测量需要颗粒物稀释取样系统、颗粒物取样滤纸、微克天平和控制温度及湿度的称重室。称重室环境应无任何可能污染颗粒物滤纸的环境污染物(例如灰尘、气溶胶或半挥发性物质);滤纸类型分为带碳氟化合物(PTFE)涂层的玻璃纤维滤纸和以 PTFE 为基体的薄膜滤纸;分析天平应安装在隔振平台上,以避免外部噪声和震动,并通过接地的静电防护罩隔绝空气对流。颗粒物取样通过安装在稀释通道的颗粒物取样装置,将样品收集在一张滤纸上。

取样后在称重台和分析天平上进行预处理与称重过程。测量中,应消除静电的影响,并对所有滤纸的质量进行浮力修正,修正取决于滤纸介质的密度、空气密度和校准天平所用标准砝码的密度,不考虑 PM 自身的浮力。浮力校正应同时应用于滤纸自重和滤纸毛重。根据全流稀释系统或部分流稀释系统测量计算得出的采样的颗粒物的计算如式(3-1):

$$m_p = m_{f,G} - m_{f,T} \tag{3-1}$$

式中　$m_{f,G}$——浮力修正后的采样滤纸质量(mg);

　　　$m_{f,T}$——浮力修正后的空白滤纸质量(mg)。

2）颗粒物取样系统

颗粒物取样系统用于将颗粒物采集到颗粒物滤纸上。在分流稀释、全部取样情况下,稀释系统和取样系统通常组成一个整体装置。在分流稀释或全流稀释、部分取样情况下,仅部分稀释排气流过滤纸,稀释系统和取样系统通常是两个不同的装置。

对于部分流稀释系统,依靠取样泵,通过颗粒物取样探头和颗粒物输送管,从稀释风道抽取稀释排气样气,如图 3-20 所示。样气流过含有颗粒物取样滤纸的滤纸保持架,其流量由流量控制器控制。

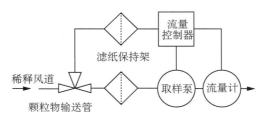

图 3-20　颗粒物取样系统结构

对于全流稀释系统,应使用两级稀释颗粒取样系统,如图 3-21 所示。通过颗粒物取样探头和颗粒物输送管,稀释排气样气从稀释风道被输送到二级稀释风道进行再次稀释。样气流过含有颗粒物取样滤纸的滤纸保持架,其流量同样由流量控制器控制。

用于一级和二级排气稀释系统(如需)的稀释空气应流经高效颗粒物空气过滤器(High Efficiency Particulate Arrestment,HEPA)。为减少和稳定稀释空气中碳氢化合物浓度,在

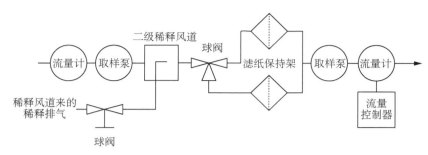

图 3-21　两级稀释器颗粒物取样系统结构图

稀释空气通过 HEPA 滤纸前也可先用活性炭过滤。推荐在 HEPA 滤纸前和活性炭刷(如使用)后放置附加粗颗粒滤纸。

3) 其他设备

车载排放附属设备还包括蓄电池、空气压缩机、GPS、防震垫和尾气连接管等。

（1）蓄电池

车载试验系统比较庞大且复杂,耗电量也较大。由于不能影响车辆的行驶工况,因此利用车上蓄电池进行供电是不适宜的,所以外接蓄电池进行供电。

（2）空气压缩机

车辆排出的原始尾气中颗粒物浓度过高,需要对尾气进行稀释,所以车载测试时,需配备便携式空气压缩机来稀释尾气。

（3）GPS

车载测试时,不同路段不同工况的排放截然不同,需要对车辆行驶路线进行详细记录,以保证数据的合理性。

（4）防震垫

由于车载测试所用为精密仪器,测试过程中不可避免有些震动,为了减少对仪器的损伤,所以在车载试验中加上一个防震垫以保证其正常工作。

（5）尾气保温套及流量计固定装置

由于流量计不能与车辆排气管直接对接,尾气需经过一段内径与流量计相同的管道,因此管道外面包有保温套,以尽量减少采样过程中因传热导致的样气温度下降。在车辆的后部,还设有一个流量计固定装置,以确保流量计稳定。

3.2.3　颗粒物质量测量方法

颗粒物采用初级过滤器和后备过滤器收集,每一个工况试验循环更换一次过滤器中的滤纸。一般要求滤纸能将含有 0.3 μm 标准粒子气体中的 95% 过滤出来。《车用压燃式发动机排气污染物排放限值及测量方法》(GB 17691—2001)中要求滤纸的材质采用碳氟化合物涂层的玻璃纤维滤纸或以碳氟化合物为基体(薄膜)的滤纸。滤纸的最小直径为 47 mm(收集部分为 37 mm)。大型发动机试验时,颗粒物排出的量大,为减小采样管过滤器前后所产生的压差,也可采用大直径的滤纸。从称量的精度考虑,对 47 mm 直径的过滤器(收集部分为 37 mm),GB 17691—2001 推荐的最小荷重为 0.5 mg;对 70 mm 直径的滤纸(收集部分为 60 mm),GB 17691—2001 推荐的最小荷重为 1.3 mg。对于其他滤纸,GB 17691—2001 推荐的最小荷重为 0.5 mg/1 075 mm。滤纸称重时,温度需在 20℃～30℃ 范围内某一设定温度的 ±6℃ 以内,相对湿度必须保持在 35%～55% 之间某一设定湿度的 ±10% 以内。称重室的环境必须不含任何污染物。

在称量取样滤纸的 4 h 以内,至少必须称量两张未用过的参比滤纸,最好是同时称量,如果在取样滤纸的两次称量期间,参比滤纸的平均重量变化大于推荐的滤纸最小荷重的 ±6.0%,则取样滤纸全部作废,并重做排放试验。如果重量变化在 −3.0%～−6.0% 之间,则制造厂有权选择是重做试验,还是将平均的重量损失加到样品的净重中去。如果重量变化在 +3.0%～+6.0% 之间,则制造厂有权选择是重做试验还是接受所测的取样滤纸重量。如果平均重量变化不超过 +3.0%,则采用所测的取样滤纸重量。参比滤纸的尺寸和材料必须与取样滤纸相同,并且至少一个月更换一次。称量滤纸的重量一般使用微克天平,微克天平必须具有推荐的滤纸最小荷重 2% 的准确度(标准偏差)和 1% 的读数分辨率。

3.2.4 颗粒物数量测量方法

对于颗粒物数量的测量,按照法规《重型柴油车污染物排放限值及测量方法(中国第六阶段)》(GB 17691—2018)进行,是指去除了挥发性物质的稀释排气中,所有粒径超过 23 nm 的粒子总数。欧盟制定的微粒测试规范(Particle Measurement Program,PMP)也对排气颗粒物的测量方法提出了相应要求。由于柴油机排气 PM 中的 SOF 和硫酸盐等挥发性成分会凝缩产生新的颗粒物,并且新产生颗粒物的数量与气体排出后的稀释条件密切相关。因此,PMP 规定只测量固体微粒数量。

PN 分析仪包括预处理单元和颗粒物检测仪,允许颗粒物检测仪对气溶胶进行预处理。PN 分析仪应通过取样探头与取样点连接,取样探头应当在排气管中线处抽取样气,在 PN 分析仪的第一级稀释器或者颗粒物检测仪之前的取样管应当加热到至少 373 K(100℃),样气在取样管内的停留时间应当小于 3 s。PN 分析仪应具有一个壁面温度 573 K 以上的加热部分,预处理单元应当能够将加热级控制在标称温度(允许有 ±10 K 的误差)且能够指示加热级的温度是否是正常工作温度。

这里简要介绍美国 TSI 公司的 EEPS-3090 和芬兰 DEKATI 公司的 ELPI 设备。美国 TSI 公司的 EEPS-3090 型发动机废气排放颗粒物粒径谱仪为 TSI 公司为发动机尾气颗粒物的测定设计的颗粒物的粒径分布测定仪。EEPS 使用一个特殊的充电系统和多级静电计同时获得所有粒子粒径的信号。静电计的电流数据由仪器内置的一个高性能数字信号处理芯片实时处理。这可以修正多电荷的情况和与静电计之间的延时情况。然后数据经过进一步处理后在 32 个等间距(正态分布)的粒径通道中显示结果。EEPS-3090 的检测范围是 5.6～560 nm,它有 22 个电量检测器与 32 个数据通道,可提供精细的分辨率、配合高速的检测速度,能在每秒钟内提供 10 组颗粒分布数据。仪器的独特设计使它具备极高灵敏度、瞬间检测速度,能够提供颗粒物粒径分布的快速测定,可瞬态测试循环中发动机废气排放的颗粒物排放的动力学行为。EEPS-3090 特别适用于测量现有技术无法满足的快速变化的气溶胶。当气溶胶大小和浓度足够稳定以进行粒径分布测量时,扫描迁移率粒度测定仪(SMPS)能够达到更高的粒径分辨率。SMPS 的测量时间从 30 s～5 min 不等,EEPS 分光计则每 0.1 s 就能得到一个完整的颗粒物粒径分布。

ELPI 是芬兰 DEKATI 公司推出的一款实时测量颗粒物粒径分布、质量浓度的在线仪器。主要通过荷电、低压撞击、电荷测量等原理进行颗粒物在线检测。颗粒物被荷电器充上一定水平的电荷,其后在低压串联的撞击器内依照空气动力学粒径分级收集。串联撞击器间绝缘,并各自连接灵敏静电计,测量其收集颗粒物产生的电流值。每一级电流值与颗粒物粒子数成正比。可测量 7 nm~10 μm 粒径段颗粒。

图 3-22　EEPS-3090 外观图　　　　图 3-23　DEKATI ELPI 外观图

根据国六排放法规对颗粒物数量的测量规范,颗粒物数量排放应采用 3.2.1 章节所述的部分流稀释系统或全流稀释系统连续取样测定。此外,在颗粒物数量的测量过程中,需要对稀释系统抽取的质量流量进行补偿。全流稀释系统和部分流稀释系统的取样补偿方法如下。

(1) 全流稀释系统补偿方法

为对粒子数量取样稀释系统中抽取的质量流量进行补偿,所抽取的质量流量(经过滤)应返回稀释系统。作为替代,稀释系统中的总质量流量可对抽取的粒子数量取样流进行数学修正。如果从稀释系统中抽取的用于测量粒子数量和颗粒物质量的样气之和的总质量流量小于稀释通道中总稀释排气流量的 0.5%,则可忽略修正或返回稀释系统。

当采用规定程序用全流稀释系统对粒子数量进行取样时,试验循环中排出的粒子数量应按照式(3-2)计算:

$$N=\frac{m_{\mathrm{ed}}}{1.293} \cdot k \cdot \overline{c_{\mathrm{s}}} \cdot \overline{f_{\mathrm{r}}} \cdot 10^{6} \tag{3-2}$$

式中　N——试验循环的粒子数量(个);

　　　m_{ed}——试验循环期间稀释排气总质量(kg/test);

　　　k——标定系数。用于修正粒子计数器到标准测试设备下的标定系数,不适用于内部标定的粒子计数器,当为内部标定时,$k=1$;

　　　$\overline{c_{\mathrm{s}}}$——校正至标准条件(273.2 K、101.33 kPa)的稀释排气中的粒子平均浓度(每立方厘米的粒子数);

$\overline{f}_r$——试验时稀释设定的挥发性粒子去除器的平均粒子浓度衰减系数。

$\overline{c}_s$ 应根据式(3-3)计算：

$$\overline{c} = \frac{\sum\limits_{i=1}^{i=n} c_{s,i}}{n} \tag{3-3}$$

式中　$c_{s,i}$——校正至标准条件(273.2 K、101.33 kPa)，粒子计数器非连续测量的稀释排气中粒子数量浓度值(每立方厘米的粒子数)；

　　　n——试验过程中粒子数量浓度测量次数。

(2) 部分流稀释系统补偿方法

对部分流稀释系统，从稀释系统中抽取的用于粒子数量测量取样的排气流量应计入控制取样比例，可通过向流量测量装置上游的稀释系统返回粒子数量取样气流进行数学修正来实现。

如果按照规定的程序用部分流稀释系统对粒子数量取样，试验循环中排出的粒子数量应采用式(3-4)计算：

$$N = \frac{m_{edf}}{1.293} \cdot k \cdot \overline{c}_s \cdot \overline{f}_r \cdot 10^6 \tag{3-4}$$

式中　N——试验循环排出的粒子数量(个)；

　　　m_{edf}——循环当量稀释排气质量(kg/test)；

　　　k——标定系数。用于修正粒子计数器到标准测试设备下的标定系数，不适用于内部标定的粒子计数器，当为内部标定时，$k=1$；

　　　$\overline{c}_s$——校正至标准条件(273.2 K、101.33 kPa)的稀释排气中的粒子平均浓度(每立方厘米的粒子数)；

　　　$\overline{f}_r$——试验时稀释设定的挥发性粒子去除器的平均粒子浓度衰减系数。

$\overline{c}_s$ 同样采用公式(3-3)计算。

3.3　柴油机/车排气烟度测试

由于颗粒物的测量通常需要昂贵的设备，试验的准备及测量过程复杂，费时费力，而且不能得到柴油机瞬态排放特性。因此，一种快速、简便的测定与评价柴油机碳烟排放量的仪器，即烟度计就被广泛应用。常用的烟度计有两种：一种是让一定量的排气通过滤纸过滤，再利用过滤纸的染黑度确定烟度大小，按此法进行工作的烟度测量仪表叫滤纸式(过滤式)烟度计；第二种是让部分或全部排气连续不断地通过有光照射的测量室，用照射光通过测量室时的透光度(或不透光度、光吸收系数等)来衡量排气中碳烟或可见污染物的排放量，按此法工作的仪表称为透光式烟度计(或称消光式烟度计、不透光度仪等)，这种烟度计可进行瞬态测量，但其很难准确衡量汽车排放中有害颗粒物的排放量。

3.3.1 滤纸式烟度计

滤纸式烟度计主要由取样装置、走纸机构、染黑度检测装置和控制装置等组成[7]，如图 3-24 所示。

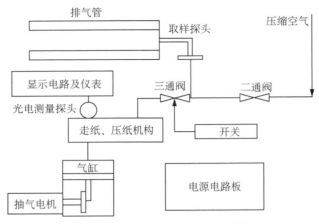

图 3-24 滤纸式烟度计示意图[7]

取样装置通常由抽气泵、取样探头、活塞等部分组成。取样探头插入柴油机排气管中，在活塞的作用下从排气中抽取固定容积的气样，并使被抽气样中的碳粒通过夹装在泵上的滤纸，使微粒沉积在滤纸上。取样探头的结构形状在取样时不受排气动压影响。

走纸机构由滤纸、走纸电机、走纸轮、走纸电磁铁、连杆与杠杆等组成，用以控制滤纸每次检测移动一定距离，该距离恰好使受排气污染的滤纸从滤纸夹持机构移到光电检测器的中心。

染黑度检测系统由光电检测系统(包括光源、光电元件、灯座支承体、反光罩、硒光电池等)和仪表两部分组成。光源灯发出的光通过硒光电池中间的圆孔照射到滤纸上，从滤纸反射回来的光照射到硒光电池的工作面上，根据光学反射原理，由光源射向滤纸的光线，一部分被滤纸上的颗粒所吸收；另一部分被滤纸反射给环形光电管，从而产生相应的光电流。指示器的调节旋钮用来调节电源以控制光源亮度，而电流表则将光电管输出的光电流指示出来。

指示仪的刻度标尺为 0～10，0 为全白色滤纸色度，10 为全黑色滤纸色度。测量时，在已经取样的滤纸下面，垫上 4～5 张同样洁白的未用滤纸，以消除工作台的背景误差。仪表刻度应定期采用全白、全黑或其他标度的样纸进行校正。由此法测得的烟度通常记为 R_b、FSN 或 S_F 等。$R_b=0$，表示过滤排烟后的滤纸色度为全白色，即无排烟；$R_b=10$，表示过滤排烟后的滤纸色度为全黑色，即烟度达到最大值。

滤纸式烟度计结构简单，调整方便，使用可靠，测量精度较高，可在实验室和野外使用，宜于稳定工况的烟度测定；但不能直接连续测量烟度数值，不能在非稳态工况下测量，也不能测量蓝烟和白烟，且所用滤纸品质对测量结果有影响。

3.3.2 透光式烟度计

透光式烟度计，又称消光式烟度计、透射式烟度计等，是根据柴油机/车排放污染物对可见光具有散射及吸收作用的原理而设计的。如图 3-25 所示,发光管发出的一束可见光通过气室由硅光电池接收。风扇把清洁空气由气道两个出口不断吹出,在气室两端形成不间断的具有恒定流速的气流,根据空气动力学原理,当电磁阀打开,由于负压作用,清洁空气被吸入气室,气室内充满了清洁空气。此时,硅光电池接收到的光强是 I_0。当电磁阀门关闭,烟气进入气室,气室内充满了柴油车排放的烟气。由于烟气对光具一定的散射及吸收作用,使光强衰减,衰减的程度与气室长度及烟气的烟度大小有关,硅光电池接收到的光强为 $I(I<I_0)$[8]。

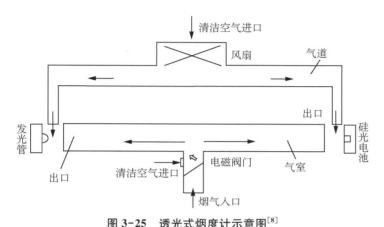

图 3-25　透光式烟度计示意图[8]

根据朗伯定律:

$$I=I_o \mathrm{e}^{-KL} \tag{3-5}$$

式中　K——光吸收系数(m^{-1});
　　　L——烟室有效长度(m)。

因此,只要通过光电转换,检测出光强 I 及 I_o,并确定烟室有效长度 L,就可以得到与烟度有关的光吸收系数 K,也可以计算出烟度值,即不透光度 N:

$$T=\frac{I}{I_o}\times 100\% \tag{3-6}$$

$$N=(100-T)\times 100\% \tag{3-7}$$

$$K=-\frac{1}{L}\ln\frac{T}{100} \tag{3-8}$$

式中　T——透光度(%);
　　　N——不透光度(%)。

3.4　颗粒物碳质组分测试

虽然目前已经公布的国内外排放法规中,对颗粒数量与质量浓度排放制定了对应的标准,但还没有针对颗粒组分排放的法规。然而,机动车尾气颗粒的危害与其组分关系十分密切,要正确全面地评估柴油车颗粒排放对人类健康与环境的影响,并对柴油车尾气污染进行有效治理,就必须开展颗粒组分的研究[9]。

我国机动车尾气颗粒碳质组分研究中常见的测试技术为膜采样离线分析方法,该技术主要分为采样技术、样品预处理及离线分析技术。

3.4.1 采样技术

采样技术是指利用滤膜隔离出采样气流中的颗粒,从而得到试验所需要的采样样品。得到的样品可以通过一系列相应的离线物理化学分析技术进行检测分析,进而得到颗粒的组分信息。采样过程中常用到的滤膜的特点如表 3-3 所示。

表 3-3 常见滤膜的对比[10]

种类	组成材料	滤膜特点	适用范围
特氟龙膜	碳基材质	滤膜呈白色,具有较好的颗粒捕集效果,熔点为 60℃,对气流阻力大,空白值较小	质量分析;无机元素分析
尼龙	聚酰胺有机材质	滤膜呈白色非透明状,熔点为 60℃,对气流阻力大,自身密度小	无机元素分析
石英纤维膜	石英	滤膜呈白色,熔点高于 900℃,容易剥离,对空气阻力较小	含碳组分分析
玻璃纤维膜	硼硅酸玻璃纤维	滤膜呈白色非透明状,耐高温性能好,制造成本低,滤膜密度大	重量分析

颗粒物在线采集可选用 FPS-4000 两级射流稀释器[11]。其中第一稀释阶段由多孔管技术完成,可以对其稀释率和稀释温度进行调节,对柴油车尾气进行采样稀释并同步加热,试验中设置加热温度为 200℃,以避免挥发性成分在连接管中遇冷凝结;第二阶段的稀释采用喷射稀释器,其稀释率也可以控制和调整,排气进一步被常温的压缩空气稀释后通过取样管进入颗粒物测试设备。试验中 FPS-4000 的总稀释比控制在 12 左右。

颗粒物采样装置选用四通道颗粒物采样系统,如图 3-26(a)所示。该系统将稀释后的尾气分别导入四个通道中,被各通道过滤器内所放置的滤膜吸收进行采样。四个过滤器中分

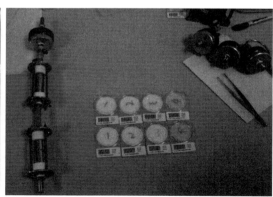

(a) 四通道采样系统 (b) 过滤器与滤膜

图 3-26 颗粒物采样系统

别放置石英滤膜和特氟龙滤膜,如图 3-26(b)所示。其中,石英滤膜用于对颗粒中碳质组分及 SOF 的检测分析,特氟龙滤膜用于对无机离子和金属元素的分析。每轮 5 个测试循环累计使用一套滤膜,过程中不更换。

试验使用的石英滤膜由超纯的石英纤维制成。采样前后,均需先将滤膜放在温度 21～22℃、湿度 40%～45%的恒温恒湿箱中进行 24 小时的平衡;完成采样和上述平衡后,用锡箔纸包裹放入冷冻室,用以后续对颗粒相关组分的检测。采样后的石英滤膜可用于后续颗粒物组分的分析。

3.4.2　样品预处理和离线分析技术

大部分的颗粒组分测试过程中都包含样品预处理环节,主要采用消解法与提取法,该环节对离线分析环节的影响非常大。预处理方法将在不同组分的测试方法中进行详细描述。

1) 无机离子成分

通常采用离子色谱法(IC)检测颗粒物中无机离子成分,分析仪可采用瑞士万通(Metrohm)离子色谱仪,如图 3-27 所示。检测对象包括:钠离子(Na^+)、铵根离子(NH_4^+)、钾离子(K^+)、钙离子(Ca^{2+})、镁离子(Mg^{2+})、氯离子(Cl^-)、硝酸根离子(NO_3^-)和硫酸根离子(SO_4^{2-})共 8 种。

图 3-27　离子色谱仪

前处理:将样本滤纸剪碎放入洁净烧瓶中,加入 60 mL 超纯水,使样本完全浸泡于溶剂中,超声抽提 20 min,使用一次性注射器将瓶内溶液吸出,经 0.45 μm 滤膜过滤后注入 5 mL 进样管中,待进行离子色谱分析(IC)。分析参数:阳离子色谱柱为 METROSEP C2-250,尺寸 250 mm×4 mm,淋洗液为 4.0 mmol/L 酒石酸+0.75 mmol/L 吡啶二羧酸混合溶液,流速 1 mL/min,进样量 20 μL,柱温 35℃。阴离子色谱柱为 METROSEP A SUPP 5-250,尺寸 250 mm×4 mm,淋洗液为 3.2 mmol/L Na_2CO_3+1.0 mmol/L $NaHCO_3$ 混合溶液,流速 0.7 mL/min,进样量 10 μL,柱温 35℃。溶液均采用超纯水(18.2 MΩ・cm)配制。

无机离子定量采用外标法,使用浓度 $1\,000 \times 10^{-6}$ 的标准溶液,将标准溶液用超纯水分别定容稀释成 0.5×10^{-6}、1×10^{-6}、2×10^{-6}、5×10^{-6} 和 10×10^{-6} 五种浓度的标样,将五种标样的离子色谱峰面积与样本色谱峰面积比较,求得样本中各成分含量。

2）OC/EC

微孔均匀沉积式多级碰撞器 MOUDI 采样设备的 11 张石英膜先分别用于 OC 和 EC 分析。下文介绍的 OC 和 EC 检测仪器为 DRI-2001A 型 OC/EC 分析仪，其采用热光法测量原理，测量范围为 $0.20\sim750~\mu gC/cm^2$。图 3-28 为有机碳/元素碳检测原理。

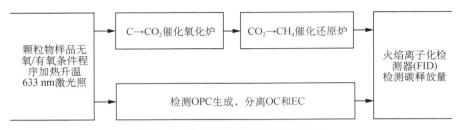

图 3-28　有机碳/元素碳检测原理图

检测步骤如下所示：样品在热光炉中通入 He 气流，首先被连续阶段式升温（分别为 140℃、280℃、480℃和 580℃），即对应得到 OC1、OC2、OC3 和 OC4，使样品中有机碳挥发，之后通入含 2%氧气的氦氧混合气体，持续升温 580℃、740℃、840℃，即分别对应 EC1、EC2 和 EC3，含碳气体在二氧化锰催化剂的条件下被氧化成为 CO_2，之后 CO_2 在充填有 Ni 催化剂的还原炉中被还原为 CH_4，并被火焰离子化检测器（FID）测定。其中，多数颗粒样品中未发现热解碳信号，因此有机碳 OC 计算选择为 OC1＋OC2＋OC3＋OC4，元素碳计算选择为 EC1＋EC2＋EC3，而没有热解碳 OPC 的含量。

3）有机组分

微孔均匀沉积式多级碰撞器 MOUDI 的石英滤膜收集的颗粒除可用于检测 OC 和 EC 外，还可以检测颗粒组分有机物（正构烷烃、脂肪酸和 PAHs）。采用气相色谱-质谱联用法（GC-MS）可测定排气颗粒物中 19 种多环芳烃成分，检测对象主要包括美国环保局规定的多环芳烃类优先污染物（EPA-PAHs）中的 15 种：苊烯（Acpy）、苊（Acp）、芴（Flu）、菲（Phe）、蒽（Ant）、荧蒽（Flua）、芘（Pyr）、苯并[a]蒽（BaA）、䓛（Chr）、苯并[b]荧蒽（BbF）、苯并[k]荧蒽（BkF）、苯并[a]芘（BaP）、茚并[1,2,3-cd]芘（IND）、苯并[g,h,i]芘（BghiP）、二苯并[a,h]蒽（DBA），由于 EPA-PAHs 中的萘（Nap）通常以气相形式存在于排气中，因此不包含在检测对象范围内。检测对象还包括了 4 种与 EPA-PAHs 谱征相近的成分：苯并[g,h,i]荧蒽（BghiF）、苯[cd]芘（BcdP）、苯并[e]芘（BeP）、蒽嵌蒽（Ath）[11]。图 3-29 为颗粒物气相色谱-质谱联用法原理示意。

前处理：将样本滤纸剪碎放入洁净烧瓶中，加入 60 mL 二氯甲烷溶剂，使样本完全浸泡于溶剂中，超声抽提 20 min，使用一次性注射器将瓶内溶液吸出，经定性滤膜过滤后得到可溶有机成分的分析液，将其自然浓缩至 0.2 mL，使用氮气吹入，加快二氯甲烷蒸发速度至完成样品制备，待进行 GC-MS 分析。GC-MS 分析仪采用安捷伦（Agilent）7890GC-5975MS 气相色谱质谱联用系统，如图 3-30 所示。

色谱柱：Agilent HP-5MS 毛细管柱，尺寸：30 m×250 μm×0.25 μm；色谱条件：进样口温度 250℃，无分流进样 1 μL，高纯氦气为载体，柱流速 1.0 mL/min，程序升温，起始温度 60℃保留 3 min，以 30℃/min 升至 150℃保留 10 min，以 10℃/min 升至 300℃保留 10 min；

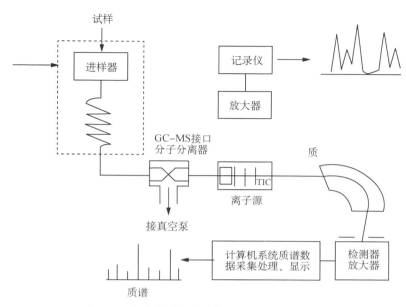

图 3-29 气相色谱-质谱联用法(GC-MS)原理图

图 3-30 气相色谱-质谱联用系统

质谱条件:EI 离子源,电离能量 70 eV,离子源温度 250℃,四级杆温度 150℃;扫描方式:选择离子扫描模式(SIM);质谱检索库:NIST 05。

多环芳烃定量采用内标法,在定量样本中添加定量 3,5-二溴联苯作为内标物,通过检测结果中内标物和待测成分对应峰高以及相对因子计算出各待测成分含量。

参考文献

[1] 生态环境部大气环境管理司、科技标准司.重型柴油车污染物排放限值及测量方法(中国第六阶段):GB 17691—2018〔S〕.北京:中国环境出版社,2018:12.

[2] 原环境保护部大气环境管理司、科学标准司.轻型汽车污染物排放限值及测量方法(中国第六阶段):GB 18352.6—2016〔S〕.北京:中国环境出版社,2016:12.

[3] 生态环境部大气环境司、法规与标准司.柴油车污染物排放限值及测量方法(自由加速法及加载减速

法)GB 3847—2018[S].北京:中国环境出版社,2018:12.

[4] 王岩. 柴油机微粒测量系统分析[D].吉林,吉林大学,2012.

[5] 梁卿. 内燃机排放测量 CVS 系统控制系统开发[D].北京:北京理工大学,2016 .

[6] 刘坤. 部分流等动态微粒采样系统适用性评测及关键参数选取[D].吉林:吉林大学,2015.

[7] 程康,邱黛君,孔炜. 滤纸式烟度计标准物质烟度值的测定[J].分析仪器,2020(05):107-110.

[8] 李兴虎. 汽车环境污染与控制. 北京:国防工业出版社,2011.

[9] 万鹏. 不同结构参数 DOC+SCR 对轻型柴油机排放特性的影响[D].上海:同济大学,2017.

[10] 苏芝叶. 催化型连续再生颗粒捕集器对生物柴油公交车排放的影响研究[D].上海:同济大学,2017.

[11] 温雅. 基于催化连续再生颗粒捕集器的生物柴油发动机排放特性研究[D].上海:同济大学,2015.

第4章 柴油机/车颗粒物排放机外控制

柴油机颗粒物排放机外控制装置主要有柴油机氧化催化器(Diesel Oxidation Catalyst, DOC)、颗粒物捕集器(Diesel Particulate Filter, DPF)、新型后处理器 SCRF(SCR catalysts coated DPF)、颗粒物氧化催化器(Particulate Oxidation Catalyst, POC)、低温等离子体(Non-thermal plasma, NTP)等。

4.1 柴油机氧化催化技术

4.1.1 概述

柴油机/车氧化催化器(DOC),通常称为"氧化催化器"。DOC 是柴油机/车后处理系统中应用最为广泛的装置之一,它可以被用来降低柴油机尾气污染物中 CO 和 HC 等排放物。不仅如此,DOC 对颗粒物中的 SOF 也有良好的减排效果。另外,DOC 还能净化目前法规尚未规定的有害成分,如 PAHs、CH_3CHO 等。DOC 可以与其他的机内及机外排放技术耦合使用,以满足严格的排放法规要求。

1) DOC 的应用过程

早在 20 世纪 70 年代,为了改善室内叉车及地下采矿机械周围的空气质量,DOC 就被应用于地下开采机械柴油机[1],20 世纪 80 年代后期被用于轻型车柴油机的 CO 和 HC 排放控制。1989 年,德国大众汽车公司第一个在轻型车上推出了安装 DOC 的柴油动力高尔夫环境(Umwelt)轿车。欧盟、美国和日本等国家和地区市场的新柴油乘用车,以及轻型和重型柴油车均装备了 DOC。自 20 世纪 90 年代中期以来,DOC 被应用于柴油机排气污染物 PM、CO 和 HC 的控制[2],1995 年,美国应用该技术进行城市公交车改造,该技术很大程度上支撑了美国 EPA 国家清洁柴油机行动;1996 年,标致雪铁龙公司开始采用 DOC 减少柴油机 HC、CO、PM 排放[3-4],欧Ⅱ排放标准实施后 DOC 大范围应用;2000 年,欧Ⅲ标准实施以后 DOC 成为标准配备。2001 年,DOC 在日本作为在用柴油车的 PM 控制装置曾被广泛使用,日本制定了"颗粒状物质减少装置"指定纲要,并开始审查制造商申请的 PM 减少装置[5]。2003 年 10 月起,日本的东京都、埼玉县、千叶县、神奈川县整个地区,对不满足柴油车条例规定的 PM 排放限值的柴油车实行禁止驶入政策。据康明斯 2006 年的资料介绍,亚洲超过 32 000 辆城市公交车,香港约 2 万辆中型柴油车,墨西哥超过 8 000 辆的重型载重车、超过 100 万辆中小型货车上应用了康明斯公司的 DOC[6]。

之后,DOC 又逐步作为 SCR 的前置、后置催化器以及 DPF 的前置催化器应用。由于 DOC 在车辆上(特别是改装车辆)安装困难,因此,有时会将 DOC 与消声器进行一体式集成设计,这种装置称为氧化催化消声器或消声式氧化催化器。近 10 多年,氧化催化消声器在日本在用柴油车改装中有较为广泛的应用[5,7],随着 PM 和 NO$_x$ 排放限值的加严,DOC 作为 SCR 的前置、后置催化器以及 DPF 前置催化器的应用将会越来越广泛。

国内方面,2007 年,国三排放标准开始实施,标准规定柴油机上需加装 DOC 系统以满足排放需求。另外,上海市开展了一系列 DOC 的应用示范。2012—2013 年,上海市在 8 辆公交车上安装了 DOC+CDPF,累计运行 30 万千米;2013—2014 年,在 22 辆国三柴油公交车上安装了 DOC+CDPF,并进行了 16 个月的考核试验,累计行驶里程超过 150 万千米;2014 年 12 月,在 200 辆国三公交车上安装了 DOC+CDPF,并定期进行排放考核;2015 年 6—7 月,分别给 4 辆轻型柴油车(依维柯)和 8 辆重型集卡加装了 DOC+CDPF,后处理装置减排效果明显,同年,上海市进行了 4 610 辆国三柴油公交车安装 DOC+CDPF 的应用示范。2016 年 7 月 1 日起,上海市开展了对国三集卡加装尾气净化装置的工作,于 2017 年结束,共有约 1.1 万辆国三集卡安装了 DOC+CDPF,现已进入设备运行状况,特别是设备保养的监管工作阶段。

2) DOC 的功能

DOC 的主要功能是降低柴油机/车排气中 HC、CO 以及颗粒物中的 SOF。DOC 的功能随着其结构、催化剂以及安装位置的不同而略有差异。DOC 既可以单独使用,也可以与DPF、SCR 联合使用。单独安装于柴油机/车的 DOC 可促进排气中的 HC、CO、SOF 发生氧化反应;另一方面,DOC 还可将排气中的 NO 氧化为 NO$_2$,在与 DPF 和 SCR 联合使用时,排气中较高的 NO$_2$ 浓度可提高 DPF 和 SCR 的效率。如图 4-1 所示。

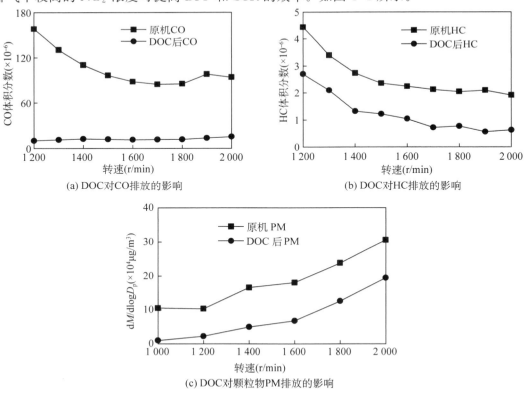

(a) DOC对CO排放的影响

(b) DOC对HC排放的影响

(c) DOC对颗粒物PM排放的影响

图 4-1 外特性下 DOC 对柴油机排放的影响

图 4-1 所示为外特性下 DOC 对柴油机 CO、HC 和 PM 排放的影响[8]。从图中可以看出，DOC 可明显降低排气中的 CO、HC 及颗粒物排放。在 2 000 r/min 下，DOC 对 CO、HC 及 PM 的减排率分别为 83.8%、67.0% 及 36.3%。

图 4-2 所示为 2 300 r/min 下 DOC 对柴油机 PN 排放的影响。从图中可以看出，随柴油机负荷的增大，柴油机 PN 排放逐渐升高，100% 负荷时，PN 排放浓度达到 1.15×10^{13} ♯/m³。DOC 后 PN 浓度出现不同程度的下降，且负荷越高，降幅越大，100% 负荷时，DOC 对 PN 的减排率达 56.70%。

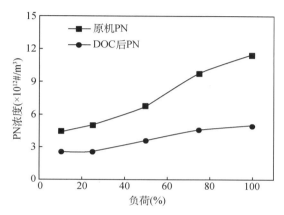

图 4-2　2 300 r/min 时 DOC 对柴油机 PN 排放的影响

图 4-3 所示为不同工况下 DOC 对柴油机 PN 粒径分布特性的影响。从图中可以看出，柴油机的 PN 排放粒径呈双峰分布，峰值对应粒径分别为 6.04 nm 和 29.4 nm，并且负荷越高，PN 峰值浓度越高。DOC 后，PN 排放粒径仍呈双峰分布，但峰值对应粒径有右移的趋势，并且绝对数值均有所下降，尤其是核模态颗粒峰值，降幅更为显著，这也说明 DOC 对核膜态颗粒的减排效果更为显著。

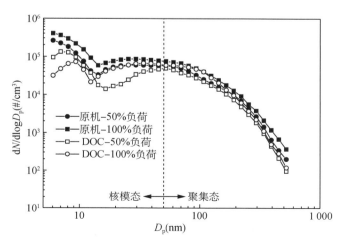

图 4-3　DOC 对柴油机颗粒粒径分布的影响

图 4-4 为外特性不同转速，不同贵金属配方[60 g/ft³(Pt/Pd,5∶1)、40 g/ft³(5∶1)、25 g/

ft³（5∶1）、25 g/ft³（7∶1）]下 DOC 后排气中 NO₂/NOₓ 比率的测试结果[9]。从图中可以看出，原排 NO₂/NOₓ 比率极低，接近于 0，而 DOC 后 NO₂/NOₓ 比率大幅上升，DOC 可将一部分 NO 氧化为 NO₂。在转速 2 000 r/min 之前，NO₂/NOₓ 比率基本保持在较高水平，之后出现明显的下降，在 3 000 r/min 达到最低值。各配方之间，NO₂/NOₓ 比率随贵金属含量的增加依次上升。因此，当 DOC 与 SCR 联合使用时，作为 SCR 前置催化器使用的 DOC，可将排气中的 NO 氧化为 NO₂，增加排气中 NO₂ 的含量，促进 SCR 中 NH₃ 与 NOₓ 氧化还原反应的快速进行，提高 SCR 的转化效率。另一方面，当 DOC 与 DPF 联合使用时，由于颗粒物在 NO₂ 气体中具有着火温度低、氧化燃烧速率高的特点，因此，在 DPF 前联合 DOC 可促进排气中颗粒物在较低温度下发生氧化燃烧。具体而言，当排气温度为 280℃～420℃时，碳烟即可与 NO₂ 发生反应；若在铂（Pt）、钯（Pd）和铯（Cs）等复合催化剂作用下，碳烟可在排气温度低于 200℃的条件下发生氧化反应[10]，因此，可认为 DOC 有利于 DPF 的被动再生。

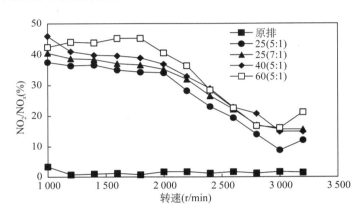

图 4-4　不同转速外特性下 DOC 后排气中 NO₂/NOₓ 比率

4.1.2　DOC 结构及化学反应原理

1）DOC 结构

DOC 由壳体、减振层、载体及催化剂四部分构成，如图 4-5 所示。其中催化剂是 DOC 的核心部分，包括催化活性成分（Pt、Pd 等）和涂层（Al₂O₃ 等），催化剂决定着 DOC 的主要性能指标，是 DOC 设计中的重要参数。

图 4-5　DOC 结构示意图

（1）DOC 壳体

DOC 的壳体由不锈钢管材焊接制成,经常采用双层结构,以便减少热量散失,保证催化剂的反应温度。壳体的形状首先应满足车辆布置要求,并且壳体的进排气口锥角应在合理的范围内,符合空气动力学要求。壳体的材料应具有较高的抗腐蚀性、高温形变小等特性,一般选用含 Ni、Cr 等元素的不锈钢材料。DOC 壳体常与 DPF 集成封装,这样不仅可以降低封装成本,而且可以减少排气热量的衰减,有利于整体性能的提升。

（2）DOC 减振层

DOC 减振层,也称衬垫,是催化器的关键零部件。衬垫的作用包括固定、密封、隔热等,其中最核心的作用是固定昂贵而易损的陶瓷载体。由于陶瓷和金属显著的热膨胀系数差异,陶瓷载体和金属壳体之间的间隙在工况下会发生显著的膨胀。合格的衬垫应能保证充分的膨胀、填充各种工况下的间隙,并提供充足的固定力,防止载体移位、窜动。

DOC 衬垫主要分为非膨胀衬垫及膨胀衬垫两种类型,非膨胀衬垫具有价格昂贵、面压对间隙体积密度(Gap Bulk Density, GBD)不敏感等特点,适用于薄壁、超薄壁载体。膨胀衬垫性价比高、大 GBD 时面压高,适用于标准及薄壁载体,以上两种类型衬垫其主要成分均由纤维、黏合剂和蛭石构成,如图 4-6 所示。

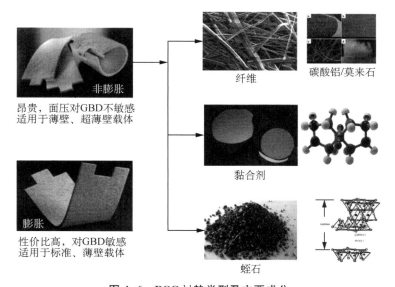

图 4-6　DOC 衬垫类型及主要成分

从生产及应用角度来看,DOC 衬垫主要功能需求包括易封装、抗吹蚀及高耐久等,如图 4-7 所示。DOC 衬垫实际使用时出现的故障形式包括封装时压碎载体、路况下载体松动脱落等。因此,在进行衬垫选型时需要加以注意。衬垫的选型设计验证流程如图 4-8 所示,主要分为 4 个步骤。

步骤 1:现场 GBD 范围的确认。确认现场 GBD_{min} 和 GBD_{max}。

步骤 2:计算间隙闭合速度及过压缩量。封装导向筒的过压缩量是非常重要的参数。过压缩量偏高,会导致纤维的压碎从而引起衬垫固定性能的严重下降,同时引起封装过程中局部面压过高,增加载体挤碎的风险。由于衬垫的粘弹性,间隙的闭合速度同样对衬垫的面压

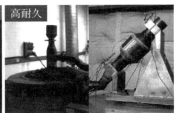

图 4-7　DOC 衬垫的功能需求

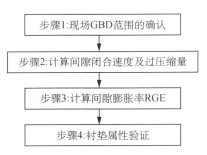

图 4-8　衬垫的选型设计流程

峰值有显著影响。在设计阶段，需要采集现场间隙闭合速度、过压缩量，以在实验室中充分识别风险。

步骤 3：计算间隙膨胀率 RGE。RGE 是衬垫快速选型的最重要依据之一。陶瓷与金属的热膨胀系数相差一个数量级，因此金属壳体与陶瓷载体之间的间隙会随着工作温度的变化发生相对膨胀与收缩。RGE 对衬垫的固定能力有显著影响，随着 RGE 增大，衬垫在最大间隙下的固定能力会剧烈下降，在全生命周期内的老化速度会大大增加。封装单元直径越大、壳体的温度越高、壳体热膨胀系数越大、目标封装间隙越小，RGE 越高。

步骤 4：衬垫属性验证。首先验证封装面压，按照客户现场的过压缩量和间隙闭合速度，在高精度试验机上对衬垫进行测试。验证衬垫在最大 GBD 下产生的峰值面压，并检查是否超过载体的抗压强度。其次验证保持力，测定衬垫初次受热过程（黏合剂逐渐烧失的过渡态）的固定力最小值以及衬垫被充分循环老化后的固定力最小值，验证最小固定力是否能满足背压、振动加速度的叠加。

图 4-9　堇青石 DOC 的载体

（3）DOC 载体

DOC 载体是 DOC 的核心零件，为负载型催化剂的骨架，其物理性质直接决定催化剂的催化活性和使用寿命；载体材质及结构的选择需要结合柴油机的排气特性及使用要求进行确定。常用的 DOC 载体材质包括堇青石、碳化硅、FeCrAl 等。图 4-9 所示为堇青石 DOC 的载体。

DOC 载体的发展方向为薄壁、高孔隙率、大尺寸、高抗热冲击性及可控成型。载体制备工艺技术包括以下两个方面。

（a）薄壁、高孔隙率、大尺寸可控制备技术

模具和材料是制约 DOC 载体实现薄壁的关键。模具方面，目前国内蜂窝陶瓷载体模具主要依靠国外进口。特别是薄壁模具其加工难度更高，而且在生产薄壁的蜂窝陶瓷载体时，对模具的开槽、钻孔一致性要求较高，对槽内部的粗糙度一致性要求也较高。同时还要考虑，载体壁厚减小，载体在挤出时压力会增加，模具的承压能力相应也要增加。可通过提高材料强度和增加模具厚度来提高模具的承压能力；目前，所使用的模具钢的强度已经很高，可选择的余地不多，而增加模具的厚度是最为直接的方法，增加模具厚度带来的问题就是模具的钻孔深度要增加，这需要开发新的模具加工技术。材料方面，要实现薄壁载体的挤出，对原料中的大颗粒的尺寸要加强控制。在蜂窝陶瓷载体中要使陶瓷载体有高孔隙率，需要的原料的粒度就要大一些，原料的粒度增大势必会使原料中大颗粒比例增大，这样就有可能造成载体陶瓷泥坯挤出时出现缺陷。

另外，由于模具壁厚的减小，在挤出成型时，成型有效性对泥料更为敏感，对泥料的均匀性要求更高，特别是有机的添加剂，需要更高的分散均匀性。同时，随着载体壁厚的减小，挤出成型时泥坯的抗变形能力降低，所以还需要对其配方进行优化，使用能够增强载体泥坯强度的添加剂。

制备大尺寸的蜂窝陶瓷载体，其技术难点主要集中在工艺上。生产薄壁大尺寸载体需要均匀性更好的泥料来保证挤出一致性、稳定性。这样就需要在泥料制备中，均匀分散各种粉料及液体料。在挤出成型时，需要高压力，具有良好的温度控制的挤出机，在挤出成型时泥坯应具有较高的一致性；泥坯干燥时容易变形，特别是大尺寸的泥坯，因此需要优化工艺，保证泥坯中的水分均匀地排出，所以大尺寸蜂窝陶瓷载体的干燥技术需要更加深入细化的研究。蜂窝陶瓷载体的烧成也是影响陶瓷载体尺寸一致性的关键工艺，在蜂窝陶瓷载体的批量烧成过程，需要更加均匀的窑炉温度，窑炉温度越均匀，陶瓷载体的尺寸变化越一致。

（b）高抗热冲击性、成型可塑性技术

高抗热冲击性，可以使蜂窝陶瓷载体在更恶劣的环境下使用，提高载体的使用寿命。影响载体抗热冲击性的因素主要有陶瓷载体热膨胀系数、弹性模量以及断裂强度。陶瓷载体的抗热冲击性与其热膨胀系数、弹性模量成反比，与其断裂强度成正比，在减小载体的壁厚之后，断裂强度势必也会降低，所以薄壁载体要提高抗热冲击性，就需要更低的热膨胀系数和弹性模量。降低载体热膨胀系数一直是提高载体抗热冲击性的主要途径，首先使用的原料杂质含量要更低，尤其是钾（K）、钠（Na）、钙（Ca）的含量，其次要使烧结时生成的堇青石晶体更大程度地定向排列。杂质 K、Na、Ca 在堇青石晶体中容易形成玻璃相以及一些低熔点的固溶体，这些杂相的存在会阻碍堇青石的定向排列，还会弥补在陶瓷载体冷却的过程中形成的微裂纹，从而使陶瓷载体的热膨胀系数升高。堇青石晶体的定向排列可以在载体中形成较大晶畴，在陶瓷载体冷却的过程中由于各个方向的收缩不一致，在晶畴间会拉裂出一些较大的微裂纹，从而达到微裂纹增韧的目的，进而也可以降低陶瓷载体的弹性模量。在陶瓷载体中要使堇青石晶体更好地定向排列，原料的形貌状态起到关键性的作用，所以选择原料时，要选择片状结构更好的原料。另一方面，泥料可塑性是影响挤出成型的关键参数，在蜂窝陶瓷生产的配方中，大部分都是脊性料，要使泥料有良好可塑性，主要依靠有机粘结剂、有

机润滑剂以及分散剂共同作用,解决好这三者的配伍问题以及整个泥料配制过程的分散问题至关重要。但是在实际生产中泥料的可塑性又难以衡量,因此主要还是依靠人们的经验判断。

（4）DOC 催化剂

DOC 催化剂包括涂层及活性组分。蜂窝陶瓷载体本身的比表面积很小,一般小于 $1 m^2/g$,为了提高催化剂的比表面积,常在蜂窝陶瓷载体壁面涂覆一层多孔的物质,用来负载催化剂。这层多孔物质应和载体具有良好的黏结性,又能满足催化反应的要求,此外,还应具备和载体相似的热膨胀特性。通常蜂窝陶瓷载体孔道壁面上会涂覆一层多孔的水洗层,这层水洗层以 $\gamma-Al_2O_3$ 为主,其粗糙多孔的表面可使载体壁面的实际催化反应表面积大大增加,可达 $2.5\sim40 m^2/g$。涂层表面分散着催化剂,催化剂的主要成分为 Pt、Pd 和 Rh 等贵金属,其主要作用是降低化学反应的活化能,促使柴油机排气中 HC、CO 和 PM 发生氧化反应,生成 CO_2 和 H_2O。

此外,催化剂中还含有助催化剂,如 Ce、La 等稀土材料,主要用于提高催化剂的活性和高温稳定性。对于柴油机氧化型催化剂,Pt 的主要作用是催化氧化 CO 和 HC,Pt 对 NO 也起到催化氧化作用,对饱和 HC 有很高的催化活性,对 CO 催化氧化活性高,但热稳定性较差;Pd 对 CO 和烯烃催化氧化活性高,大颗粒 Pd 对烷烃的催化氧化活性高,热稳定性也较好。在 Pt 基催化剂中添加 Pd,可以起到很好的协同作用,这种协同作用不仅可以提高催化剂的抗老化能力,而且可以降低硫酸盐的生成量,对提升催化剂的整体性能非常有利。

2）DOC 化学反应机理

DOC 内发生的催化氧化反应属于气固多相催化反应;发动机排放的气体经过 DOC 的时候,排气在固相催化剂的作用下发生氧化反应,生成气相产物。排气在流经 DOC 载体的过程中,发生了反应物的扩散、吸附、化学反应和产物的脱附、扩散等,并且伴随着反应物的消失和产物的生成、化学反应放热以及微孔扩散等。该过程包括以下步骤:

（1）反应物由孔道排气主气流区向活性层外表面扩散;

（2）反应物由活性层外表面向活性层内孔扩散;

（3）反应物吸附于催化剂表面;

（4）反应物在催化剂表面发生反应;

（5）反应产物从催化剂的表面脱附;

（6）反应产物由活性层内孔向活性层外表面扩散;

（7）反应产物由活性层外表面向孔道排气主气流区扩散。

DOC 的化学反应机理是指在催化剂的作用下,柴油机排气中的 CO、HC 和 NO 在 DOC 中的氧化机理。

目前,Langmuir-Hinshelwood 双活性位机制被广泛用来解释 CO 在 Pt 基催化剂上的氧化过程[12],反应主要发生在催化剂表面吸附的氧和 CO 之间,反应步骤如下:

$$CO+[*]\leftrightarrow[CO*] \tag{4-1}$$

$$O_2+2[*]\leftrightarrow2[O*] \tag{4-2}$$

$$[O*]+[CO*]\leftrightarrow CO_2+2[*] \tag{4-3}$$

式中,[＊]为活性位。

Mars-vanKrevelen 机制被用来表述 HC 在催化剂表面被氧化的过程[13],其反应步骤如下:

$$[O_2]+[＊]\rightarrow[O_2＊]\rightarrow 2[O＊] \qquad (4-4)$$
$$HC+[\varnothing]\leftrightarrow[HC\varnothing] \qquad (4-5)$$
$$[HC\varnothing]+[O＊]\rightarrow CO_2+[＊]+[\varnothing] \qquad (4-6)$$

式中,[＊][\varnothing]为活性位。

关于 DOC 中 NO 的氧化,毛拉(Mulla)等[14]学者给出了反应机理,并提出 NO_2 会抑制 NO 的氧化,反应步骤如下:

$$NO+[＊]\leftrightarrow[NO＊] \qquad (4-7)$$
$$NO_2+2[＊]\leftrightarrow[NO＊]+[O＊] \qquad (4-8)$$
$$O_2+[＊]\leftrightarrow[O_2＊] \qquad (4-9)$$
$$[O_2＊]+[＊]\rightarrow 2[O＊] \qquad (4-10)$$

式中,[＊]为活性位。

4.1.3　DOC 主要技术指标

DOC 主要技术指标有 HC 和 CO 转化率、颗粒物转化效率、起燃特性、老化后劣化率、贵金属含量、有效寿命、空间速率(SV)特性、力学性能等。

1) HC 和 CO 转化率

DOC 对柴油机排气中的 HC 和 CO 的转化率,通常指试验车辆或发动机按照指定的工况运行时,DOC 入口和出口的污染物 HC、CO 排放量的变化率,常用 DOC 前、后的 HC、CO 排放量之差占催化转化器前 HC、CO 排放量的百分比表示。转化率主要受催化剂的粒径大小、分散均匀度、温度及载体尺寸和结构形式等的影响。具体计算如式(4-11)所示:

$$E_1=(P_f-P_0)/P_f\times 100\% \qquad (4-11)$$

式中　E_1——污染物转化率;

　　　P_f——后处理装置入口处测得的污染物排放量;

　　　P_0——后处理装置出口处测得的污染物排放量。

2) 颗粒物转化效率

DOC 的颗粒物转化效率指试验车辆或发动机按照指定的工况运行时,单位时间 DOC 颗粒物氧化量与 DOC 入口中气体所含颗粒物量的比值,颗粒物转化效率也称颗粒净化效率或颗粒净化率等。具体计算如式(4-12)所示。

$$E_2=\Delta P/P_1\times 100\% \qquad (4-12)$$

式中　E_2——颗粒物转化效率;

　　　ΔP——单位时间 DOC 颗粒物氧化量;

　　　P_1——DOC 入口气体中所含颗粒物量。

3）起燃特性

DOC 的起燃温度 T_{50} 指 DOC 对气相组分的 CO、HC 的转化率达到 50% 时所对应的 DOC 入口的气体温度。

4）老化后劣化率

老化后劣化率指后处理装置老化劣化前、后对某种污染物转化率（或氧化效率）的变化率。即劣化前、后装置的转化率（或氧化效率）之差与劣化前装置的转化率（或氧化效率）之比。具体计算如式（4-13）所示。

$$\eta_0 = (\eta_1 - \eta_2)/\eta_1 \times 100\% \tag{4-13}$$

式中　η_0——后处理装置老化后劣化率；

　　　η_1——后处理装置劣化前的转化率；

　　　η_2——后处理装置劣化后的转化率。

5）贵金属含量

贵金属含量通常用催化器的贵金属催化剂用量与其载体体积之比表示，该值越小，催化器的成本越低，其单位常用 g/ft^3 表示。

6）有效寿命

有效寿命指保证柴油车/机的排放控制系统的正常运转并符合有关气态污染物、颗粒物和烟度排放限值，且已在型式核准时给予确认的行驶距离或使用时间。国标[15]根据车型的不同，对其有效寿命期的要求也有所不同，主要可分为三类：行驶里程 200 000 km、使用时间 5 年；行驶里程 300 000 km、使用时间 6 年；行驶里程 700 000 km、使用时间 7 年。其中，行驶里程和实际使用时间，两者以先到为准。

7）空速特性

空速（SV）指在温度为 25℃ 和压力为 101.325 kPa 的标准状态下，单位时间进入催化转化器的气体容积与催化转化器的容积之比，单位为 h^{-1}，其反映了排气在催化剂中的停留反应时间，空速越高说明反应气体在催化剂中的停留时间越短，转化率越低。另一方面，空速增加，有利于气体向催化剂表面的扩散及产物的脱附，因此一定范围内空速对转化率的影响不是很大。当空速低于临界值时，转化率受排气在催化剂中的驻留时间影响较大。

8）力学性能

力学性能指标主要有催化剂载体的抗压强度、密封性、水急冷、热振动指标和轴向推力等。抗压强度是指在无侧束状态下载体所能承受的最大压力，通常采用载体轴向和侧向两个方向的抗压强度衡量载体的强度。载体热振动指按照规范推荐试验方法把载体固定在实验装置上后，在给定温度的气流冲刷、给定加速度和振动频率的机械振动下不发生破坏的能力。

4.1.4　DOC 结构设计

1）DOC 主要设计要求

DOC 的首要设计要求是要有高的 HC、CO 转化率和颗粒物净化率；其次是起燃温度低、老化后劣化率小、贵金属使用量少或不使用贵金属等。从使用性能和柴油车结构的要求来看,DOC 应易于安装、维护方便、可制成多种形状和尺寸、应用范围广,并且在减少排放的同时可降低噪声。

2) DOC 总体设计

DOC 总体设计的主要任务就是确定载体的外壳尺寸、形状和衬垫材料及厚度等,以及进口管、出口管与中间段催化剂载体的连接方式等。考虑到安装及加工方便性,图 4-10 所示 DOC 的进口管和出口管一般尽量采用完全相同的结构。总体结构参数主要有连接管直径 d、锥角 θ、载体外壳直径 D_1、载体直径 D_2、DOC 总长 L 及进口管和出口管的尺寸 L_1、L_2,载体长度 L_3 和载体安装尺寸 L_4 等,这些参数可根据经验或模拟计算得到。

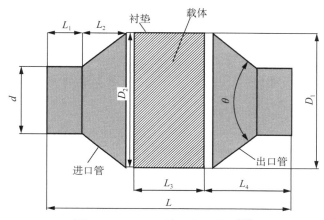

图 4-10　DOC 总体结构示意图[16]

由于 DOC 壳体的结构形状以及材料对催化转化率、起燃温度和寿命等有重要的影响,其壳体材料应选用膨胀系数低、耐腐蚀、热容量小、耐高温(1 000℃以上)的不锈钢材料。锥角 θ 是一个重要的结构形状参数,θ 主要影响气体流动均匀性和压力损失大小等。随着进口管锥角 θ 增加,气体在进口管壁面分离的现象会越来越明显,形成的滞留区域也会越来越大,当增大到一定角度(60°)以上时,壁面附近形成涡流,致使压力损失增大,速度分布也越来越不均匀。因此,在空间布置许可的条件下,宜选用较小的锥角。

3) DOC 催化剂载体结构设计

DOC 载体体积大小与柴油机的排放水平及要求的净化率等密切相关,一般需要经过模拟计算和匹配试验得出。柴油机匹配 DOC 时,DOC 催化剂体积的选择是面临的首要问题。对于高活性催化剂的 DOC 而言,DOC 催化剂体积可以选小一点;反之,应大一点。但当对 PM 减排性能要求较高时,应选用较大体积的 DOC 载体。

DOC 设计的关键是载体尺寸及体积的确定。DOC 载体体积大小可根据经验确定,或直接由催化器 DOC 的空速 SV 和额定工况下柴油机排气流量按式(4-14)确定。

$$SV = V_e / V_d \tag{4-14}$$

式中　V_d——催化剂载体体积(m^3);

　　　V_e——额定工况下柴油机排气流量(m^3/h)。

DOC 的空速 SV 比较典型的数值范围为 150 000 h^{-1} ~ 250 000 h^{-1},将选定的 SV 代入

式(4-14)即可得到 V_d。也可根据经验确定 V_d，由于 V_d 正比于发动机排量 V_h，故可利用二者之间的比值确定 V_d 的数值，经验表明，V_d 也可按式(4-15)近似选取。

$$V_d/V_h = 0.6 \sim 0.8 \tag{4-15}$$

式中　V_d——催化剂载体体积（m^3）；

　　　V_h——发动机排量（m^3）。

当初步确定 V_d 后，即可确定 DOC 载体的主要结构参数。DOC 的截面形状有圆形、长方形和跑道形等。

确定正方形孔 DOC 载体直径 D 和长度 L 的主要依据是 V_d 和发动机安装空间等。当 V_d 固定不变时，D 越小、流动阻力越小、气体与涂覆催化剂的表面接触时间越长。

当 DOC 载体直径 D 和长度 L 确定后，即可设计或选择载体。DOC 载体的结构参数有孔数、孔形状、孔间距及壁面厚度等。进行 DOC 载体结构设计时，首先需要确定孔的形状，常见的有正方形、正六角形和正三角形等，其中正方形孔较为常见。其次是孔间距和载体壁厚的确定。再次是载体结构特征参数如孔密度、水力直径、开口率、几何表面积、有效孔数百分比等的计算。

4.1.5　DOC 催化剂设计及涂覆

1) DOC 催化剂设计

DOC 催化剂设计参数主要包括贵金属选型、贵金属负载量及配比、助催化剂选型及掺杂量等。DOC 贵金属催化剂的负载量一般为 $1.77 \sim 3.18$ g/L。催化剂被均匀分散在载体上的耐高温氧化物 Al_2O_3、CeO_2、TiO_2 和 SiO_2 等涂层的表面。除了贵金属，DOC 常用的助催化剂有 Ce、La 等稀土元素。贵金属催化剂对 HC 和 CO 及 SOF 具有很高的催化活性。虽然 Pd 的催化活性不如 Pt，但产生的硫酸盐要少得多，因此 Pd 是 DOC 催化剂活性成分的重要选择之一。当使用 Pt 系催化剂时，废气中的 SO_2 将被氧化为 SO_3，进而生成硫酸盐，颗粒物排放总量反而比未使用催化剂时更大。但若采用 Pd 系催化剂，可明显降低废气中的 SOF 排放，硫酸盐生成量也较小，颗粒物排放总量可降低三分之一。另一方面，用 SiO_2 代替 Al_2O_3 作为涂层材料也可以减少硫酸盐的生成。

稀土氧化物具有氧化和还原的双重特性，能在还原气氛中供氧，在氧化气氛中耗氧。将其作为催化剂活性组分的主要优势为：增加催化剂的热稳定性，提高载体的机械强度，改善催化剂的抗硫性能；具有变价特性和独特的储氧性能；以助催化剂形式加入能使氧化还原反应高效地进行。

稀土与过渡金属氧化物在特定条件下，可以形成具有天然钙钛矿型的复合氧化物，其活性明显优于相应的单一氧化物，常见的有 $BaCuO_2$、$LaMnO_3$。此外，有时活性组分需要添加助催化剂来提高催化性能。助催化剂单独存在时，一般没有催化活性，但只要添加少量，即可大幅提高主催化剂的活性、选择性，同时还能改善催化剂的抗毒性能、机械强度、耐热性能等。助催化剂通常分为：

(1) 结构助催化剂，减小活性组分的粒度、增大比表面积、减缓或抑制催化剂的高温烧结。

（2）电子助催化剂,改变主催化剂的电子状态,提高主催化剂性能。

（3）晶格缺陷催化剂,使活性物质晶面的原子排列无序化,提高晶格缺陷,从而提高催化剂性能。通常加入的助催化剂离子和被其取代的离子要大小接近,以便于取代。

（4）选择性催化剂[17],可提高主催化剂选择性。

2）DOC 催化剂涂覆技术

一般采用浸渍法对 DOC 进行催化剂涂覆。首先将一定量的 $\gamma\text{-}Al_2O_3$ 或其他氧化物与硝酸和去离子水配制成载体涂层浆液,经搅拌机充分搅拌,然后湿磨一定时间后,用浸渍法涂覆于 DOC 载体,经过 1 h、125℃ 烘干处理,然后进行 4 h、550℃ 焙烧处理。根据 DOC 载体计算可吸附浸渍液体积后,按照涂覆的贵金属催化剂的负载量及贵金属配比配制成适量的催化剂浆料,对 DOC 载体进行等体积浸渍涂敷,然后进行 1 h、125℃ 的烘干处理,以及 550℃ 的焙烧固定涂层处理。图 4-11 所示为一种 DOC 催化剂涂覆设备。

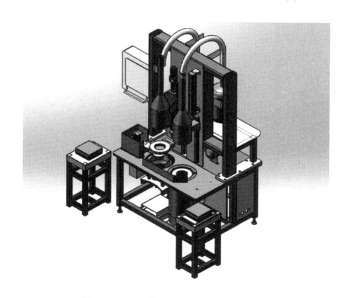

图 4-11　一种 DOC 催化剂涂覆设备

4.1.6 DOC 封装

在对 DOC 进行封装时,首先要进行催化器封装设备选型,然后进行封装形式的选择,压入式封装方式是目前普遍采用封装方式。该封装方式的特点是适用性强,适用于各种类型的衬垫,对 DOC 圆形载体进行封装时应用广泛,且工艺过程简单,易控制,工装模具设计制作简便。具体的封装过程为:先用衬垫包裹住载体,衬垫搭接处以单面胶带固定连接;将包裹好的载体放入导筒模具内部,尽可能保证载体端面与导筒中心线垂直;压机压盘以一定的速度,匀速将载体通过导筒压入金属壳体内。然后采用卧式双头压装设备对 DOC 进行压装,其过程为将衬垫放置到开放式的导筒内,再将催化器放置于衬垫上,然后用衬垫包裹载体,手动推入闭合的导筒内,启动设备完成催化器封装。

4.2 柴油机颗粒物捕集技术

4.2.1 概述

DPF 通过让排气经过载体的多孔性壁面等过滤介质,将排气中的全部或部分颗粒物过滤掉,以起到降低柴油机尾气中的颗粒物排放的作用。最常见的 DPF 为壁流式颗粒捕集器。

1) DPF 的应用过程

20 世纪 70 年代初,康宁公司发明了"蜂窝陶瓷结构的制造方法",并在 1978 年成功完成整体蜂窝式堇青石颗粒物捕集器[18]的制造。1982 年 12 月,福特公司的专利"柴油废气微粒陶瓷过滤器及其制造方法"获得授权。1984 年,梅赛德斯-奔驰开始系列生产安装颗粒物过滤器的柴油汽车 300D、300TD、300CD 以及 300SD,这些安装颗粒捕集器的第一代清洁柴油发动机汽车最初在加利福尼亚和其他 10 个美国城市销售[19]。20 世纪 80 年代初,福特、丰田等公司[20-24]围绕蜂窝陶瓷颗粒捕集器的再生效率及影响因素等问题开始展开研究。研究包括燃料添加剂(铅、铜和镍等)对降低颗粒物着火温度的作用和利用燃烧器或电阻加热器等进行再生的方法。德士古公司开发了铝涂层的钢丝网过滤器,其对 PM 的过滤效率达到 50%~70%[23]。

1989 年,唐纳森公司首次将 DPF 应用于重型柴油车[25]。同年,日本永木精械株式会社开始批量生产堇青石 DPF 并将其投入市场,并在 2001 年开始对 SiC-DPF 进行批量生产[26]。日本揖斐电株式会社[27-29]和永木精械株式会社开发的碳化硅颗粒捕集器已成功进入日本和欧洲市场,被众多汽车厂商所采用,并取得了良好的使用效果。1995 年庄信万丰公司开始销售 CRT© 系统[30],并首先在瑞典使用,此后应用逐步扩大到世界上多个城市。

2000 年,标致雪铁龙集团将柴油添加剂辅助再生颗粒捕集器装备在标致 607 上,2007 年开始将 DPF 安装到其他型号的柴油车上,2009 年起将其装备在标致和雪铁龙生产的所有柴油车上。1990—2005 年,标致雪铁龙集团申请了 130 项关于添加剂辅助再生式颗粒捕集器的专利。截至 2012 年底,标致雪铁龙汽车生产了 680 万辆安装 DPF 的车辆[31]。自从标致安装 DPF 系统的柴油车上市后,其他欧洲汽车制造商也开发了一系列 DPF 系统。雷诺公司于 2003 年开始安装 DPF 和 DOC;同年,奔驰公司在 C 级和 E 级轿车上开始安装 DPF;2004 年,通用欧洲公司在威达、欧宝上开始安装 DPF,大众公司则在帕萨特轿车上开始安装 DPF。

2005 年,康宁公司研制出了钛酸铝材料 DuraTrap® AT 过滤器[32]。该过滤器的特点是耐久性好、过滤效率高及压降小,因而在大众汽车、现代-起亚汽车等产品上得到了应用。

2007 年以来,为满足美国环保局 2007/2010 公路排放法规,每一辆在美国和加拿大销售的重型柴油车都必须配备一个高效率的柴油颗粒捕集器。为了满足美国 Tier2 标准或加利福尼亚的 LEV II 标准,即 6.125 mg/km 的 PM 的排放限制,美国市场所有新销售的轻型柴油客车和卡车均需要采用高过滤效率的 DPF 系统。DPF 也成为在日本销售的新公路使用的柴油发动机的标准装备[33]。到 2009 年,第二代和第三代高效率的过滤系统减少的 PM 排放量超过 85%～90%。在欧洲,新车配备柴油颗粒捕集器已商业化。迄今,DPF 已成为所有欧洲、美国和日本的柴油车的标准配置[34]。

在国内的应用方面,2007 年,北京市环保局宣布对邮政车、环卫车等柴油车加装 DPF,在对政府公用柴油车辆加装完成之后,并进一步延伸向社会车辆;2016 年 1 月 1 日起,北京要求在京公交车、旅游车、渣土车、班车、校车、机场巴士等重型柴油车必须选用配备 DPF 的车型。2015 年上海市进行了 4 610 辆国三柴油公交车安装 DPF 的应用示范。2016 年 7 月 1 日起,上海市开展了对国三集卡加装尾气净化装置的工作,约 1.1 万辆国三集卡安装了 DPF,现已进入设备运行状况,特别是设备保养的监管工作阶段。2017 年 2 月,天津市发布《2017 年大气污染防治重点工作方案》,其中规定持续加快老旧车淘汰,研究实施重型货车和国一、国二轻型汽油车限行措施,开展机动车尾气污染专项整治行动,对高排放重型柴油货车加装 DPF。自 2017 年 7 月 1 日起,深圳规定在深圳销售、注册和转入的公交车、环卫车等重型柴油车应选用安装 DPF 的国五及以上标准车型。2017 年 12 月,山东省 7 个传输通道城市国三排放标准重型柴油营运货车全部加装了 DPF 和实时诊断车载远程通信终端,建立了 DPF 运行状态监控系统;并规定自 2018 年 1 月 1 日起,对达不到排放标准及没有加装 DPF 的国三排放标准重型柴油营运货车和私自停止 DPF 运行等行为的重型柴油营运货车,注销车辆营运证。2018 年,生态环境部发布了国家污染物排放标准《重型柴油车污染物排放限值及测量方法(中国第六阶段)》,标准中规定重型柴油车必须装备 DPF。

2) DPF 的功能

DPF 是安装在柴油车排气系统中,通过过滤来降低排气中颗粒物的装置。DPF 通过表面和内部混合的过滤装置捕捉颗粒。DPF 能够有效地净化柴油机/车排气中 70%～90% 的颗粒,是净化柴油机颗粒物最有效、最直接的方法之一。DPF 常与 DOC 联合使用,其耦合装置叫作连续再生颗粒捕集器。图 4-12 所示为外特性时,不同转速下 DOC＋DPF 对核模态(粒径 $D_p < 50$ nm)及聚集态颗粒(50 nm $< D_p < 1\ 000$ nm)数量浓度的捕集效果。从图中可以看出,DOC＋DPF 对核模态颗粒的捕集效率分别为 69.2%、87.3%、86.4%、95.2% 和 97.8%,而对聚集态颗粒的捕集效率则分别为 74.7%、95.3%、97.1%、99.1% 和 99.4%,DOC＋DPF 对聚集态颗粒的捕集效果优于核模态颗粒[35]。

柴油机排气中的 PAHs 具有很强的致癌作用,其排放水平决定了排气颗粒的毒性。因此,在分析颗粒物化学特性时,重点对颗粒相 PAHs 组分进行分析。分析过程中,选择美国环保局规定优先检测的 19 种代表性 PAHs 组分为分析对象,其中三环组分 5 种:苊烯(Acpy)、苊(Acp)、芴(Flu)、菲(Phe)和蒽(Ant);四环组分 4 种:荧蒽(Flua)、芘(Pyr)、䓛(Chr)和苯并[a]蒽(BaA);五环组分 7 种:苯并[g,h,i]荧蒽(BghiF)、苯并[cd]芘(BcdP)、苯并[b]荧蒽(BbF)、苯并[k]荧蒽(BkF)、苯并[e]芘(BeP)、苯并[a]芘(BaP)和二苯并[a,h]蒽(DBA);六环组分 3 种:蒽并蒽(Anth)、茚并[1,2,3-cd]芘(IND)和苯并[g,h,i]苝(BghiP)。分析过程中,将色谱特征相近的苯并[b]荧蒽(BbF)与苯并[k]荧蒽(BkF)合并计算。图 4-13(a)为 DOC＋DPF 前后 PAHs 各组分的排放质量对比。从图中可以看出,DOC＋DPF 可明显降低颗粒中 PAHs 的质量:试验过程中检测到的 19 种 PAHs 成分,除

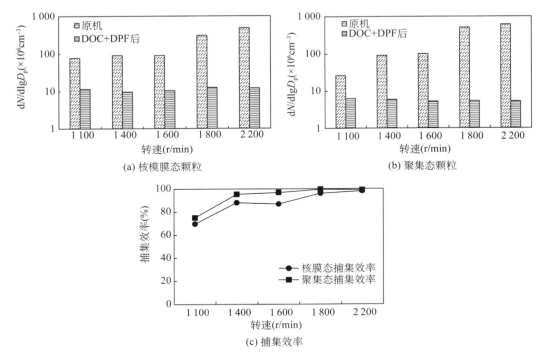

(a) 核模膜态颗粒　　　　　　　　　　(b) 聚集态颗粒

(c) 捕集效率

图 4-12　不同转速下 DOC＋DPF 捕集效率

苯并[a]蒽及䓛排放量略有上升外,其余 17 种均有所降低。连接 DOC＋DPF 后,PAHs 排放总质量从原机的 940 ng 下降至 79.4 ng,降幅达 91.5%。图 4-13(b)为 DOC＋DPF 前后,不同环数 PAHs 排放质量变化情况。从图中可以看出,在 DOC 氧化及 DPF 的物理拦截作用下,试验样机连接 DOC＋DPF 后,不同环数 PAHs 均有显著下降:试验工况下,三环至六环 PAHs 排放质量较原机分别下降 95.9%、88.8%、78.1% 和 100%。各 PAHs 组分中,五环苯并[a]芘具有强致癌性,被认为是致癌多环芳烃的典型。目前采用苯并[a]芘等效毒性当量(Toxicology Equivalence,TE)来评价 PAHs 组分的毒性。图 4-13(c)为试验所得的 PAHs 排放等效毒性。从图中可以看出,加装 DOC＋DPF 后,排气颗粒中 PAHs 等效毒性从原机 25.87 ng 下降至 1.56 ng,降幅达 93.9%,这表明 DOC＋DPF 可有效降低试验样机的排气颗粒毒性。

4.2.2　DPF 结构特征

壁流式 DPF 载体内部有许多平行的通道,相邻的两个通道其中一个只有进口开放,另一个只有出口开放,如图 4-14 所示,排气从进口开放的通道流入,穿过载体的壁面至相邻的通道排出,在此过程中,颗粒物被过滤在通道内,对排气起到净化作用,DPF 能够减少 90% 以上的颗粒排放[36],是柴油机满足柴油机排放法规必不可少的后处理技术。

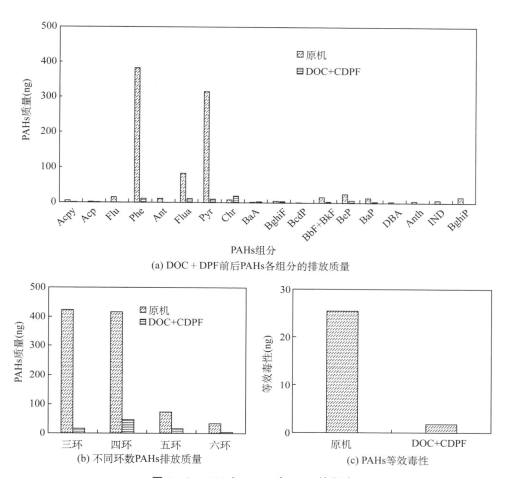

(a) DOC + DPF前后PAHs各组分的排放质量

(b) 不同环数PAHs排放质量

(c) PAHs等效毒性

图 4-13 DOC＋CDPF 对 PAHs 的影响

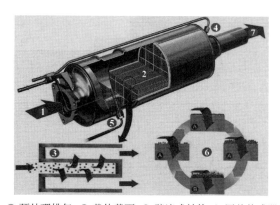

① 预处理排气 ② 载体截面 ③ 壁流式结构 ④ 压差传感器
⑤ 温度传感器 ⑥ 捕集过程 ⑦ 流出排气

图 4-14 柴油机颗粒捕集器[35]

常用的 DPF 载体材质包括陶瓷基、金属基和复合基。表 4-1 给出了 DPF 载体常用材料及优缺点,目前使用最为广泛的是董青石蜂窝陶瓷载体,如图 4-15 所示。董青石蜂窝陶瓷具有成本低、热膨胀系数低的特点,但材料具有各向异性,其径向膨胀系数是横向膨胀系数的两倍,因此再生过程中受热不均匀,易产生热应力,使其损坏。碳化硅(SiC)载体在轻型柴油机上应用较为广泛,如图 4-16 所示。SiC 载体有更优的耐热、耐腐蚀性能和导热性能,空隙结构具有更佳的可调性,可以满足更高空隙率和更均匀的孔径分布,过滤器内部的温度场分布更为均匀。SiC 热膨胀系数较大,容易在高温热冲击下开裂,而且在高温下 SiC 可能被活化氧化,产生白斑。

表 4-1   DPF 载体常用材料的优缺点

材质	过滤体材料	优缺点	捕集效率(%)
陶瓷基	蜂窝陶瓷	捕集效率高;热膨胀系数高,载体内部温度分布不均匀时会造成滤体破裂	~90
	泡沫陶瓷	材料塑性好,微孔质量高,耐高温,但易破损,捕集效率低	~50
	陶瓷纤维	有效捕集面积大,捕集效率高,但制造难度大,维护困难	~95
金属基	泡沫合金	载体导热性能好,内部温度场分布均匀,可靠性高,但成本高	~90
	金属纤维毡	可靠性高、易维护、能承受较为恶劣的工作强度,但捕集效率略低	50~70
复合基	金属纤维毡/氧化铝纤维毡	耐高温性能好,可降噪,捕集效率略低	80~90

图 4-15　董青石陶瓷 DPF 载体　　　　图 4-16　SiC 陶瓷 DPF 载体

近几年,非对称端面载体的应用范围日渐广泛,如图 4-17 所示。这种载体采用提高

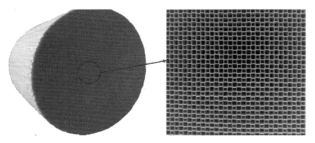

图 4-17　非对称端面 DPF 载体

DPF 进口/出口孔道比例的办法,增加载体的碳烟和灰分容量,从而降低 DPF 的排气背压,提升 DPF 的再生性能。

4.2.3　DPF 捕集机理

DPF 净化排气中颗粒的基本过程是通过过滤层把排气中颗粒分离出来并沉积下来的过程。尽管多孔介质的结构形式及壁面平均微孔直径大小不同,但由于柴油机排气颗粒物粒径分布范围很广,因此,DPF 对颗粒的过滤方式通常是多种方式兼而有之。常见的蜂窝陶瓷 DPF 的过滤方式主要有深床过滤和表面过滤(也称饼滤和筛滤)等形式[37-38]。深床过滤型 DPF 中,过滤体中微孔平均直径大于排气中颗粒的平均直径,颗粒由于深床过滤机理而沉积下来;而在表面过滤型颗粒捕集器中,微孔直径比颗粒直径小,颗粒通过筛选的方式沉积在介质中。随着深床过滤介质中颗粒物沉积数量的增加,深床过滤介质的过滤机理逐步变得与表面过滤相同。

对清洁滤芯体而言,排气中的颗粒首先会沉积在蜂窝陶瓷壁面内部的微孔通道中,由深床过滤方式过滤,当微孔通道中沉积的颗粒增多,微孔通道直径变小,并逐步趋于饱和时,最后的颗粒多由表面过滤方式过滤。柴油机尾气在流经 DPF 载体通道的多孔结构时,尾气中颗粒物会在扩散、拦截、惯性碰撞和重力作用等捕集机理作用下被捕集[39],图 4-18 给出了 DPF 不同过滤机理示意图。

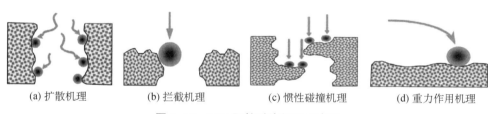

(a) 扩散机理　　　　(b) 拦截机理　　　　(c) 惯性碰撞机理　　　　(d) 重力作用机理

图 4-18　DPF 颗粒过滤机理示意图

4.2.4　DPF 碳烟燃烧过程

目前,为了保证 DPF 的排气背压在允许范围内,常用主动或被动再生方式将 DPF 载体内堆积的颗粒物燃烧氧化清除。PM 的燃烧,其实质是 PM 中的 SOF 和 C 等的氧化,颗粒物在 DPF 中的燃烧氧化机理[39],如图 4-19 所示。

第一阶段,由 Soot 和 SOF 等主要物质组成的颗粒物在 DPF 载体上被捕集,随着捕集颗粒物的增加,DPF 载体的流通阻力增大;

第二阶段,柴油机在高负荷工况或 DPF 再生阶段,DPF 载体的温度升高至 $300 \sim 400 ℃$,Soot 表面的 SOF 开始被燃烧氧化;

第三阶段,随着温度升高,含有—COOH、—C＝O 等官能团的颗粒开始燃烧氧化;

第四阶段,温度超过 $600 ℃$ 后,颗粒物中燃烧氧化剩余的高度结晶碳开始氧化。在颗粒的燃烧氧化过程中,颗粒物燃烧速率和效率主要受颗粒物和官能团的结晶尺寸等因素的影响。

对于载体捕集碳烟颗粒的催化氧化反应,在原子参与过程中存在两种机理:一种为电子

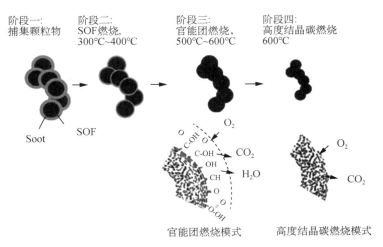

图 4-19　颗粒物在 DPF 中的燃烧过程

转移机理[40-45]，催化剂改变了碳层板上 π 电子分布，使碳层容易发生氧化反应；另一种为氧转移机理，只有可以在两种氧化态中发生变化的金属材料才能作为催化剂，即具有变价氧化物的金属材料，从而能够参与到碳烟的氧化过程中。碳烟与催化剂的催化反应分为直接接触催化和间接接触催化。直接接触催化指催化剂通过孔道以及边缘等结构位置来活化 C 原子，或者由催化剂本身充当氧的供给体，或将 O_2 解离成氧原子而溢流到碳烟表面，实现碳烟的氧化；间接接触催化指由催化剂作用形成比氧气更具氧化活性的 NO_2 和吸附氧（O_{ad}）等迁移物种来实现氧化。碳烟在催化剂以及 NO_2 和 O_2 氛围中发生氧化的主要反应方程式如下所示[42-45]。

$$C+O_2 \rightarrow CO_2 \tag{4-16}$$
$$C+0.5O_2 \rightarrow CO \tag{4-17}$$
$$NO+0.5O_2 \rightarrow NO_2 \tag{4-18}$$
$$C+2NO_2 \rightarrow CO_2+2NO \tag{4-19}$$
$$C+NO_2 \rightarrow CO+NO \tag{4-20}$$
$$C+NO_2+0.5O_2 \rightarrow CO_2+NO \tag{4-21}$$

式(4-18)中所生成的 NO_2 通过催化剂涂层中的浓度梯度反向扩散到催化剂涂层的上部和碳烟颗粒层中，再次发生 NO_2 和碳烟的催化氧化还原反应，NO_2 在对碳烟颗粒的催化氧化反应中循环利用，增加了催化氧化碳烟的活性和效率[46]。

研究结果表明[47-49]，O_2 氧化碳烟的活化能在 100 kJ/mol 左右，而 NO_2 氧化碳烟的活化能在 40～70 kJ/mol。泰伊[50]研究了不同柴油机排放碳烟在 NO_2 氛围中的氧化活化能，重型柴油机的碳烟在 NO_2 氛围中的活化能为 62～72 kJ/mol。基于碳烟与 NO_2 氧化具有较低活化能的机理，在尾气氛围中增加 NO_2 的浓度和利用率，能有效地促进碳烟的催化氧化。为了在柴油机排气温度下实现 CDPF 的被动再生，在上游 DOC 生成的 NO_2 需要在 CDPF 中实现多次的还原和再氧化循环还原氧化过程，CDPF 载体表面的贵金属 Pt 在 250～350℃

对 NO-NO$_2$ 的氧化-还原循环具有较高的活性[51-52]。然而,在 Pt 的作用下,NO 和 NO$_2$ 两种氧化剂的存在,对碳烟氧化具有较好的促进作用。上述反应机理包括原子氧在 Pt 位的形成,然后原子氧转移到 C 表面,因此,在 CDPF 上 Pt 的存在增加了表面 C—O 的浓度,促进了与 NO$_2$ 的反应,增加了碳烟的消耗量。

在 CDPF 催化剂表面形成的活性氧对碳烟的氧化以及 NO$_2$ 的氧化还原起到关键作用。由于氧化态 Ce 具有变价特性,Ce^{4+}/Ce^{3+} 氧化还原循环使活性位能够吸附气态氧而使其成为表面活性氧[53-54],如前所述,形成的活性氧通过表面扩散能够迁移到碳烟和催化剂界面。这种机制中包含晶格氧迁移成为活性氧到达催化剂表面。在碳烟的催化氧化过程中,O$_2$ 在 Pt 表面吸附并溢流到 Ce 表面,达到碳烟和催化剂的接触位点,实现 O$_2$ 在催化剂的作用下氧化碳烟[38],其反应过程见图 4-20(a)所示。在 O$_2$ 和 NO$_2$ 共存的氛围中,在低于 400℃时,Ce 能将部分 NO$_2$ 转换成硝酸的形式,起到储存的作用。当温度高于 400℃时,由于受热力平衡的限制,NO 氧化成 NO$_2$ 的转换受到抑制,同时储存的 NO$_2$ 将会释放并氧化碳烟,其反应过程见图 4-20(b)所示。

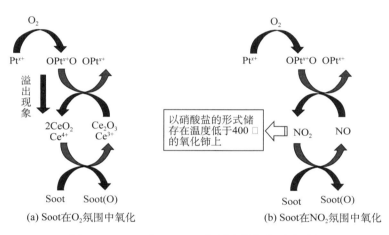

(a) Soot在O$_2$氛围中氧化　　　　　(b) Soot在NO$_2$氛围中氧化

图 4-20　Soot 在 O$_2$、NO$_2$ 氛围中的氧化反应过程

4.2.5　DPF 设计要求及主要性能指标

1) DPF 设计要求

DPF 设计要求主要有:压力损失小、PM 过滤效率高、通用性好、耐热冲击性能好、机械性能达标、碳载量高、过滤介质不与排气及颗粒物发生化学反应、可靠性高、寿命长、工艺性好、成本低、自重轻、外形尺寸小和抗振动能力强等[37]。根据 DPF 的这些基本设计要求,在设计 DPF 滤芯时,第一步应该是载体材料的选择。由不同载体材料制成的滤芯,其机械强度、耐热冲击性、过滤性能不同,而且,材料的微孔结构及孔隙率又会影响过滤壁面的压力损失、PM 捕集特性等基本特性,故确定过滤材料时应充分考虑不同材料的特性。滤芯材料确定后,应对滤芯中气体进出通道(孔)的水力直径、壁厚、几何形状等结构进行设计,蜂窝结构中孔的形状及尺寸直接影响滤芯的压力损失、耐热冲击性,颗粒物的物理沉积量等性能。材料和孔结构确定后,面临的问题就是滤芯几何结构设计,过滤器的大小和形状,主要应考虑

PM 质量堆积极限、客户要求的安装尺寸、形状和封装方式等。图 4-21 为某 DPF 滤芯的截面图。

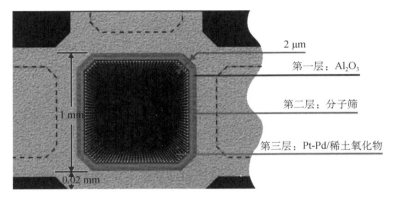

第一层：Al_2O_3
第二层：分子筛
第三层：Pt-Pd/稀土氧化物

图 4-21　DPF 载体截面

DPF 常处于温度频繁变化的排气中，当颗粒燃烧时，产生大量热量，DPF 滤芯的温度可高达 1 000℃以上，导致 DPF 出现滤芯材料软化、局部因高温熔化或产生裂纹等损坏。因此，选择滤芯材料时，应考虑其承受高温及热冲击的性能。DPE 还应具有足够的强度、化学稳定性、抗热裂及熔化等性能。增加捕集器容积可以提高捕集效率，减少压力损失，但其外形尺寸会增加。

除了上述条件，DPF 还应满足外形尺寸小、质量轻和通用性好等要求。但最为重要的是，DPF 能在汽车行驶过程中保持高的捕集效率和低的流动阻力。随着行驶里程增加，DPF 上颗粒物的堆积数量增加，柴油机排气背压增大，性能恶化，故 DPF 应具有再生功能，能够将捕集的颗粒物及沉积的灰分等排出。是否需要进行 DPF 的再生，这一般取决于使用时间、行驶里程、颗粒物沉积量和压降等。由于高过滤效率和低流动阻力经常是矛盾的，为了使 DPF 的效率高、排气流动阻力小，而外形尺寸又不大，在 DPF 设计时，必须考虑它们之间的关系，并能在车辆行驶过程中解决 DPF 的再生问题。

2）DPF 主要性能指标

衡量 DPF 产品的指标主要有性能指标、可靠性指标、成本指标等。性能指标主要包括对颗粒物质量、数量及特定粒径颗粒物的捕集效率、对其他排放物的影响、额定转速及满载时 DPF 压降、DPF 再生性能（再生效率、再生间隔、再生持续时间及再生安全性）及降噪性能等；可靠性指标包括使用寿命、抗老化性能、监测、控制、安全预警、检查和维护性能等；成本指标包括资本成本（包括产品设计、生产制造、系统集成和优化等）、使用成本（指客户使用 DPF 时的油耗损失）和维护成本等。

DPF 的再生性能通常指再生效率、再生间隔、再生持续时间及再生安全性等。再生效率指在指定的加载水平下再生前、后 DPF 中颗粒物质量的变化率（热态 125℃下称重）；再生间隔指两次再生之间的运行时间或行驶里程；再生持续时间指再生过程耗时；再生安全性指再生时 DPF 不发生烧融、坍塌，涂覆的催化剂不发生烧结等。DPF 的再生持续时间和再生间隔主要取决于柴油机排气中颗粒物浓度、DPF 的体积大小、再生装置性能等。再生间隔受制于发动机性能、捕集器体积、形状及再生系统性能，再生持续时间受制于再生系统，同等条件下,再生时间越长,能耗越大。

DPF 捕集效率的定义为柴油车行驶单位里程或单位时间或比功率下捕集器中捕集到的颗粒物质量或数量占流经捕集器所有颗粒物质量或数量的百分比。由上可知,DPF 的捕集效率常分为颗粒物质量捕集效率和颗粒物数量捕集效率,如式(4-22)和(4-23)所示。

$$E_m = (P_{mi} - P_{mo}) / P_{mi} \times 100\% \qquad (4\text{-}22)$$

式中　E_m——颗粒物质量转化率;

　　　P_{mi}——DPF 入口处测得的颗粒物质量浓度;

　　　P_{mo}——DPF 出口处测得的颗粒物质量浓度。

$$E_n = (P_{ni} - P_{no}) / P_{ni} \times 100\% \qquad (4\text{-}23)$$

式中　E_n——颗粒物数量转化率;

　　　P_{ni}——DPF 入口处测得的颗粒物数量浓度;

　　　P_{no}——DPF 出口处测得的颗粒物数量浓度。

DPF 的压降指排气经过 DPF 后的压力降低值。压降通常采用安装在 DPF 出入口法兰处的两个压力传感器所测得的压差值相减所得,或由压差计直接测得,其单位与压力单位相同,该值越小越好,如式(4-24)所示。

$$\Delta p = p_i - p_o \qquad (4\text{-}24)$$

式中　Δp——DPF 压降(kPa);

　　　p_i——DPF 入口处测得的压力(kPa);

　　　p_o——DPF 出口处测得的压力(kPa)。

4.2.6　DPF 设计流程

国六排放标准对 DPF 提出了更为严苛的要求,DPF 产品设计逻辑如图 4-22 所示。其设计思想是根据国六排放要求,提出产品的应用要求,并基于产品要求及特性提出实现方法。具体设计 DPF 时,应首先根据柴油机工作特点(工作工况、排气温度、碳烟浓度等)及 DPF 系统再生特性(再生方式、温度、再生频次),选择合适的载体材料。目前企业中使用较多的材料为堇青石和碳化硅,此外,还有莫来石、氧化硅纤维、烧结金属、Fe-Cr-Al 金属纤维等材料。载体材料确定后,需根据过滤效率、碳烟存储能力、压降等要求设计合理的微孔孔径、孔隙率,并根据柴油机排气流量及 DPF 使用时空速要求,设计 DPF 的外形尺寸。

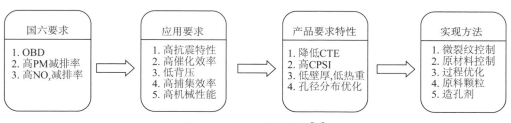

图 4-22　DPF 设计逻辑[16]

空速的表达式如下：

$$SV=V_{exh}/V_{sub} \tag{4-25}$$

式中　V_{exh}——25℃、100 kPa 条件下的排气体积流量(m^3/h)；

　　　V_{sub}——载体体积(m^3)。

而后，需根据工作要求设计 DPF 封装，主要包括选择衬垫，设计出入口连接管、接头、密封圈、外壳等。衬垫常分为膨胀型和非膨胀型，具体功能及设计流程前文已详细给出，这里不再赘述。封装的设计需考虑安装尺寸及位置、对 DPF 系统性能的影响、是否需要主动再生、便于安装及拆除等条件。DPF 的设计流程如图 4-23 所示。

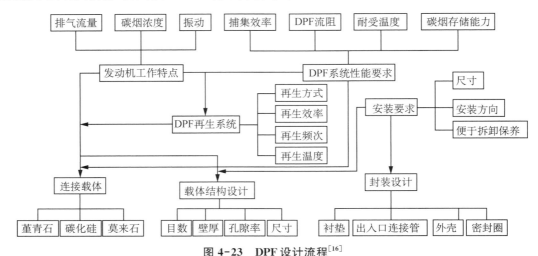

图 4-23　DPF 设计流程[16]

4.3　SCRF 技术

4.3.1　概述

SCRF 系统是将 SCR 催化剂涂覆到 DPF 载体壁面而将 SCR 处理 NO_x 的功能和 DPF 过滤 PM 的功能集成为一体。目前，将 SCR 催化剂涂覆到 DPF 载体壁内已经取得了一定的进展。SCRF 中通常不包括在 CDPF 中常用的 Pt 和 Pd 等氧化催化剂，因为氧化催化剂会将 NH_3 氧化。SCRF 技术可以有效地减小后处理系统体积和质量，使布置更加灵活，且 SCR 催化剂能快速起燃。在达到排放标准的前提下，采用 SCRF 系统能节省 $40\% \sim 55\%$ 的安装空间。其集成如图 4-24 所示。

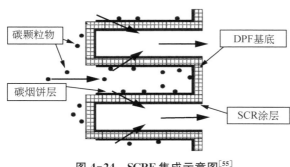

图 4-24　SCRF 集成示意图[55]

目前,SCRF 载体主要使用高孔隙率载体以便于涂覆更多的催化剂提高 SCRF 整体性能。由于在 SCRF 系统中有碳烟沉积,而碳烟的被动再生过程同样需要 NO_2 作为反应物,导致在 SCRF 系统中与快速 SCR 反应形成竞争,对 NO_x 转化率产生一定的影响。除了对 SCRF 系统内 NO_2 竞争机理的研究外,研究者们主要针对载体结构参数、催化剂涂覆量以及配方、灰分和碳烟沉积对 SCRF 性能的影响等几个方面进行研究[55-56]。

4.3.2　SCRF 作用机理

1) 颗粒物捕集机理

类似于 DPF 的捕集机理,SCRF 的捕集机理具体包括:扩散捕集机理、拦截捕集机理、惯性过滤机理、重力作用机理。在对柴油机排放颗粒的捕集过程中,上述捕集机理并非单独作用,而是共同作用,是一种复合捕集机理。

2) NO_x 转化机理

SCRF 常用的催化剂主要为 SCR 催化剂,因此其还原 NO_x 的原理与 SCR 原理一样,都是使用 32.5% 的尿素水溶液通过热解以及水解生成 NH_3,而后在催化剂表面与 NO_x 发生反应,使 NO_x 转化为无害的 N_2 和 H_2O。由于载体使用的是壁流式载体,当气体流经 SCRF 时,通过物理捕集过程过滤掉尾气中的 PM。SCRF 的具体反应过程包括:

(1) 尿素溶液分解反应。尿素溶液经过尿素泵加压雾化后喷入催化器,遇高温发生热解和水解反应,生成 NH_3 和 CO_2,化学式为:

$$CO(NH_2)_2 + H_2O \rightarrow 2NH_3 + CO_2 \tag{4-26}$$

(2) SCRF 催化反应。NH_3 将 NO_x 还原成 N_2 和 H_2O,化学式为:

$$4NO + O_2 + 4NH_3 \rightarrow 4N_2 + 6H_2O(标准反应) \tag{4-27}$$

$$NO + NO_2 + 2NH_3 \rightarrow 2N_2 + 3H_2O(快速反应) \tag{4-28}$$

$$2NO_2 + O_2 + 4NH_3 \rightarrow 3N_2 + 6H_2O(NO_2 反应) \tag{4-29}$$

SCRF 的催化反应分为标准反应、快速反应及 NO_2 反应。在柴油机的燃烧过程中,生成的 NO_x 以 NO 为主,NO_2 直接生成量较小,两者的比例一般为 9:1 以上,若不对柴油机尾气成分比例进行调节,在 SCRF 中主要进行的是标准反应。快速反应的特点是需要 NO_2 参与,可在相对较低的温度下进行,反应速度是标准反应的 17 倍。

(3) 氨泄漏催化反应(应用于国五及以上标准),化学式为:

$$4NH_3 + 3O_2 \rightarrow 2N_2 + 6H_2O \tag{4-30}$$

$$4NO + 4NH_3 + O_2 \rightarrow 4N_2 + 6H_2O \tag{4-31}$$

4.4　颗粒氧化催化器技术

4.4.1　概述

POC 是一种半流通式颗粒捕集器,具体的结构和气流运动方式可见图 4-25。POC 最早在欧洲被开发和应用,芬兰的依柯卡特公司、德国的依米泰克公司以及韩国的艾蓝腾公司分别开发了 POC 系统,其主要通过设计和优化载体内部的孔道结构,达到提高后处理热量和流量的传播效率的目的。这种结构使排放的废气能够在更短时间内充分混合并进行催化反应、提高转化率,同时保证了在同样转化率的状况下的最低排气背压,且不需要主动再生系统。实验表明,POC 装置能去除重型柴油机 60%～70% 的 PM 排放,其中对碳烟的去除率达到 50%～60%。鉴于 POC 的良好性能,韩国政府 2005 年推行的空气质量法案中提出,将 POC 列为其在 2005—2012 年间部分在用车 PM 排放控制的首选装置。德国曼恩公司、俄罗斯的嘎斯公司也均将 POC 作为其欧Ⅳ/欧Ⅴ柴油机的重要控制技术。

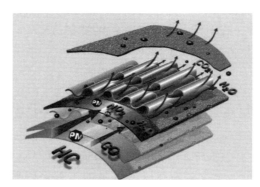

图 4-25　POC 的基体结构和气体流动方式[57]

4.4.2　POC 作用机理

排气气流在颗粒氧化器形状复杂的通道内不断地改变流线,跟不上流线的颗粒 PM 就脱离气流被吸附在壁面上,C 和排气中活性很大的 NO_2 分子进行氧化还原反应生成 NO 和 CO_2。一些小颗粒沿着温度梯度从高温气流流向低温载体表面而被捕捉,还有一些较大颗粒无法通过而被载体表层直接捕捉[58]。根据 POC 的结构,其对一定粒径范围的颗粒过滤效果较好,如图 4-26 所示,POC 对小于 30 nm 以及大于 100 nm 微粒的净化效果较好。

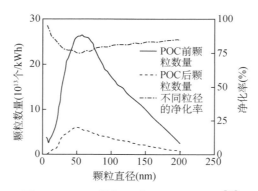

图 4-26　不同粒径下的 POC 净化效率[58]

POC 与 DOC 一般集成布置在统一的一个壳体内,并沿用"POC"的命名。前部分是

DOC,主要作用是将排气中的 CO 和 HC 氧化为 CO_2 和 H_2O,并将 NO 氧化成比 O_2 的氧化性能更高的 NO_2,NO_2 被用来氧化排气中的颗粒物;后部分是 POC,它主要被用来氧化颗粒物中的 SOF,颗粒催化转化器在正常排气温度下很难氧化碳烟,要想氧化碳烟必须使排气温度达到必要的反应温度。催化器内发生的化学反应方程式如下[59]:

$$CO + O_2 \rightarrow CO_2 \tag{4-32}$$

$$HC + O_2 \rightarrow CO_2 + H_2 \tag{4-33}$$

$$NO + O_2 \rightarrow NO_2 \tag{4-34}$$

$$[SOF] + 2NO_2 \rightarrow CO_2 + N_2 \tag{4-35}$$

$$[SOF] + NO \rightarrow CO_2 + H_2O + N_2 \tag{4-36}$$

$$Soot + NO_2 \rightarrow CO + NO \tag{4-37}$$

$$SO_2 + O_2 \rightarrow SO_3 \rightarrow 硫酸盐 \tag{4-38}$$

式(4-37)中 Soot 为碳烟,以上反应并不是同时发生的,只有当温度达到一定程度,其中的某一个或者某几个反应才会发生,比如当排气温度在 200℃～550℃之间时,反应(4-32)、(4-33)和(4-34)发生,这三个反应发生在 DOC 载体上;这个温度阶段反应(4-35)和(4-36)也会发生,它们发生在 POC 载体上;只有温度超过 400℃时,反应(4-38)才会发生;温度进一步升高超过 550℃时,反应(4-37)会发生。

4.5　低温等离子体技术

4.5.1　概述

等离子体中富含活性粒子,如分子、激发态原子、离子等。在放电过程中,虽然电子温度很高,但由于重粒子温度很低,导致整个体系仍呈现低温状态,所以称为低温等离子体,简称 NTP。NTP 利用这些活性粒子与污染物迅速发生各种反应,促使污染物发生分解,以达到降低污染物浓度的目的。柴油机在正常工作时的排气温度一般为 250℃～350℃,而颗粒的燃点通常为 550℃～600℃。在颗粒燃点范围内,颗粒捕集器容易损坏,而在低温下尤其是冷启动时达不到颗粒的燃点,保持清洁比较困难。NTP 反应器可以将温度低于 300℃的尾气中的 NO 氧化成 NO_2,通过 NO_2 和自由基除去沉积在颗粒捕集器上的颗粒物。这种方法不使用催化剂,不存在催化剂活性降低的问题。

4.5.2　NTP 作用机理

NTP 作为物质第四态,拥有许多独特的性质。在目前已有的利用 NTP 技术降低柴油机排气中 PM 含量的相关研究中,主要是利用它的如下性质:作为带电粒子的集合体,具有类似金属的导电性能;化学性质活泼,容易发生化学反应。

基于 NTP 的上述性质,派生出如下降低柴油机 PM 排放的技术路线。

(1)技术路线 1:利用电晕放电产生 NTP,使柴油机排气中的 PM 带电,并通过电场捕获微粒。技术路线 1 的工作原理分为如下三个阶段:

第一阶段:e＋M →M⁻;

第二阶段:M⁻＋SP(固体颗粒) →(SPM)⁻;

第三阶段:(SPM)⁻→SPM(沉积在集尘极上)。

第一阶段:通过电晕放电(非均匀放电)产生 NTP;第二阶段:NTP 中的电子和离子在梯度电场的作用下和柴油机排气中的颗粒物相互碰撞并附着在这些粒子上,成为荷电粒子;第三阶段:荷电粒子被集尘极所收集。

基于技术路线 1,曾科等[60]研制了一套如图 4-27 所示的线-筒式电晕放电 NTP 反应器,并在这台装置上进行了去除柴油机 PM 排放的台架实验研究。结果表明,该反应器对柴油机微粒的捕集效率为 $60\%\sim90\%$,且能耗较低。该装置的不足之处在于,随着微粒在电晕线上的不断累积,装置对 PM 的捕集效率明显下降,实际使用时需使用压缩空气驱动清洁环再生,装置结构变得较为复杂;由于电晕放电电流密度较小,若要取得较好的处理效果,必须加强能量布置,因而导致 NTP 反应器的体积难以小型化,不利于车载使用。

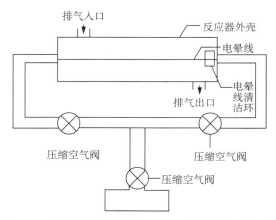

图 4-27 线-筒式电晕放电 NTP 反应器结构示意图[60]

(2) 技术路线 2:利用气体放电所产生 NTP 的化学活性,促进柴油机排气中的颗粒物在低温下被氧化分解。

其工作原理为:在外加电场的作用下,柴油机排气被击穿放电产生 NTP,利用 NTP 含有的大量高能电子、离子、激发态粒子和原子氧(O)、氧化性极强的自由基(OH*,HO₂*)、臭氧(O_3)等活性粒子,引发柴油机排气中的 PM 发生一系列复杂的物理和化学反应,将 PM 降解去除,从而实现净化排气的目的。气体电离后产生的电子平均能量在 1 eV～10 eV 范围内,适当控制反应条件可以将一般情况下难以实现或速度很慢的化学反应变得十分快速。

2000 年,托马斯[61-62]报道了一种可高效降低柴油机 PM 排放的 NTP 陶瓷球反应器。该反应器的特点之一是在放电区域中加载了陶瓷小球,当 PM 随柴油机排气流过反应器放电区时,会被陶瓷小球吸附,而 NTP 反应器放电区域的活性物质可迅速将其氧化分解,从而实现了 PM 的连续去除。

NTP 反应器对柴油机排气的流动阻力较小,因此应用该技术对柴油机的动力性、经济性影响不大;两种技术路线都不会或很少把 SO_2 转化 SO_3,适用于含硫量较高的柴油;对小粒径 PM 有较高的去除效率;可以同步净化 HC、CO、NO_x 等气态污染物[63]。

4.6　其他颗粒捕集技术

4.6.1　静电吸附捕集技术

1) 结构特征

静电吸附捕集技术采用电晕放电及 NTP 强化氧化-还原技术,将污染空气中的有害物质通过氧化、还原或离解而转化为无害物质;同时通过静电作用,对污染空气中颗粒物的捕集效率高达 99%。静电吸附捕集系统结构如图 4-28 所示。

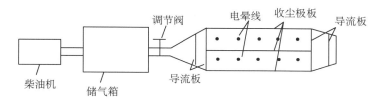

图 4-28　柴油机尾气静电吸附补集系统[64]

考虑到汽车尾气 $PM_{2.5}$ 静电吸附器的安装空间狭小,且工作在高温、高电压环境,所以对该装置提出以下设计要求:

(1) 装置对气流阻力不宜过大,应满足发动机在满负荷下的工况要求;

(2) 装置应能适应高温环境要求;

(3) 为便于清除堆积污物,尾气中 $PM_{2.5}$ 微粒应收集在管壁上;

(4) 由于汽车尾气具有腐蚀作用,装置应该增加防腐设计;

(5) 为了便于安装应用,装置体积不宜过大。

2) 作用机理

高压静电场对 HC、NO_x 及微粒的捕集作用主要体现在以下几个方面[64]:

(1) HC 和 NO_x 在电晕电场中的"电化学反应"

在电场能的作用下,柴油机尾气中的 HC 和 NO_x 能够迅速地发生光化学反应和电化学反应,生成一种烟雾产物。这种烟雾中含有烷基硝酸盐,复合过氧酰基硝酸盐和过氧酰基硝酸酯等物质,并以微粒的形式存在于电晕电场中。

(2) HC 和 NO_x 在电晕电场中的氧化反应

除了上述电化学反应外,还有一部分 HC 和 NO_x 能在电晕电场下被氧化为非有害气体及排气微粒,这种氧化反应同样使柴油机尾气中 HC 和 NO_x 的含量减少。

(3) HC、NO_x 及其电化学氧化产物与柴油排气微粒之间的吸附、黏结、凝聚机理

柴油机排放物中往往还存在未燃烧的柴油气雾。由于柴油气雾的比重较大,吸附、黏附力较强,其在静电捕集器的运动过程中极易与微粒、NO_x、HC 和 NO_x 间的电化学产物

及氧化反应产物发生碰撞。碰撞过程中,它们相互吸附,凝并聚集,这些作用机理使各种微粒不断壮大。

(4)吸附、黏结、凝聚产物在电晕电场中进一步带电及收集过程

各种微粒会在电场中带上自由电荷,并在电场力的作用下发生凝并。这一过程会加快凝聚体向收尘极运动的速度,并提高静电捕集器的捕集效率。

4.6.2 静电旋风技术

1) 概述

静电旋风捕集系统是通过加设高压静电场,利用离心力和电场力的双重作用来收集粉尘颗粒的高效除尘器。与电捕集系统相比,占地面积小,成本低,效率高;与旋风捕集系统相比,在原有的捕集系统中又形成高压静电场,解决了旋风捕集系统不利于捕集微细粉尘的弊端,除尘效率更高。静电旋风捕集技术可降低柴油机 PM 排放。该技术使用旋风分离器可以将颗粒物中大于 $0.5\ \mu m$ 的颗粒分离出去,在船舶发动机颗粒物排放控制上已有应用,但设备造价较高[65]。

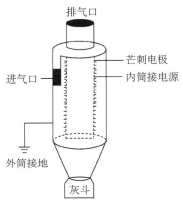

图 4-29 静电旋风捕集系统结构[66]

2) 结构及原理[66]

静电旋风捕集系统结构如图 4-29 所示。其内筒接负高压直流电,外筒接地,内、外筒之间用绝缘结构支撑。当通电后,内筒上的芒刺产生电晕放电。当柴油机排气从静电旋风捕集器的切向进口进入静电旋风捕集器内时,排气微粒在电晕场内被荷电,并在电场的作用下,沉积在外筒内壁上。这样,排气微粒就被捕集了。

4.6.3 溶液清洗技术

1) 概述

溶液清洗技术最早被应用在船用发动机颗粒物的处理中,特别是因高硫燃料产生的颗粒物排放(SOF)。其原理是利用溶液(一般呈碱性)吸收并中和排气中的 SO_x,再将吸收了 SO_x 的溶液排入海中。实践证明,该技术的除硫效率可达 90% 以上,且柴油机能够继续使用重油,而无须选择昂贵的轻柴油,同时依然能够满足法规对 SO_2 排放量的严格限制。但这项技术也存在很多问题:一是对水质有影响,二是排气经过清洗装置时会导致柴油机排气背压增加。目前已有应用的船舶溶液清洗技术主要有:海水法、碱液法脱硫、混合法以及增强型海水法。

2) 结构及原理

混合法脱硫技术分为开环和闭环两种运行方式[67]。开环运行时,洗涤用海水从海底门进入,分成两路:小部分海水进入洗涤塔,吸收 SO_x 和颗粒物,洗涤水向下进入水处理单元,并在其中将泥浆和油分离出来,分离出的泥浆和油进入泥浆罐储存,以便于上岸处理。处理后的洗涤水注入剩余大部分海水中,经稀释后直接排放到大海。在闭环脱硫系统中,海水要作为冷却剂,给闭环清洗系统降温,以使系统维持较好的吸收率。洗涤水经

循环箱处理后再循环使用,通过不断加入氢氧化钠以使 Ph 维持在 9.0 以上,洗涤水流量和消耗仅为开环系统的一半。闭环脱硫系统要排放少量流出水以降低硫酸钠浓度,如果不加以控制,将形成硫酸钠晶体,对清洗系统造成腐蚀,排出的废水经废水处理系统后再排入大海。

混合法脱硫系统主要包括:洗涤塔、循环箱、海水/淡水热交换器、海水循环/反应水泵、淡水循环/洗涤塔所使用的水泵、开环洗涤水处理单元、闭环洗涤水处理单元、氢氧化钠溶液储罐。工艺流程图如图 4-30 所示。

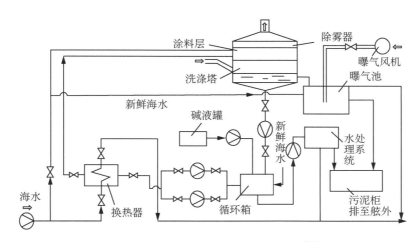

图 4-30　混合法脱硫系统工艺流程图[67]

4.6.4　离心分离技术

离心分离技术是将排气引入旋风分离器中,利用颗粒的离心力,将颗粒从气流中分离出来。德国博世公司结合静电分离和离心分离方法,在排气通道中建立电场,使排气中的细小颗粒相互吸引凝聚成较大的颗粒,然后再经过离心分离器分离,分离效率可以达到 50%以上。

离心分离技术的结构如图 4-31 所示,系统包括离心静电碳烟微粒收集装置、燃烧再生装置、燃烧控制装置以及高压电源。其中,微粒收集装置包括带芒刺起晕电极的出气内筒、作为负极的静电吸附封闭外筒、电极绝缘陶瓷等。

微粒收集装置依靠离心力和静电吸附两种方式清除废气中的微粒。废气流切向进入微粒收集装置并产生强烈旋转,废气中较大的微粒在离心力的作用下从气固两相流中分离出来,并被甩在外筒内壁上。微粒收集装置为同轴式,出气内筒上的芒刺产生电晕放电,在静电作用下,一方面可以将部分较小的微粒结合成较大的微粒,使之在离心力作用下甩到外筒内壁上;另一方面还可以将废气中较小的微粒直接吸附在外筒内壁上。在下旋气流的冲刷下,甩在外筒内壁上的微粒以及吸附在外筒内壁上的微粒最终被收集在位于底部的碳烟微粒燃烧再生装置内。被收集的微粒在燃烧控制装置的控制下,通过红外线加热达到燃点,燃烧后生成 CO_2,通过出气内筒排出。

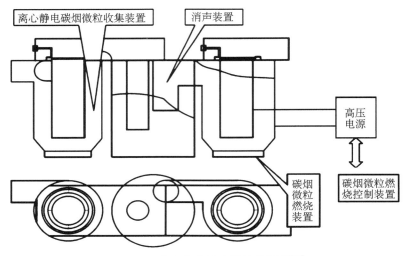

图 4-31　离心分离技术的结构原理[68]

参考文献

［1］　TAE JOONG WANG，SEUNG WOOK BAEK，JE-HYUNG LEE KINETIC. Parameter estimation of a diesel oxidation catalyst under actual vehicle operating conditions［J］. Ind Eng Chem Res，2008，47(8):2528-2537.

［2］　Centre for Research and Technology Hellas，Chemical Process Engineering Research Institute，Particle Technology Laboratory. D6. 1. 1 State of theart study report of low emission diesel engines and after-treatment technologies in rail applications［EB/OL］. http://www. transport-research. inforUpload/Documents201203/2012033018463776105CLD-D-DAP-058-04D1％205. pdf. 2013-09-28.

［3］　DIESELNET. Cellular monolithic substrates［DB/OL］. https://www. dieselnet. com/tech/ cat _ substrate. php. 2014-11-11.

［4］　PSA PEUGEOT CITROEN. QUALITE DE L'AIR-pour un moteur diesel toujours plus respectueux de i'environement［EB/OL］. http://www. psa-peugeot citroen. com/sites/default/files/content_files/presskit_diesel-ii-blue-hdi_fr_0. Pdf. 2013-09-28.

［5］　東京都環境局. 東京都のディーゼル車対策(本編)［EB/OL］. http://www. kankyo. metotokyo. jp/vehicle/attachement/all. 2013-09-28.

［6］　CUMMINS INC. Retrofit solution-diesel oxidation catalyst［DB/OL］. http://vendonet. state. wi. us/vendomet/wais/bulldocs/3012_ 2. PDF. 2010-09-28.

［7］　Assessment Standards Division and Compliance&. Innovative Strategies Division，Office of Transportation and Air Quality，U. S. Environmental Protection Agency. Ananalysis of the cost-effectiveness of reducing particulate matter emissions from heavy-duty diesel engines through retrofits［EB/OL］. http://www. epa. gov/diesel/documents/420s06002. pdf. 2010-09-28

［8］　严嵘. 基于DOC＋SCR技术的重型柴油机排放特性研究［D］. 上海:同济大学，2015:39-51.

［9］　楼狄明,张静,孙瑜泽,等. DOC 催化剂配方对轻型柴油机气态物排放性能的影响［J］.农业工程学报，2018,34(06):74-79.

［10］　PRAKASH SARDESAI. Technology trends for fuel efficiency emission control in transport sector.

PCRA Conference[DB/OL]. http://www. pcra. org/english/transport/prakashsardesai. pdf. 2016-01-04.

[11] 谷雨，周圣凯. 小型非道路柴油机前置 DOC 对 DPF 被动再生影响的研究[J]. 内燃机与配件，2019 (12)：10-12.

[12] RUSSELL A，EPLING W S. Diesel oxidation catalysts[J]. Catalysis Reviews，2011，53(4)： 337-423.

[13] BARRESI A A，BALDI G. Deep catalytic oxidation kinetics of benzene-ethenylbenzene mixtures[J]. Chemical engineering science，1992，47(8)：1943-1953.

[14] MULLA S S，CHEN N，CUMARANATUNGE L，et al. Reaction of NO and O_2 to NO_2 on Pt: Kinetics and catalyst deactivation[J]. Journal of Catalysis，2006，241(2)：389-399.

[15] GB/T 17691—2018，重型柴油车污染物排放限制及测量方法[S].

[16] 李兴虎. 柴油机排气后处理技术[M]. 北京：国防工业出版社，2016：55-81.

[17] 王庐云. 柴油机尾气氧化催化(DOC)贵金属催化剂制备及其性能研究[D]. 浙江：浙江工业大学，2013：9-12.

[18] COMING INCORPORATED. Coming secures new long-term diesel supply agreements[EB/OL]. http://www. coming. com/environmentaltechn releases/2012/2012010301. aspx. 2014-01-01.

[19] DAIMLER A G. 125 years of innovation[EB/OL]. http://media. daimler. com remedia/0-921-1349599-1-1355506-1-0-0-1355625-0-1-12759-614216-0-0-0-0-0-0　　　0.　　　html?　　TS= 1369876589937. 2012-01-01.

[20] WIEDEMANN B，DOERGES U，ENGELER W，et al. Application of particulate traps and fuel additives for reduction of exhaust emissions[J]. SAE Technical Paper，1984，840078.

[21] TAKAMA K，KOBASHI K，OISHI K，et al. Regeneration process of ceramic foam diesel-particulate traps[J]. SAE Technical Paper，1984，841394.

[22] SACHDEV R，WONG V，SHAHED S. Analysis of regeneration data for a cellular ceramic particulate trap[J]. SAE Technical Paper，1984，840076.

[23] FANG C P，KITTELSON D B. The Influence of a fibrous diesel particulate trap on the size distribution of emitted particles[J]. SAE Technical Paper，1984，840362.

[24] HIGUCHI N，MOCHIDA S，KOJIMA M. Optimized regeneration conditions of ceramic honeycomb diesel particulate filters[J]. SAE Technical Paper，1983，830078.

[25] ALEKSANDER J PYZIK，CHENG G L I. New design of a ceramic filter for diesel emission control applications[J]. International Journal of Applied Ceramic Technology，2005，2(6)：440-451.

[26] 金野正幸. 多孔質フマィンセゥミックス」の産業技術の系統[DB/OL]. http://sts. kahuku. go. jp/ diversity /document/ system/pdf/046. pdf. 2013-02-01.

[27] TAOKA N，OHNO K，HONG S，et al. Effect of SiC-DPF with high cell density for pressure loss and regeneration[J]. SAE Technical Paper，2001-01-0191.

[28] IDO T，OGYU K，OHIRA A，et al. Study on the filter structure of SiC-DPF with gas permeability for emission control[J]. SAE Technical Paper，2005-01-0578.

[29] OHNO K，SHIMATO K，TAOKA N，et al. Characterization of SiC-DPF for passenger car[J]. SAE Technical Paper，2000-01-0185.

[30] WALKER A P，ALLANSSON R，BLAKEMAN P G，et al. Optimizing the low temperature performance and regeneration efficiency of the continuously regenerating diesel particulate filter

system[J]. SAE Technical Paper，2002-010428.

[31] PSA PEUGEOT CITROEN. PSA Peugeot Citroen additive particulate filter[EB/OL]. http://www. psa-peugeot-citroen. com/en/inside-our-industrial-environment/innovation-and-rd/psa-peugeot-citroen-additive-particulate-filter-article. 2013-04-01.

[32] COMING INCORPORATED. Coming secures new long-term diesel supply agreements[EB/OL]. http://www. coming. 2012010301. aspx. 2014-02-01.

[33] Manufacturers of Emission Controls Association. Retrofitting emission controls for diesel-powered vehicles[EB/OL]. http://www. dieselretrofit. org. 2013-02-01.

[34] TIMOTHY V. JOHNSON. Diesel emission control in review [J]. SAE Technical Paper，2008-01-0069.

[35] 方奕栋,楼狄明,胡志远,等. DOC+DPF 对生物柴油发动机排气颗粒理化特性的影响[J]. 内燃机学报,2016,34(02):142-146.

[36] 赵航,王务林. 车用柴油机后处理技术[M]. 北京:中国科学技术出版社,2010:144-153.

[37] 李兴虎. 汽车环境保护技术[M]. 北京:北京航空航天大学出版社,2004:320-335.

[38] TIMO DEUSCHLE, UWE JANOSKE, MANFRED PIESCHE. A CFD-model describing filtration, regeneration and deposit rearrangement effects in gas filter systems[J]. Chemical Engineering Joumal, 2008, 135:49-55.

[39] 冯谦. 柴油机催化型 DPF 的催化性能及应用研究[D]. 上海:同济大学,2016:7-25.

[40] VAN S, MAKKEEM, MOULIJN J. Science and techonlogy of catalytic diesel particulate[J]. Catal Rev, 2001, 43(4):489-564.

[41] ATHANASIOS G K, MARGARITIS K. The micromechanics of catalytic Soot oxidation in diesel particulate filters[J]. SAE Technical Paper，2012-01-1288.

[42] BENSAID S, RUSSO N, FINO D. CeO_2 catalysts with fibrous morphology for Soot oxidation：The importance of the Soot-catalyst contact conditions[J]. Catalysis Today, 2013, 216:57-63.

[43] BARRY W L, SOUTHWARD, STEPHAN BASSO. An investigation into the NO_2-decoupling of catalyst to Soot contact and its implications for catalysed DPF performance[J]. SAE Technical Paper, 2008-01-0481.

[44] JUNG J, LEE J H, SONG S, et al. Measurement of Soot oxidation with NO_2—O_2—H_2O in a flow reactor simulating diesel engine DPF[J]. International Journal of Automotive Technology, 2008，9(4):423-428.

[45] 李倩,王仲鹏,孟明,等. 柴油车尾气碳烟颗粒催化消除研究进展[J]. 环境化学,2011,30(1):331-336.

[46] 龙罡. 催化型微粒捕集器 NO_2 高效利用及铈基复合再生机理研究[D]. 长沙:湖南大学,2012:12-15.

[47] ALEKSEY YEZERETS, NEAL W. CURRIER, DO HEUI KIM, et al. Differential kinetic analysis of diesel particulate matter (Soot) oxidation by oxygen using a step-response technique[J]. Applied Catalysis B：Environmental, 2005, 61:120-129.

[48] MESSERER A, NIESSNER R, POSCHL U. Comprehensive kinetic characterization of the oxidation and gasification of model and real diesel Soot by nitrogen oxides and oxygen under engine exhaust conditions：Measurement，Langmuir-Hinshelwood，and Arrhenius parameters[J]. Carbon, 2006，44:307-324.

[49] TIGHE C J, TWIGG M V, HAYHURST A N, et al. The kinetics of oxidation of diesel Soots by

NO₂[J]. Combustion and Flame，2012，159：77-90.

[50] NABILA Z，MADONA L，MEJDI J，et al. Diesel Soot oxidation by nitrogen dioxide，oxygen and water under engine exhaust conditions：Kinetics data related to the reaction mechanism[J]. Comptes Rendus Chimie，2014，17：672-680.

[51] JEGUIRIM M，TSCHAMBER V，EHRBURGER P. Catalytic effect of platinum on the kinetics of carbon oxidation by NO₂ and O₂[J]. Applied Catalysis B：Environmental，2007，76：235-240.

[52] DEBORA F，NUNZIO R，GUIDO S，et al. The role of suprafacial oxygen in some perovskites for the catalytic combustion of Soot[J]. Journal of Catalysis，2003，217：367-375.

[53] ATRIBAK I，BUENO-LOPEZ A，GARCIA-GARCIA A. Thermally stable ceria-zirconia catalysts for Soot oxidation by O₂[J]. Catalysis Communications，2008，9：250-255.

[54] AZAMBRE B，COLLURA S，DARCY P，et al. Effects of a Pt/Ce₀.₆₈Zr₀.₃₂O₂ catalyst and NO₂ on the kinetics of diesel Soot oxidation from thermogravimetric analyses [J]. Fuel Processing Technology，2011，92：363-371.

[55] 付细平. 柴油机尾气后处理系统 SCRF 的数值模拟[D]. 辽宁：大连理工大学，2016：6-10.

[56] 杜翰斌. 柴油机 SCRF 系统性能影响因素的模拟研究[D]. 辽宁：大连理工大学，2019：6-11.

[57] 朱万泥. 国产共轨柴油机应用 EGR＋DOC＋POC 路线达标国四的技术研究[D]. 长沙：湖南大学，2016：25-28.

[58] 陈士润. 基于 4 缸柴油机的非道路国四排放技术研究[D]. 长沙：湖南大学，2016：18-21.

[59] 刘滨. 柴油机利用颗粒氧化催化器达国四的研究[D]. 吉林：吉林大学，2015：15-19.

[60] 曾科，龙学明，刘兵，等. 采用低温等离子体技术降低柴油机有害排放物的研究[J]. 内燃机学报，2003 (1)：1-4.

[61] SUZANNE E，THOMAS，ANTHONY R，et a1. Non thermal plasma aftertreatment of particulates—theoretical limits and impact on reactor design [J]. SAE Technical Paper，2001-01-0185.

[62] MCADAMS R，BEECH P，GILLESPIE R，et a1. Non—thermal plasma. based technologies for the after-treatment of automotive exhaust particulates and marine diesel exhaust NOₓ. [DB/OL]. http://www. eere. energy. gov/vehiclesandfuels/pdfs/deer＿2003/sessionl1/2003＿deer＿mcadams. pdf. 2003-8-28.

[63] 赵卫东. 采用低温等离子体降低柴油机微粒排放的实验及理论研究[D]. 江苏：江苏大学，2010：15-18.

[64] 刘祖文，唐敏康. 静电捕集柴油机排气微粒技术的研究[J]. 南方冶金学院学报，2001，22（1）：58-62.

[65] 贾婷婷，王廷和，张发全. 静电旋风除尘器研究综述[J]. 科技通报，2017，33（11）：1-5，10.

[66] 魏名山. 利用静电旋风技术捕集柴油机排气微粒的研究[D]. 北京：北京理工大学，2000：9-12.

[67] 张文涛，刘光洲，范昊，等. 船舶柴油机废气清洗技术探讨[C]. 中国环境科学学会，2016：3147-3152.

[68] 于京诺，梁桂航，宋进桂，等. 柴油机三级串联微粒收集消声装置的研制[J]. 车用发动机，2008（1）：77-80.

第 5 章　DOC 氧化特性及其对柴油机排放特性的影响

第 4 章介绍了 DOC 的结构设计和催化剂设计。本章通过 DOC 小样分析和柴油机台架试验,研究 DOC 的氧化特性、DOC 对柴油机排放特性的影响以及 DOC 催化剂贵金属负载量/配比、载体长径比、孔密度、材料对 CO 转化率、HC 转化率、NO_2 生成率和颗粒物减排率的影响。

5.1　DOC 氧化特性

DOC 的催化活性与温度有着密切的关系,只有当达到一定温度时,DOC 载体表面的催化剂才会与尾气中的气态污染物发生氧化反应。气态污染物转化率随着温度而变化的曲线称为温升曲线,起燃特性是评价 DOC 催化性能的重要指标。T_{90} 指的是转化率达到 90% 的温度,一般被称为完全转化温度,与 T_{50} 一样都是评价催化剂催化性能的特征温度。

5.1.1　DOC 催化剂贵金属负载量对催化性能的影响

1) CO 转化率

DOC 主要通过催化剂活性位点实现对柴油机尾气中 CO 的催化氧化。另一方面,DOC 载体表面的活性位点随催化剂贵金属负载量的增大而增加[1],带来催化活性的增强。另一方面,CO 在催化剂表面活性位点主要呈分子态线性吸附,极易被活性位点吸附而发生氧化反应放热,尤其在低温范围内,随贵金属负载量的增加,DOC 对 CO 的催化活性增强,反应速率加快,放出的反应热量会进一步促进 CO 在催化剂上的吸附氧化,从而导致 CO 转化率快速升高。图 5-1 为不同贵金属负载量 DOC 对 CO 转化率的温升曲线,从图中可以看出,

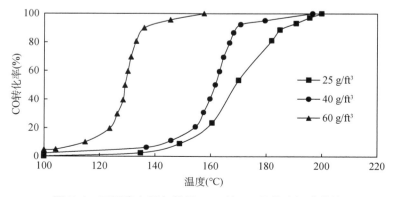

图 5-1　不同贵金属负载量 DOC 的 CO 转化率温升曲线

随温度的升高,DOC 对 CO 的转化率呈上升的趋势,但上升趋势随催化剂负载量的不同有所差异,25 g/ft³ 负载量 DOC 温升曲线最为平缓,60 g/ft³ 负载量 DOC 温升曲线最为陡峭。25 g/ft³、40 g/ft³ 和 60 g/ft³ 负载量 DOC 的起燃温度 T_{50} 分别为 168℃、161℃ 和 128℃,完全转化温度 T_{90} 分别为 185℃、169℃ 和 136℃,表明 DOC 的起燃特性和 CO 转化特性均随贵金属负载量的增大有所提升,并且当 DOC 贵金属负载量为 60 g/ft³ 时,以上两种性能的提升幅度最为显著。

2) HC 转化率

柴油机排气中碳氢化合物成分复杂,包含烷烃、烯烃、醛、酮类等。本节以 C_3H_6 的转化率作为 DOC 催化性能的评价指标。图 5-2 为不同贵金属负载量的 DOC 对 C_3H_6 转化率的温升曲线。从图中可以看出,随着温度的升高,DOC 对 C_3H_6 的转化率均呈上升趋势,但上升趋势由于贵金属负载量的不同有所差异。25 g/ft³ 负载量 DOC 温升曲线比较平缓;40 g/ft³ 负载量 DOC 温升曲线最为陡峭;60 g/ft³ 负载量 DOC 显示出非常好的低温活性。25 g/ft³、40 g/ft³ 和 60 g/ft³ 负载量 DOC 的起燃温度 T_{50} 分别为 187℃、174℃ 和 164℃,完全转化温度 T_{90} 分别为 193℃、178℃ 和 172℃,表明随贵金属负载量的增大,DOC 对 C_3H_6 的起燃特性及转化特性均有所增强,并且当 DOC 贵金属负载量为 60 g/ft³ 时增幅最为显著。与 DOC 对 CO 的催化特性相比,DOC 对 C_3H_6 的特征温度要高于 CO 的特征温度,一方面是由于 C_3H_6 中的 C—H 键断裂所需的活化能比较高;另一方面是因为 CO 在催化剂表面的竞争吸附能力更强,抑制了 C_3H_6 在催化剂表面的吸附和氧化。

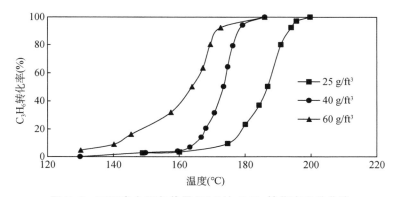

图 5-2　不同贵金属负载量 DOC 的 C_3H_6 转化率温升曲线

3) NO_2 生成率

DOC 对 NO 的转化可以分为两个阶段:在低温阶段,NO 与 O_2 的自氧化反应占主导地位;随着温度的不断升高,催化氧化反应逐渐占据主导地位[2]。DOC 载体表面的活性位点随催化剂贵金属负载量的增大而增加,带来催化活性的增强。在中低温范围内,随着贵金属负载量的增加,DOC 对 CO 的催化活性增强,由于 NO 与 O_2 的自氧化反应是放热反应,会进一步增强 NO 的催化氧化反应,在两类反应的共同作用下,NO_2 的生成率达到峰值。随着反应的继续进行,当 NO_2 生成量达到一定程度后,NO_2 会以亚硝酸或硝酸盐的形式覆盖在贵金属表面,具有很强的黏附性,对 NO 在贵金属活性位上的吸附和活化形成自抑制作用,NO_2 生成率逐渐降低。图 5-3 为不同贵金属负载量的 DOC 对 NO_2 生成率的温升曲线。从图中可以看出，由于上述原因，DOC 对 NO₂ 生成率的温升曲线在 250～310℃ 达到峰值，之后 NO₂ 的生成率均开始缓慢下降。25 g/ft³ 负载量 DOC 温升曲线最为平缓；60 g/ft³ 负载量 DOC 温升曲线变化最快。25 g/ft³、40 g/ft³ 和 60 g/ft³ 负载量 DOC 的起燃温度 T_{50} 分别为 278℃、235℃ 和 180℃，NO₂ 生成率温升曲线峰值温度分别为 306℃、287℃、254℃，NO₂ 生成率峰值分别为 61%、66% 和 77%。这表明 DOC 对 NO₂ 生成率随贵金属负载量的增加而增大，并且当 DOC 贵金属负载量为 60 g/ft³ 时，在不同的温度范围内，均有最高的 NO₂ 生成率。

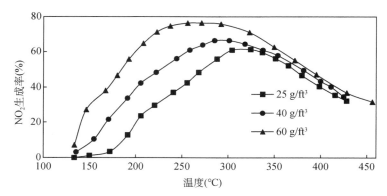

图 5-3　不同贵金属负载量 DOC 的 NO₂ 生成率温升曲线

5.1.2　DOC 催化剂贵金属配比对催化性能的影响

1）CO 转化率

在低温范围内，由于 CO 在催化剂表面活性组分 Pt 上是分子态线性吸附，很容易在 Pt 表面吸附发生氧化反应而放热，随着贵金属 Pt 的比例增加，活性组分增加，其反应速率加快，放出的反应热量进一步促进 CO 在催化剂上的吸附和氧化。随着温度的进一步升高，Pd 与 γ-Al₂O₃ 载体的强相互作用开始起决定性作用[3]，催化活性也随着 Pd 比例的增大不断增强。图 5-4 为不同 Pt/Pd 比的 DOC 对 CO 转化率的温升曲线。从图中可以看出，随温度的升高，DOC 对 CO 的转化率均呈上升趋势，但是由于贵金属配比的不同，CO 转化率的温升

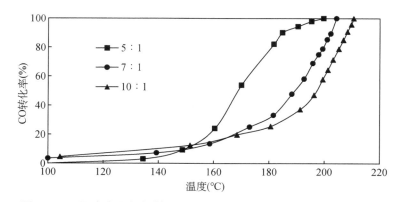

图 5-4　不同贵金属催化剂 Pt/Pd 比的 DOC 对 CO 转化率的温升曲线

曲线有所差异。Pt/Pd 比为 5∶1 的 DOC 在低温范围转化速率最慢,但在中高温范围转化速率急速提升;Pt/Pd 比为 10∶1 的 DOC 具有相对较好的低温起燃特性,但是在中高温范围转化速率提升缓慢。Pt/Pd 比为 5∶1、7∶1 和 10∶1 的 DOC 的起燃温度 T_{50} 分别为 168℃、189℃和 197℃,完全转化温度 T_{90} 分别为 185℃、202℃和 208℃。这表明温度低于 150℃时,DOC 对 CO 的转化特性随贵金属 Pt/Pd 比的增大而增强;温度高于 150℃时,DOC 起燃特性和 CO 转化特性随贵金属 Pt/Pd 比的增大而减弱。

2) HC 转化率

低温阶段,DOC 主要通过贵金属 Pt 来吸附和氧化 C_3H_6;高温阶段,DOC 主要通过 Pd 与 $\gamma\text{-}Al_2O_3$ 载体的强相互作用来催化氧化 C_3H_6,此时,Pt 的强氧化能力被激发,使 C_3H_6 的催化氧化反应速率急速增加。图 5-5 所示为贵金属催化剂 Pt/Pd 比分别为 5∶1、7∶1 和 10∶1 的 DOC 对 C_3H_6 转化率的温升曲线。从图中可以看出,随着温度的升高,DOC 对 C_3H_6 的转化率均呈上升趋势,但是由于贵金属配比的不同,温升曲线有所差异。Pt/Pd 比为 5∶1 的 DOC 在低温范围转化速率较慢,但在中高温范围转化速率急速提升;Pt/Pd 比为 10∶1 的 DOC 低温起燃特性最差,但当温度到达 200℃后,C_3H_6 转化速率急速上升。Pt/Pd 比为 5∶1、7∶1 和 10∶1 的 DOC 的起燃温度 T_{50} 分别为 187℃、204℃和 207℃,完全转化温度 T_{90} 分别为 193℃、208℃和 209℃。这表明在温度低于 150℃时,DOC 对 C_3H_6 的转化率较低;温度高于 150℃时,DOC 的起燃特性和 C_3H_6 转化特性均随贵金属 Pt/Pd 比的增大而减弱。

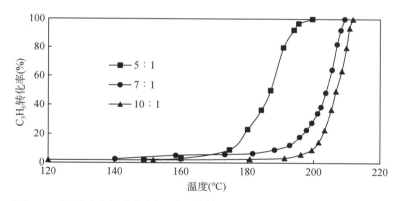

图 5-5　不同贵金属催化剂 Pt/Pd 比的 DOC 对 C_3H_6 转化率的温升曲线

3) NO_2 生成率

DOC 载体表面的活性位点随催化剂贵金属 Pt 的比例的增大而增加,DOC 催化活性也因此有所增强,Pt 的比例增加到一定程度后,DOC 载体表面的 Pt 活性组分位点数达到峰值,活性不会有明显增强。图 5-6 所示为贵金属催化剂 Pt/Pd 比分别为 5∶1、7∶1 和 10∶1 的 DOC 对 NO_2 生成率的温升曲线。从图中可以看出,随着温度的升高,DOC 对 NO_2 的生成率均呈上升趋势,在 250～310℃的温度区间内达到峰值,之后 NO_2 生成率均开始缓慢下降。当温度达到 270℃左右后,Pt/Pd 比为 7∶1 和 10∶1 的 DOC 的 NO_2 生成率基本持平。但是到 320℃之后,随着反应的继续进行,NO_2 生成率逐渐下降,这是由于当 NO_2 生成量达到一定程度后,NO_2 会以亚硝酸或硝酸盐的形式覆盖在贵金属 Pt 表面,具有很强的黏附性,对 NO 在贵金属活性位上的吸附和活化形成自抑制作用。Pt/Pd 比为 5∶1、7∶1 和 10∶1 的 DOC 的起燃温度 T_{50} 分别为 278℃、204℃ 和 187℃，NO_2 生成率温升曲线峰值温度分别为 306℃、287℃、275℃，温升曲线峰值分别为 61%、71%、73%。Pt/Pd 配比为 10∶1 的 DOC 在不同的温度范围内，均有最高的 NO_2 生成率。

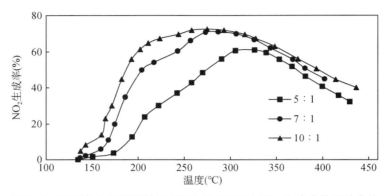

图 5-6　不同贵金属催化剂 Pt/Pd 比的 DOC 对 NO_2 生成率的温升曲线

5.1.3　DOC 载体孔密度对催化性能的影响

1）CO 转化率

DOC 载体孔密度的增加，使载体表面催化剂与 CO 的有效接触面积增加，即活性比表面积增加[1]。在催化剂贵金属成分相同的情况下，催化剂的活性比表面积越大则转化反应速率越快。图 5-7 所示为采用 300 cpsi 和 400 cpsi 载体孔密度的 DOC 对 CO 转化率的温升曲线。从图中可以看出，随着温度的升高，DOC 对 CO 的转化率均呈上升趋势，且随着载体孔密度的增大，温升曲线呈现基本相同的趋势。300 cpsi 和 400 cpsi 孔密度 DOC 的起燃温度 T_{50} 分别为 168℃ 和 163℃，完全转化温度 T_{90} 均为 185℃。由于催化剂配方没有改变，所以 CO 温升曲线趋势基本一致，当温度达到贵金属催化剂高活性反应条件（185℃）后，两者的 CO 转化率基本相同。因此，DOC 的起燃特性和 CO 转化率均随载体孔密度的增加有所提升。

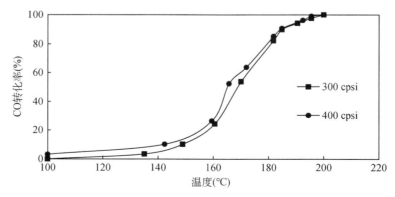

图 5-7　不同载体孔密度的 DOC 对 CO 转化率的温升曲线

2）HC 转化率

图 5-8 所示为采用 300 cpsi 和 400 cpsi 载体孔密度的 DOC 对 C_3H_6 转化率的温升曲线。从图中可以看出,随着温度的升高,DOC 对 C_3H_6 的转化率均呈上升趋势,且随着载体孔密度的增大,温升曲线呈现基本相同的趋势。当温度低于 180℃时,300 cpsi 和 400 cpsi 孔密度 DOC 反应速率基本一致,当温度达到贵金属催化剂的高活性反应温度（180℃）后,两者的 C_3H_6 转化速率明显加快,400 cpsi 孔密度 DOC 反应速率更快。这是因为在催化剂贵金属成分相同的情况下,随着载体孔密度的增加,载体表面催化剂与 C_3H_6 的有效接触面积增加,即催化剂的比表面积增大,Pt 和 Pd 的活性位点数增加,反应速率更快。300 cpsi 和 400 cpsi 孔密度 DOC 的起燃温度 T_{50} 分别为 187℃和 184℃,完全转化温度 T_{90} 分别为 193℃和 191℃。这说明 C_3H_6 转化率随载体孔密度的增加而提高。

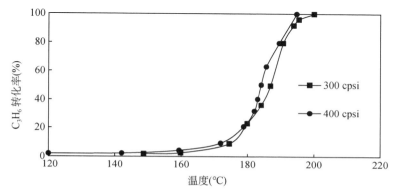

图 5-8　不同载体孔密度的 DOC 对 C_3H_6 转化率的温升曲线

3）NO_2 生成率

图 5-9 所示为 300 cpsi 和 400 cpsi 载体孔密度的 DOC 对 NO_2 生成率的温升曲线。从图中可以看出,随着温度的升高,DOC 对 NO_2 的生成率均呈上升趋势,在 290℃～310℃的温度区间内达到峰值,之后均开始缓慢下降。相关原因上文已经给出,此处不再赘述。300 cpsi 和 400 cpsi 孔密度 DOC 的起燃温度 T_{50} 分别为 278℃和 272℃,温升曲线峰值温度分别为 306℃、315℃,温升曲线峰值分别为 61％、63％。400 cpsi 孔密度 DOC 在不同的温度范围内,均有最高

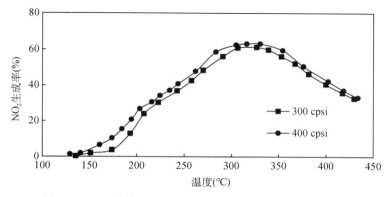

图 5-9　不同载体孔密度的 DOC 对 NO_2 生成率的温升曲线

的 NO_2 生成率。这主要是因为随着 DOC 载体孔密度的增加,载体表面催化剂与 NO 的有效接触面积增加,反应速率越快。因此,NO_2 生成率随载体孔密度的增加而提高。

5.2 DOC 对柴油机排放特性的影响

DOC 是目前针对柴油机 CO、THC 排放最有效的减排技术,已成为现代柴油机的标准配置,并且 DOC 可通过自身对 NO 的催化氧化作用,提高排气中的 NO_2 占比,不仅有利于 DPF 的被动再生,而且对 SCR 的快速反应也大有益处。除此之外,DOC 还可以通过氧化 SOF 实现对颗粒物的减排。

5.2.1 DOC 对柴油机气态物排放的影响

1) CO 和 THC 排放

图 5-10 所示为柴油机安装 DOC 前后、不同负荷下 CO、THC 气态物的排放特性。由图 5-10(a)可见,随着负荷增加,原机 CO 排放呈先降低后升高的趋势。不同柴油机负荷下,DOC 对 CO 具有较好的催化氧化作用;随着负荷增加,DOC 对 CO 的氧化效率由 17.5% 增至 91%。这是因为低负荷时柴油机排气温度相对较低,尚不能达到 DOC 对 CO 的起燃温度(氧化效率为 50% 的温度),因此低负荷下 CO 的氧化效率较低。由图 5-10(b)可见,随着负荷增加,原机 THC 排放呈先降低后略微升高的趋势。因为柴油机排气中的 CO 和 THC 在催化剂活性位存在竞争吸附关系,THC 比 CO 在金属上具有更强的吸附性[4],在 CO 存在的反应中,需要去除吸附的 CO 为碳氢化合物(HC)和氧气(O_2)空出活性位,因此在温度较低时,DOC 对 THC 的催化氧化效率较低,但是高于 DOC 对 CO 的催化氧化效率。随着柴油机负荷增加,DOC 对 THC 的氧化效率增至 85% 就不再变化,主要原因是 Pt 对饱和碳氢化合物具有较高的氧化活性,而 Pd 对未饱和碳氢化合物氧化活性更强[5]。一方面,在 DOC 的贵金属中只有 Pt、Pd,因此部分未饱和碳氢化合物在 DOC 中没有发生催化氧化;另一方面,THC 的氧化过程是放热反应,当温度过高时,这类反应的进行受热力约束作用。

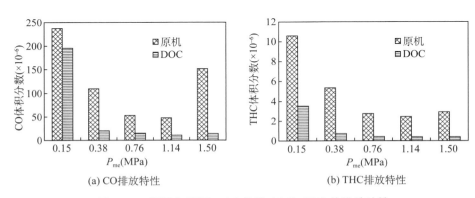

图 5-10 不同负荷下,DOC 前后 CO 和 THC 的排放特性

2) NO 和 NO_2 排放

柴油机 NO_x 排放主要以 NO 和 NO_2 为主,其中 NO 占 NO_x 排放的 90% 以上[6]。

图 5-11 为柴油机安装 DOC 前后、不同负荷下 NO 和 NO₂ 的排放特性。随着负荷增加,柴油机的 NO、NO₂ 排放均呈递增趋势。在不同负荷下,安装 DOC 后柴油机 NO 排放降低,随着负荷增加呈递增趋势;NO₂ 排放增加,随着负荷增加呈升高趋势,至高负荷时有所降低。由图 5-11(a)可见,不同负荷下,DOC 降低柴油机 NO 排放的平均值为 5.7%。柴油机不同负荷下的空燃比及催化剂对排气污染物的影响起着关键作用。在柴油机低负荷、空燃比较高的稀燃工况,NO 在催化剂活性位进行吸附,吸附的 NO 很难分解为 N₂ 和 O₂,原因是在柴油机排气中氧浓度较高,贵金属活性位有较多吸附态氧,抑制了 NO 的还原反应。部分 NO 首先被贵金属催化氧化成 NO₂,其中一部分 NO₂ 以硝酸盐或亚硝酸盐的形式储存起来,另一部分 NO₂ 则被释放到气相中[7]。由此可知,NO 的氧化作用是 NO 浓度降低的原因之一。

由图 5-11(b)可见,不同负荷下,柴油机的 NO₂ 排放占 NO$_x$ 排放比例不足 3%。在柴油机低负荷工况下,DOC 基本不会增加 NO₂ 排放。柴油机排放中的 CO、THC、NO 等气态物在催化剂的活性位上存在竞争吸附关系[8],从反应动力学分析,NO 具有极低的氧化动力[9]。当排气温度较低时,催化剂中的氧活性位较少,不足以氧化排气中的 CO 和 THC,因此阻碍了 NO 的氧化[10]。随着柴油机负荷增加,安装 DOC 的柴油机 NO₂ 排放增加了约 1.0~1.9 倍。这是因为柴油机负荷增加后,排气温度随之升高,CO 和 THC 被氧化脱附活性位,空出的活性位为 NO 氧化反应创造了条件。在高负荷、富燃工况下,储存的一部分硝酸盐和亚硝酸盐分解为 NO₂ 释放到气相中,是 NO₂ 浓度增加的原因之一。

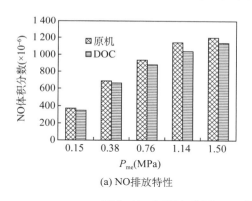

(a) NO 排放特性

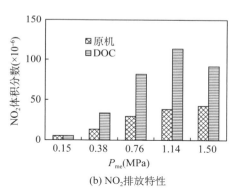

(b) NO₂ 排放特性

图 5-11　不同负荷下 DOC 前后 NO 和 NO₂ 的排放特性

综合分析 NO 和 NO₂ 排放结果可知,DOC 能降低 NO 排放,但会增加 NO₂ 排放。图 5-12 所示为柴油机安装 DOC 前后、不同负荷下 NO$_x$ 排放特性。在低、高负荷(P_{me} 为 0.15 MPa、1.50 MPa),DOC 可分别降低 NO$_x$ 浓度为 18×10^{-6}、14×10^{-6},在中等负荷(P_{me} 为 0.38 MPa、0.76 MPa),DOC 对 NO$_x$ 浓度基本无影响,但会影响 NO/NO₂ 比例。

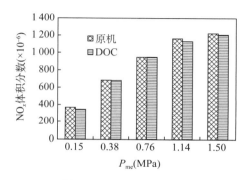

图 5-12　NO$_x$ 排放特性

5.2.2 DOC 对柴油机颗粒物排放的影响

1) DOC 对 PM 浓度的影响

图 5-13 为在外特性和 1 400 r/min 负荷特性下,DOC 前后测点 PM 浓度比较。由图 5-13(a)可以看出,外特性下 DOC 前后测点 PM 浓度随着转速的增加均略有上升。与 DOC 前测点相比,DOC 后测点 PM 浓度有所下降,并且降幅随转速升高而波动减小,从 800 r/min 的 86.7% 下降到 2 200 r/min 的 0.1%,但平均降幅仍较大,为 59.19%。这是因为随着转速的升高,排气气流速度增大,颗粒物在 DOC 中的反应时间不足。由图 5-13(b)可以看出,1 400 r/min 负荷特性下,随着负荷的增大,DOC 前后测点 PM 浓度变化不大。采用 DOC 后处理技术能降低柴油机 PM 浓度,除了 100% 负荷点外均能保持较高的降幅,平均降幅为 86.1%。这可能是由两个原因导致的:一是全负荷排气流速高,颗粒物反应时间短;二是随着负荷的增大,聚集态颗粒比例增加,而 DOC 对聚集态颗粒的减排效果较核态颗粒差[11]。综合该机外特性和负荷特性可以发现,DOC 后处理技术能较为有效地减少柴油机 PM,使 PM 浓度降低 1~2 个数量级。

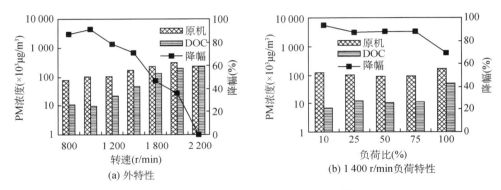

(a) 外特性   (b) 1 400 r/min 负荷特性

图 5-13 DOC 前后测点 PM 浓度比较

2) DOC 对颗粒粒径与 PN 浓度的影响

(1) 外特性下 PN 浓度与粒径分布

图 5-14 所示为柴油机外特性工况下 DOC 前后测点的颗粒物 PN 浓度与粒径分布比较。由图 5-14 可知,外特性工况下 DOC 前后测点排气颗粒均呈单峰对数分布形态,峰值对应的粒径为 50.0~60.0 nm,数量级为 10^6~10^8。各转速下,DOC 对粒径为 9.0~12.0 nm 的颗粒均保持较高的转化率,使转化率曲线出现峰值;在粒径为 15 nm 左右存在一个明显的转化率谷值,这可能是因为 SO_2 在 DOC 载体表面被氧化,生成了小粒径的硫酸盐[12];DOC 对核态颗粒的转化率较高,对聚集态颗粒的转化率相对较低。相对于前测点,DOC 后测点大部分粒径下的颗粒物 PN 浓度有所下降,但是随着转速的增大,不同粒径的颗粒物转化率呈现下降趋势。高转速时,DOC 反而会使某些粒径的颗粒物 PN 浓度增加,但总体来说 DOC 能一定程度减少颗粒物 PN 浓度,低转速时效果较好。

图 5-15 为柴油机外特性工况下 DOC 前后测点的总颗粒、核态颗粒、聚集态颗粒物 PN 浓度比较。由图 5-15 可知,在低转速时,排气颗粒主要是核态颗粒,高转速时排气颗粒主要是聚

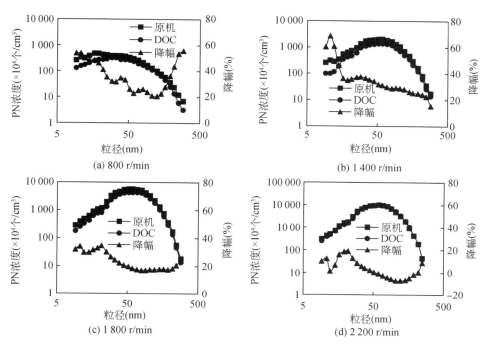

图 5-14　柴油机外特性工况下 DOC 前后测点的颗粒物 PN 浓度与粒径分布

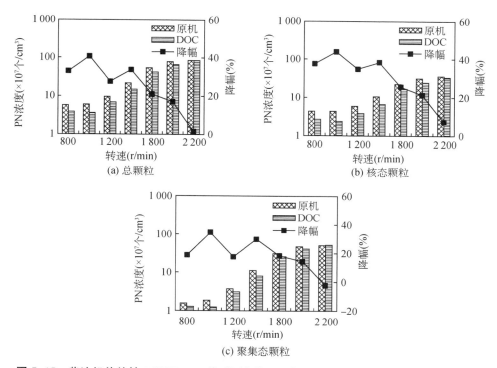

图 5-15　柴油机外特性工况下 DOC 前后测点的总颗粒、核态颗粒、聚集态颗粒物 PN 浓度

集态颗粒。DOC 前后测点的排气总颗粒、核态颗粒、聚集态颗粒物 PN 浓度均随着转速的增大而波动上升，PN 浓度数量级均在 $10^7 \sim 10^9$ 之间。相对于前测点，DOC 后测点的三类颗粒物 PN 浓度均有一定程度减小，其转化率均随着转速波动下降，平均转化率分别为 21.5%，26.2% 和 15.4%。由此可见，DOC 对核态颗粒物的减排效果优于聚集态颗粒物。核态颗粒因为粒径小，更容易吸附在 DOC 载体表面，反应也较为充分。转速高时，排气气流大，颗粒物在 DOC 中的反应时间短，DOC 的减排潜力未能充分发挥，所以其转化率随着转速的增加而波动下降。

（2）负荷特性下颗粒物 PN 浓度粒径分布

图 5-16 为柴油机最大转矩转速 1 400 r/min 负荷特性下 DOC 前后测点的颗粒物 PN 浓度粒径分布。由图 5-16 可见，负荷特性下 DOC 前后测点颗粒物 PN 浓度呈单峰对数正态分布，峰值粒径为 50.0 nm 左右，峰值数量级为 $10^6 \sim 10^8$。各负荷点下，DOC 对粒径为 9.0～12.0 nm 的颗粒转化率最高，达 50% 以上；对粒径为 15.0 nm 左右的颗粒存在一个明显的转化率谷值，这可能是因为 SO_2 在 DOC 载体表面被氧化，生成了小粒径的硫酸盐；对于粒径为 20.0～300.0 nm 的颗粒的转化率较为稳定，保持在 20%～40%；对于粒径较大的聚集态颗粒转化率相对较低。这是因为大粒径颗粒主要由碳颗粒物和有关吸附物组成[13]，而属于氧化型催化器的 DOC 则对主要成分为可溶性有机成分的小粒径颗粒物氧化效果较好，对以碳粒为主的大颗粒氧化效果较差。

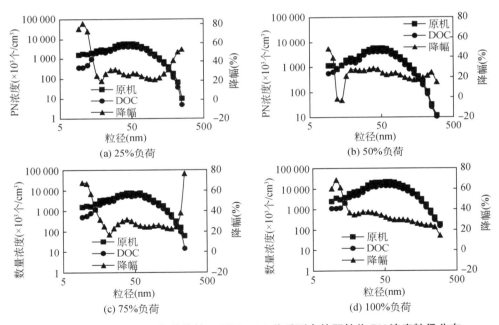

图 5-16　1 400 r/min 负荷特性工况下 DOC 前后测点的颗粒物 PN 浓度粒径分布

图 5-17 为 1 400 r/min 负荷特性工况下 DOC 前后测点的总颗粒、核态颗粒、聚集态颗粒 PN 浓度。由图 5-17 可知，DOC 前后测点的总颗粒、核态颗粒物 PN 浓度均随着负荷的升高先下降后升高，而聚集态颗粒物 PN 浓度则随着负荷的升高而升高。在低负荷时颗粒物以核态颗粒为主，随着负荷的增大，核态颗粒占总颗粒的比例逐渐下降至全负荷时的 50% 左右。这是因为低负荷时，排气温度低，未燃燃料和润滑油不易被氧化，这些物质一旦被稀

释、冷却,容易形成小粒径颗粒物;高负荷时循环喷油量大,空燃比小,柴油燃烧不完善,导致更多的颗粒生成,尤其是促进了聚集态颗粒的生成。DOC 对总颗粒、核态颗粒、聚集态颗粒的转化率均随着负荷的增大先下降再上升,平均转化率依次为 34.6%,38.8% 和 27.3%。这是因为颗粒物氧化反应速率主要与反应物浓度以及反应温度有关。低负荷时颗粒物浓度较高,而高负荷时排气温度较高,催化剂活性增强,这两种因素均会加快反应速率,所以转化率较高。

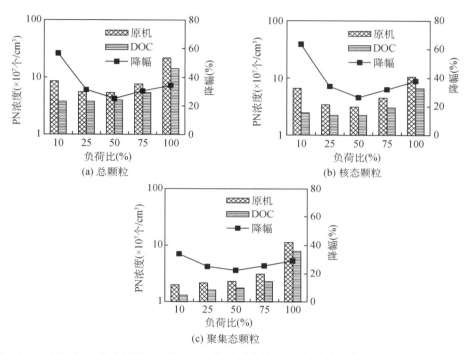

图 5-17　1 400 r/min 负荷特性工况下 DOC 前后测点的总颗粒、核态颗粒、聚集态颗粒物 PN 浓度

5.3　催化剂对 DOC 减排性能的影响

本节基于某型柴油机,开展了不同贵金属负载量(25 g/ft³、40 g/ft³ 和 55 g/ft³)以及不同贵金属 Pt/Pd 比(5∶1、7∶1、1∶0)的 DOC 对柴油机气态物(CO、HC、NO、NO₂)排放和颗粒物(PN、PM、粒径分布)排放的影响[14]。

5.3.1　催化剂贵金属负载量的影响

1) 气态物排放

DOC 载体表面的活性位点随贵金属负载量的增大而增加,氧化活性增强。图 5-18(a)为不同贵金属负载量 DOC 对 CO 的减排特性,从图中可以看出,空负荷时,DOC 负载量对 CO 的转化效率影响显著,贵金属负载量越高,其低温 CO 转化能力越强。10% 负荷时,由于排气温度提升至 CO 起燃温度以上,CO 被大量氧化,不同贵金属负载量 DOC 对 CO 的减排率均在 90% 以上。图 5-18(b)为不同贵金属负载量 DOC 对 HC 的减排特性,从图中可以看出,10%负荷时,贵金属负载量越高,HC 转化能力越强,但 25 g/ft³ 和 40 g/ft³ 贵金属负载量 DOC 的 HC 转化效率反而低于空负荷时 HC 的转化效率,原因是 HC 的起燃温度相对高于 CO,且 CO 和 HC 在催化剂活性位存在竞争吸附关系,贵金属对 CO 具有更强的吸附性,导致 HC 在 10%负荷时的转化率下降。贵金属负载量为 55 g/ft³ 时,HC 转化效率随负荷增大而提高,主要是因为 DOC 的贵金属负载量较大,可提供足够多的活性位。可见 DOC 对 CO 和 HC 的氧化特性随贵金属负载量的增大而增强。

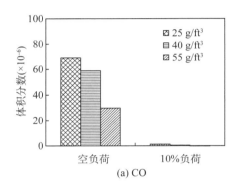
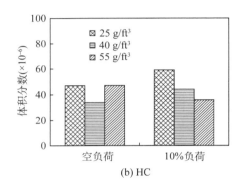

(a) CO   (b) HC

图 5-18   不同贵金属负载量 DOC 对 1 400 r/min 工况下 CO 和 HC 的减排特性

图 5-19 为不同贵金属负载量 DOC 后 NO_2 占比。由图 5-19(a)可以看出,1 400 r/min 时,随负荷的增大,NO_2 占比呈先增大后减小的趋势,50%负荷时达到最大,随负荷的进一步增大,NO_2 占比反而呈逐渐减小的趋势,其主要原因是 50%负荷时的 DOC 入口温度接近 NO 氧化生成 NO_2 的平衡温度,随排气温度的进一步提高,NO_2 对 NO 在贵金属活性位上的吸附和活化形成自抑制作用。图 5-19(b)所示为 75%负荷时不同转速条件下 DOC 后 NO_2 占比,可以看出,随转速的增加,NO_2 占比呈先减小后增加的趋势。800 r/min 时的 NO_2 占比最大,1 400 r/min 时的 NO_2 占比最小。其主要原因是 800 r/min 时,DOC 入口温度接近 NO 完全氧化温度;800 r/min~1 400 r/min 时,DOC 入口温度进一步增加,NO 在贵金属活性位上形成自抑制作用,导致 NO_2 占比减小;转速高于 1 400 r/min 时,随气体流速加快,温度降低,NO 自抑制作用减弱,NO_2 占比又有所增加。在整个负荷区间和转速

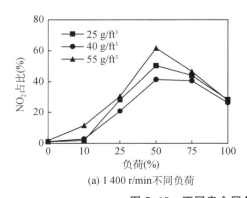
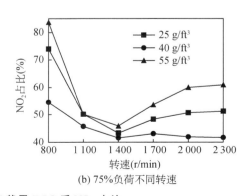

(a) 1 400 r/min不同负荷   (b) 75%负荷不同转速

图 5-19   不同贵金属负载量 DOC 后 NO_2 占比

区间内,随贵金属负载量的增加,NO$_2$ 占比呈先减小后增加的趋势,这与 CO、THC、NO 等气态物在催化剂的活性位上存在竞争吸附关系有关[8]。DOC 贵金属负载量为 55 g/ft^3 时,NO$_2$ 占比最高,此时催化剂中的活性位较多,为 NO 氧化反应创造了条件。

2) 颗粒物排放

DOC 中的贵金属 Pt、Pd 能够催化氧化颗粒物中 SOF,从而实现对颗粒物的减排,图 5-20 为不同工况下不同贵金属负载量 DOC 的固体颗粒减排特性。由图 5-20(a) 可以看出,不同贵金属负载量 DOC 对颗粒物的减排率随负荷的增大呈逐渐增大的趋势,主要原因是随负荷的增大,DOC 入口温度升高,颗粒物氧化速率加快。由图 5-20(b) 可以看出,75% 负荷条件下不同贵金属负载量 DOC 对颗粒物的减排率随转速的增大呈逐渐减小的趋势,主要原因是随着转速增大,排气流速加快,DOC 对颗粒的氧化时间变短,加之颗粒的吸附和沉降作用减弱。整体来看,贵金属负载量为 55 g/ft^3 的 DOC 对颗粒物的减排作用最为显著。

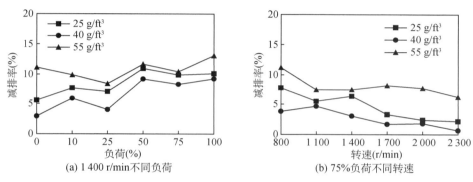

图 5-20　不同贵金属负载量 DOC 的固体颗粒减排特性

图 5-21 为 1 400 r/min 50% 负荷时 DOC 贵金属负载量对 PN 粒径分布的影响。由图可以看出,贵金属负载量为 25 g/ft^3 和 55 g/ft^3 的 DOC 后 PN 粒径呈单峰分布,且 55 g/ft^3 的中间粒径 PN 明显低于 25 g/ft^3,贵金属负载量为 40 g/ft^3 的 DOC 后 PN 粒径呈双峰分布且明显多于另外两个负载量。

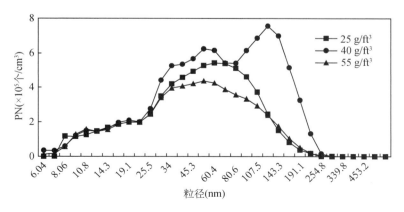

图 5-21　1 400 r/min 50% 负荷时 DOC 贵金属负载量对 PN 粒径分布的影响

5.3.2 催化剂贵金属配比的影响

1）气态物排放

在低温范围内，DOC 载体表面的活性位点随催化剂贵金属 Pt 的比例的增大而增加，催化活性更强。由于 CO 在催化剂表面活性组分 Pt 上是分子态线性吸附，较 HC 更容易在 Pt 表面吸附发生氧化反应。随着温度的进一步升高，Pd 与 $\gamma\text{-Al}_2\text{O}_3$ 载体的强相互作用开始起决定性作用[3]，DOC 催化剂中 Pd 的含量越高，脱附峰面积越大，催化活性更强。图 5-22 所示为不同 Pt/Pd 配比 DOC 对 CO 和 HC 的减排特性。由图 5-22（a）可以看出，空负荷时，纯 Pt 催化剂 DOC 的 CO 减排特性最好。10％负荷时，由于排气温度提升，CO 达到起燃温度，不同 Pt/Pd 配比 DOC 后的 CO 浓度均下降 90％以上。由图 5-22（b）可以看出，空负荷时，贵金属 Pt/Pd 配比为 7∶1 的 DOC 后 HC 浓度最小，纯 Pt 催化剂 DOC 并没有表现出最好的 HC 减排特性，这与 CO 与 HC 的竞争吸附有关。10％负荷时，HC 浓度较空负荷时有所增加，一方面，HC 的起燃温度较 CO 高；另一方面，CO 的吸附性较 CH 更强。可见该工况下提高 Pt/Pd 配比中的 Pt 的比例可以提高 DOC 对 HC 的减排效果。

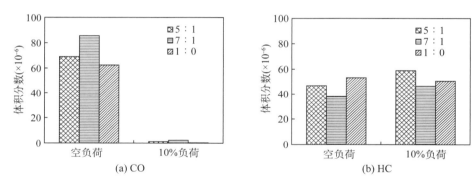

图 5-22 不同 Pt/Pd 配比 DOC 对 1 400 r/min 时 CO 和 HC 的减排特性

图 5-23 所示为不同 Pt/Pd 配比 DOC 后的 NO_2 占比。由图 5-23（a）可以看出，1 400 r/min 时，随负荷的增大，NO_2 占比呈先增大后减小的趋势，50％负荷时达到最大，随负荷的进一步增大，NO_2 占比反而呈逐渐减小的趋势。其主要原因是 50％负荷时的 DOC 入口温度接近 NO 完全转化温度，随排气温度的进一步提高，NO_2 对 NO 在贵金属活性位上的吸附和活化形成自抑制作用，NO_2 占比反而减小。图 5-23（b）所示为 75％负荷时不同转速条件下 DOC 后 NO_2 占比，可以看出，800 r/min 时的 NO_2 占比最大，主要是因为此工况下的 DOC 入口温度为 350℃左右，恰好是 NO_2 生成反应的平衡温度[15]，随着转速的进一步增大，排气流速增加，温度降低，NO 自抑制作用减弱，NO_2 占比又有所增加。Pt/Pd 配比为 1∶0 时，DOC 对 NO 的氧化能力最强；Pt/Pd 配比为 7∶1 时，DOC 对 NO 的转化能力最弱。可见纯 Pt 催化剂 DOC 具有较强的 NO 氧化能力，但在排气温度最高的几个工况点，纯 Pt DOC 对 NO 的氧化能力低于 Pt/Pd 配比为 5∶1 的 DOC，与 Pt/Pd 配比为 7∶1 的 DOC 差距也明显减小，可能是 Pd 的加入增强了 NO 氧化的热稳定性[16]。

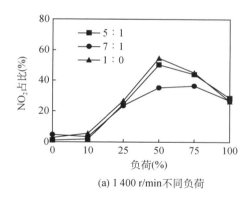
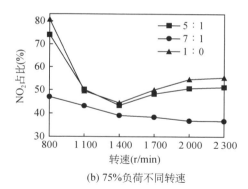

(a) 1 400 r/min 不同负荷　　　　　　(b) 75%负荷不同转速

图 5-23　不同 Pt/Pd 配比 DOC 后 NO₂ 占比

2）颗粒物排放

图 5-24 所示为不同工况下不同 Pt/Pd 配比 DOC 的颗粒物减排特性。由图 5-24(a)可以看出,不同负荷条件下,DOC 对颗粒物的减排率随负荷的增大呈逐渐增大的趋势。Pt/Pd 配比为 5:1 的 DOC 对颗粒物的平均减排率为 8.56%,Pt/Pd 配比为 1:0 的 DOC 对颗粒物的平均减排率为 7.46%,Pt/Pd 配比为 7:1 的 DOC 对颗粒物的减排率在两者之间。增加 Pt 的比重反而使颗粒物减排效果有所下降。由图 5-24(b)可以看出,DOC 对颗粒物的减排率随转速的增大呈逐渐降低的趋势,整个转速区间,Pt/Pd 配比为 5:1 的 DOC 对颗粒物的平均减排率为 4.56%,Pt/Pd 配比为 1:0 的 DOC 对颗粒物的平均减排率为 3.25%,Pt/Pd 配比为 7:1 的 DOC 对颗粒物的减排率在两者之间。改变 DOC 的 Pt/Pd 配比,对颗粒物的影响无明显规律。

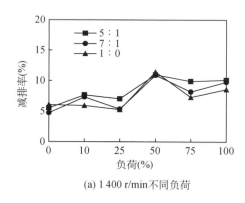
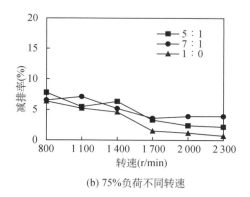

(a) 1 400 r/min 不同负荷　　　　　　(b) 75%负荷不同转速

图 5-24　不同 Pt/Pd 配比 DOC 的固体颗粒减排特性

图 5-25 所示为 1 400 r/min 50%负荷时,不同 Pt/Pd 配比 DOC 对 PN 粒径分布的影响。由图可以看出,该工况条件下,配比为 7:1 的 DOC 后的 PN 粒径分布峰值最高,说明该配方 DOC 的 PN 减排效果稍差于其余两种配方。在 93 nm 以上出现峰值,PN 大幅增加。

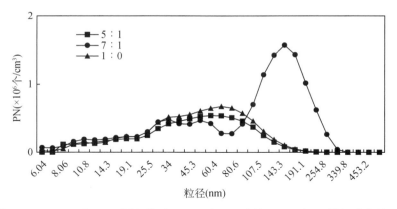

图 5-25　1 400 r/min 50％负荷时不同 Pt/Pd 配比的 DOC 对 PN 粒径分布的影响

5.4　载体参数对 DOC 减排性能的影响

本节基于某型柴油机开展了不同径长比、不同孔密度、不同材质载体结构参数 DOC 的减排性能试验,从柴油机气态物(CO、HC、NO、NO_2)排放和颗粒物(PN,PM,粒径分布)排放角度分析了载体参数对 DOC 减排性能的影响[14]。

5.4.1　载体直径/长度的影响

1) 气态物排放

DOC 的轴向及径向尺寸会影响气流的时空分布,因此不同直径/长度 DOC 会表现出不同的气态物的催化氧化效果。图 5-26 所示为不同载体直径/长度 DOC 对 CO 和 HC 的减排特性。由图 5-26(a)可以看出,空负荷时 DOC 后的 CO 浓度相对较高,258 mm/140 mm、274 mm/150 mm 和 293 mm/135 mm 三种规格 DOC 后的 CO 浓度依次增大,减排率依次下降。312 mm/120 mm 规格 DOC 后 CO 浓度为 70.3×10^{-6},较 293 mm/135 mm 规格 DOC 减排率有所上升。10％负荷时,DOC 后的 CO 浓度减少至 2.5×10^{-6} 以下,减排率在 90％以上。这是因为 10％负荷时柴油机排气温度相对较高,达到了 DOC 对 CO 的起燃温度,因

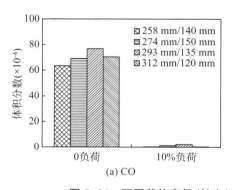

(a) CO

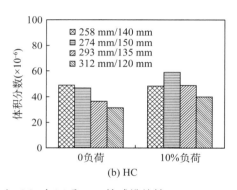

(b) HC

图 5-26　不同载体直径/长度(mm)DOC 对 CO 和 HC 的减排特性

此 10%负荷下 CO 的氧化效率较高。由图 5-26(b)可以看出,空负荷时,随直径/长度比的增大,HC 浓度呈减小的趋势,四种规格 DOC 后的 HC 浓度分别为 49.1×10^{-6}、46.9×10^{-6}、36.5×10^{-6} 和 31.4×10^{-6},其降幅依次增大。而 10%负荷时,DOC 后 HC 浓度随直径/长度比变化规律性不强。四种规格 DOC 后的 HC 浓度分别为 48.5×10^{-6}、59.0×10^{-6}、49.0×10^{-6} 和 40.1×10^{-6}。负荷从 0 增加到 10%,HC 的减排率变化不大。这一方面是由于 HC 的起燃温度高于 CO,HC 中的 C—H 键断裂所需的活化能比较高;另一方面是由于 HC 和 CO 在催化剂活性位存在竞争吸附关系,CO 在 Pt 表面的竞争吸附能力更强,抑制了 HC 在催化剂表面的吸附和氧化[1]。

图 5-27 所示为不同载体直径/长度 DOC 后 NO_2 占比。由图 5-27(a)可以看出,1 400 r/min 时,随负荷的增大,NO_2 占比呈先增大后减小的趋势,50%负荷时达到最大。这主要是因为柴油机排放中的 CO、HC、NO 等气态物在催化剂的活性位上存在竞争吸附关系[8],随着负荷的增加,排气温度随之升高,CO 和 HC 被氧化脱附活性位,空出的活性位为 NO 氧化反应创造了条件,NO_2 占比增大。当负荷继续增加时,柴油机中 CO 和 HC 浓度的增加会减少 NO 的氧化。从反应的热力学角度分析,NO 氧化是放热过程,因此高负荷工况时较高的排气温度会抑制 NO 氧化成 NO_2;同时,排气流量增加时会引起 NO 氧化的滞后[17],因此在高负荷工况时,诸多因素会抑制 NO 氧化成 NO_2。258 mm/140 mm、274 mm/150 mm 两种规格 DOC 后 NO_2 占比大于另两种规格 DOC,其主要原因是前两种 DOC 长度相对较长,排气在 DOC 中的反应时间相对较长,较多的 NO 被氧化[18]。

由图 5-27(b)可以看出,DOC 后 NO_2 占比随转速的增大呈逐渐减小的趋势,其主要原因是随转速增加,柴油机排温升高,抑制了 NO 的氧化反应。258 mm/140 mm、274 mm/150 mm 两种规格 DOC 后 NO_2 占比大于另两种规格 DOC,NO_2 占比平均值分别达到 51.0%和 52.9%,说明该长径比效果较好。

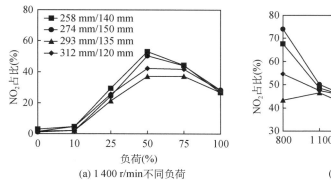

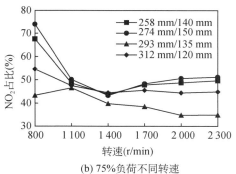

(a) 1 400 r/min不同负荷   (b) 75%负荷不同转速

图 5-27   不同载体直径/长度(mm)DOC 后 NO_2 占比

2) 颗粒物排放

图 5-28 所示为不同工况下不同载体直径/长度 DOC 的固体颗粒减排特性。由图 5-28(a)可以看出,不同负荷条件下,DOC 对颗粒物的减排率随负荷的增大呈波动上升的趋势;而且,随直径/长度比值的增大,DOC 的颗粒物减排率升高。因为随负荷增大,

排气流速增加,颗粒物在 DOC 中反应时间缩短;同时高负荷时排气温度较高,催化剂活性增强,两种因素综合作用导致减排率曲线随负荷的增大呈波动上升的规律[11]。

如图 5-28(b)所示,随转速的增加,293 mm/135 mm、312 mm/120 mm 两种规格的 DOC 对颗粒物的减排率呈先增加后减小的变化趋势;258 mm/140 mm、274 mm/150 mm 两种规格的 DOC 对颗粒物的减排率呈波动降低的趋势。一方面,在低转速时,排气颗粒以核态颗粒为主,高转速时排气颗粒主要是聚集态颗粒,DOC 对核态颗粒物的减排效果优于聚集态颗粒物,因为核态颗粒粒径小,更容易吸附在 DOC 载体表面,反应也更为充分,所以减排率随着转速的增加先增后减;另一方面,转速增加时,排气流速加快,颗粒物在 DOC 中的反应时间缩短,DOC 的减排效果未能充分发挥,所以减排率随着转速的增加而波动下降。

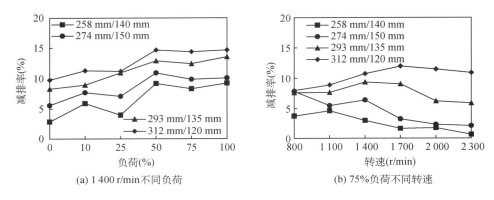

(a) 1 400 r/min不同负荷   (b) 75%负荷不同转速

图 5-28　不同载体直径/长度(mm)DOC 对固体颗粒减排率的影响

图 5-29 为 1 400 r/min 50％负荷时 DOC 载体直径/长度对 PN 粒径分布的影响。由图可以看出,该工况条件下,DOC 后的 PN 粒径均呈单峰分布,且 312 mm/120 mm 的 DOC 的 PN 排放最低,258 mm/140 mm 的 DOC 的 PN 排放最高。因此,增加 DOC 直径/长度能降低 PN 排放,减小 DOC 体积会增加 PN 排放。

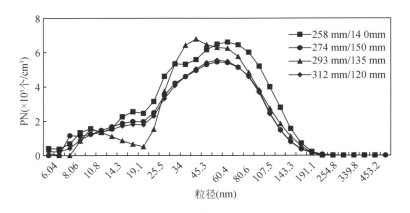

图 5-29　1 400 r/min 50％负荷时 DOC 载体直径/长度对 PN 粒径分布的影响

5.4.2　载体孔密度的影响

1) 气态物排放

(1) CO 和 HC 排放

图 5-30 所示为不同孔密度 DOC 对 CO 和 HC 的减排特性。由图 5-30(a)可以看出,空负荷时,随孔密度的增大,DOC 后 CO 浓度呈逐渐增大的趋势,表明孔密度越大 CO 的氧化能力越弱。10%负荷时,DOC 后 CO 浓度下降显著,降幅在 90%以上。这是因为 10%负荷时柴油机排气温度达到了 CO 的起燃温度,因此 10%负荷下 CO 的氧化效率较高。由图 5-30(b)可以看出,空负荷和 10%负荷下,DOC 对 HC 的减排率均随孔密度的增大而升高。数据显示,10%负荷时 DOC 对 HC 的减排效果反而不如空负荷工况。这主要是因为 CO 和 HC 在催化剂活性位存在竞争吸附关系,CO 在 Pt 表面的竞争吸附能力更强,10%负荷时,CO 氧化反应速率加快,抑制了 HC 在催化剂表面的吸附和氧化。

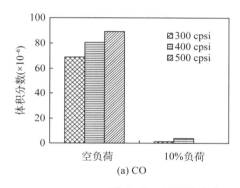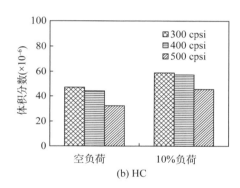

图 5-30　不同孔密度 DOC 对 CO 和 HC 的减排特性

(2) NO_2 排放

图 5-31 所示为不同工况下不同孔密度 DOC 后 NO_2 占比。由图 5-31(a)可以看出,DOC 后 NO_2 占比随负荷的增大呈先增大后减小的趋势,300 cpsi DOC 后的 NO_2 占比在中高负荷时高于 400 cpsi 及 500 cpsi DOC,中高负荷区间工况 DOC 后 NO_2 占比平均值达到

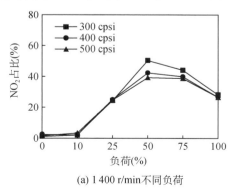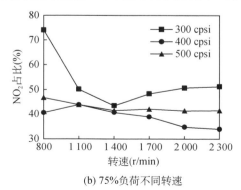

图 5-31　不同孔密度 DOC 后 NO_2 占比

40.9%。由图 5-31(b)可以看出,随转速的增大,DOC 后 NO_2 占比呈逐渐减小的趋势,300 cpsi DOC 后的 NO_2 占比最高,表明该 DOC 具有较强的 NO 氧化能力。

2)颗粒物排放

增加 DOC 载体的孔密度,可使有效接触面积增大,有效提高颗粒物的氧化速率。图 5-32 所示为不同孔密度 DOC 的固体颗粒减排特性。由图 5-32(a)可以看出,随孔密度的增大,DOC 对颗粒物减排效果增强,500 cpsi DOC 的颗粒物减排效果最为显著;而且随负荷的增大,颗粒物的减排率逐渐增大。由 5-32(b)可以看出,随转速的增大,DOC 的颗粒物减排率呈降低的趋势,这主要是因为转速升高,排气空速增加,颗粒物与 DOC 的有效接触时间减少。

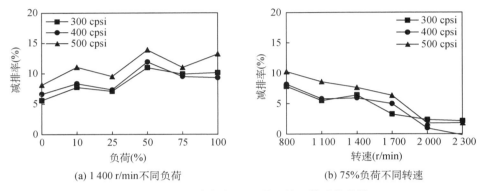

(a) 1 400 r/min 不同负荷 (b) 75%负荷不同转速

图 5-32 不同孔密度 DOC 的固体颗粒减排特性

图 5-33 所示为 1 400 r/min 50%负荷时 DOC 载体孔密度对 PN 粒径分布的影响。由图可以看出,该工况条件下,DOC 后的 PN 粒径均呈单峰分布,且孔密度越大,PN 粒径分布峰值越小。

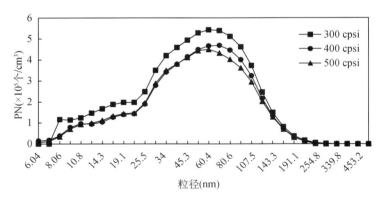

图 5-33 1 400 r/min 50%负荷时 DOC 载体孔密度对 PN 粒径分布的影响

5.4.3 载体材料的影响

1)气态物排放

(1)CO 和 HC 排放

堇青石载体材料表面为规则多孔,接触面积大且排气阻力小,有助于提高 DOC 催化活性。图 5-34 所示为不同材料 DOC 对 CO 和 HC 的减排特性。由图 5-34(a)可以看出,空负荷时,FeCrAl 材料 DOC 和董青石材料 DOC 的 CO 减排效果相当,分别为 41.3% 和40.3%;10% 负荷时,CO 浓度显著下降,降幅在 90% 以上。由图 5-34(b)可以看出,空负荷时,董青石材料 DOC 后 HC 浓度更低,HC 减排效果更佳;10% 负荷时,DOC 后的 HC 排放浓度较空负荷时小幅上升,可能原因是该工况条件下催化剂更多的活性位被 CO 吸附,造成 DOC 对 HC 的减排作用减弱。相较于 FeCrAl 材料 DOC,董青石 DOC 表现出更好的 HC 减排效果。

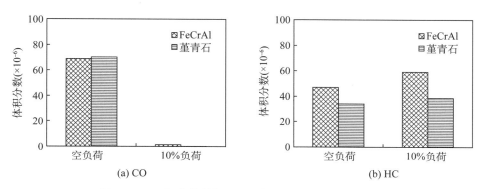

图 5-34　不同载体材料 DOC 对 CO 和 HC 的减排特性

(2) NO_2 排放

图 5-35 所示为不同工况下不同载体材料 DOC 后 NO_2 占比。由图 5-35(a)可以看出,DOC 后 NO_2 占比随负荷的增大呈先增大后减小的趋势。低负荷时,FeCrAl 与董青石 DOC 的 NO 氧化能力基本相当。中高负荷时,FeCrAl 材料 DOC 对 NO 的氧化效果强于董青石材料 DOC。由图 5-35(b)可以看出,DOC 后 NO_2 占比随柴油机转速的增大呈逐渐减小的趋势,整体来看,FeCrAl 材料 DOC 表现出更强的 NO 氧化能力。

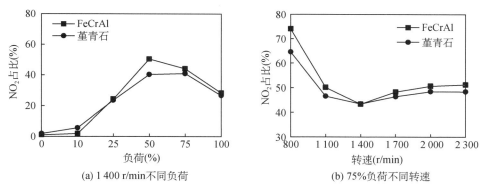

图 5-35　不同载体材料 DOC 后 NO_2 占比

2) 颗粒物排放

图 5-36 所示为不同工况下不同载体材料 DOC 的固体颗粒减排特性。由图 5-36(a)可以看出,DOC 对颗粒物的减排率随负荷的增大呈逐渐增大的趋势。董青石材料 DOC 表现出更好的颗粒物减排效果。由图 5-36(b)可以看出,DOC 对颗粒物的减排率随柴油机转速的增大呈逐渐减小的趋势。同样是董青石材料 DOC 表现出更好的颗粒物减排效果,可能是

由于堇青石微观结构为疏松多孔状,对颗粒物有一定吸附作用。

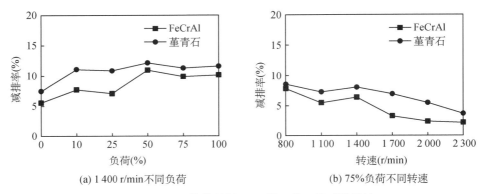

(a) 1 400 r/min不同负荷 (b) 75%负荷不同转速

图 5-36　不同载体材料 DOC 的固体颗粒减排特性

图 5-37 所示为 1 400 r/min 50％负荷时不同载体材料 DOC 对 PN 粒径分布的影响。由图可以看出,该工况条件下,DOC 后的 PN 粒径均呈单峰分布,FeCrAl 材料 DOC 在 107 nm 粒径以下的 PN 高于堇青石 DOC,而 107 nm 以上的 PN 低于堇青石,说明堇青石 DOC 对小粒径颗粒物的减排效果更佳,总体 PN 更低。

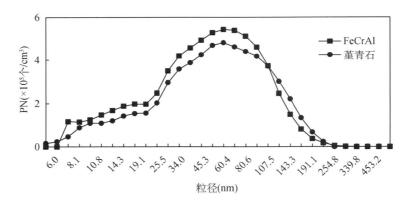

图 5-37　1 400 r/min 50％负荷时不同载体材料 DOC 对 PN 粒径分布的影响

参考文献

［1］　万鹏.不同结构参数 DOC＋SCR 对轻型柴油机排放特性的影响[D].上海:同济大学,2017:31-46.

［2］　黄海凤,顾蕾,漆仲华,等.Mo 掺杂对柴油机氧化催化剂 Pt/Ce-Zr 的助催化作用[J].高校化学工程学报,2015,29(4):859-865.

［3］　王光应.Pt/Pd/CeZr/SiC 催化剂的制备及其在 CO 催化燃烧中的性能研究[D].太原:山西大学,2014.

［4］　冯谦,楼狄明,计维斌,等.DOC/DOC＋CDPF 对重型柴油机气态物排放特性的影响研究[J].内燃机工程,2014,35(4):1-6.

［5］　PATTERSON M J，ANGOVE D E,CANT N W. The effect of carbon monoxide on the oxidation of four C6 to C8 hydrocarbons over platinum，palladium and rhodium[J]. Applied Catalysis B, 2000,

26:47-57.

［6］ 楼狄明,张静,孙瑜泽,等. DOC 催化剂配方对轻型柴油机气态物排放性能的影响[J].农业工程学报,2018,34(6):74-79.

［7］ 陈英,何俊,马玉刚,等. NO$_x$ 储存-还原催化剂 Pt-Pd/BaO/TiAlO 的制备及其抗硫性能[J].催化学报,2007(3):257-263.

［8］ KATARE S R, PATTERSON J E, LAING P M. Diesel Aftertreatment Modeling: A Systems Approach to NO$_x$ Control [J]. Industrial & Engineering Chemistry Research, 2007, 46 (8): 2445-2454.

［9］ KATARE S R, PATTERSON J E, LAING P M. Aged DOC is a Net Consumer of NO$_2$: Analyses of Vehicle, Engine -dynamometer and Reactor Data[C]//Powertrain & Fluid Systems Conference and Exhibition. 2007.

［10］ BURCH R, FORNASIERO P, WATLING T C. Kinetics and Mechanism of the Reduction of NO by n-Octane over Pt/Al$_2$O$_3$ under Lean-Burn Conditions[J]. Journal of Catalysis,1998,176(1):204-214.

［11］ 楼狄明,林浩强,谭丕强,等.氧化催化转化器对柴油机颗粒物排放特性的影响[J].同济大学学报(自然科学版),2015,43(06):888-893.

［12］ 楼狄明,温雅,谭丕强,等.连续再生颗粒捕集器对柴油机颗粒排放的影响[J].同济大学学报(自然科学版),2014,42(8):1238-1244.

［13］ 王军方,丁焰,尹航,等. DOC 技术对柴油机排放颗粒物数浓度的影响[J].环境科学研究,2011,24(7):711-715.

［14］ 耿小雨.结构参数对重型柴油机 DOC＋CDPF 性能影响的研究[D].上海:同济大学,2018:48-67.

［15］ 楼狄明,施雅风,张允华,等. DOC 催化剂配方对重型柴油机气态污染物排放的影响[J].环境工程,2019,37(8):117-121.

［16］ PFEIFER M, KÖGEL M, SPURK P C, et al. New Platinum/Palladium Based Catalyzed Filter Technologies for Future Passenger Car Applications[C]. SAE Technical Paper, 2007-01-0234.

［17］ IRANI K, EPLING W S, BLINT R. Effect of hydrocarbon species on No oxidation over diesel oxidation catalysts[J]. Applied Catalysis B:Environmental,2009,92(3-4):422-428.

［18］ 楼狄明,王亚馨,孙瑜泽,等.氧化型催化器载体长度对柴油机排放性能的影响[J].同济大学学报(自然科学版),2019,47(4):548-553,592.

第 6 章 DPF 捕集特性及其对柴油机排放 特性的影响

目前 DPF 是降低柴油机颗粒排放最有效的后处理装置,但 DPF 实现高颗粒捕集效率的同时也会随之产生排气流动阻力,这会对柴油机动力性和燃油经济性造成不利影响。DPF 颗粒捕集性能及流阻特性受载体结构参数的影响较为显著。建立 DPF 捕集模型及压降模型是分析 DPF 性能影响因素的关键,在厘清结构参数对 DPF 性能影响规律的基础上,开展基于发动机台架的 DPF 结构性能试验分析,对于开发高捕集效率、低流阻催化型颗粒捕集器具有重要的指导意义。

6.1 DPF 捕集模型

DPF 是典型的壁流式多孔介质结构,填充床捕集理论和纤维捕集理论是研究 DPF 的两大理论体系。基于填充床捕集理论的模型将捕集介质看作多个球形捕集单元组合而成,如图 6-1(a)所示。而基于纤维捕集理论的捕集模型则将捕集介质看作多个圆柱形捕集单元组合而成,如图 6-1(b)所示。康斯坦多普洛斯(Konstandopoulos)[1] 和塞拉诺(Serrano)[2] 研究发现,填充床捕集模型更适合于描述 DPF 的捕集过程,该模型中假想捕集器的多孔介质壁面由多个边长为 l 的正方体单元组合而成,每个正方体内均含有一个内切的球形捕集单元,如图 6-1(a)所示。

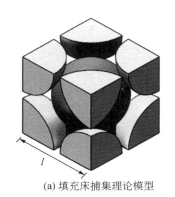
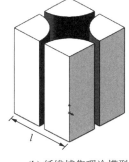

(a) 填充床捕集理论模型   (b) 纤维捕集理论模型

图 6-1 壁流式颗粒捕集器捕集模型

6.1.1 孤立捕集体对颗粒的微观捕集模型

柴油机尾气中的颗粒往往比 DPF 过滤材料中的孔隙小很多,因此通过筛滤效应收集颗粒的作用是有限的。颗粒之所以能从尾气中被分离出来,主要是通过直接拦截机理、惯性碰撞机理、布朗扩散机理来实现,图 6-2 所示为孤立捕集体对颗粒的过滤机理,除以上三种主要机理之外,还有重力沉降效应和静电沉降效应等次要机理。分析过滤机理时,需要知道绕捕集体流动的介质流场,通常考虑两种情况:黏性流和势流。工程中经常遇到的过滤过程,黏性流往往更接近实际,下文对这几种过滤机理进行详细讨论。

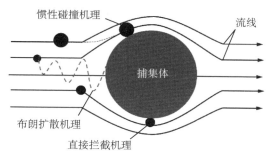

图 6-2　孤立捕集体的主要过滤机理示意图

1) 直接拦截机理

柴油机尾气流经颗粒捕集体时,存在两种形式的拦截效应:一是粒径大于过滤材料孔隙的颗粒被拦截,称之为筛滤效应,这种比例较低;二是粒径比过滤材料孔隙小的颗粒被拦截下来,这种占绝大多数,下面加以分析。

拦截理论认为,粒径在微米级的颗粒有大小而无质量,在此机理下,不同大小的颗粒都随着气流的流线而流动,如图 6-2 所示,如果在某一流线上,颗粒离捕集体最近时,其到捕集体的距离小于颗粒的半径 $d_p/2$,则颗粒会与捕集体表面发生接触,该颗粒就会被拦截。该流线就是该颗粒的运动轨迹,在此流线以下范围内粒径大小同为 d_p 的所有颗粒均被拦截,这条流线就是离捕集体最远处能被拦截颗粒的运动极限轨迹[2]。

该机理与颗粒质量和气流速度有很大关系。柴油机排气过程中,气体流速随着工况的不同变化很大,当排气遇到捕集体时,气流将在该捕集体的上游折转,要改变方向绕流该物体,流线发生弯曲。流线的形状依气流的速度大小而不同。高速流动时,流线要紧贴捕集体前端才突然扩展,后绕物体流动;较低流速时,流线在物体上游相当距离处就已开始折转。该机理假设颗粒只有质量而没有体积,颗粒质量远大于周围气体微团的质量。

2) 惯性碰撞机理

如图 6-2 所示,柴油机排气气流在运动中遇到捕集体的阻挡时,细小颗粒会沿气体流线一起运动,而质量较大或速度较快(可以看成等于气流速度)的颗粒,由于惯性来不及随气流转弯一起绕过捕集体,有足够的动量仍保持其原有的运动方向,从而脱离流线向捕集体靠近,碰撞在捕集体上沉积下来,从而实现捕集。惯性碰撞作用随颗粒质量和气流速度的增加而增强。

表征惯性碰撞效应的主要参数为斯托克斯数 S_{tk},其表达式如下[3]:

$$S_{tk} = \frac{(\rho_p - \rho_g)d_p^2 U_0}{18\mu d_f} \qquad (6-1)$$

式中　ρ_p——颗粒密度;

ρ_g——气流密度；

d_p——颗粒粒径；

U_0——经过捕集体孔隙的排气流速；

μ——气体的动力黏度；

d_f——捕集体孔隙的孔径。

3) 布朗扩散机理

如图 6-2 所示，当粒径小于 1 μm 时，这些颗粒在随气流运动时就不再沿流线绕流捕集体，此时，布朗扩散效应将开始起作用。颗粒越小和气流速度越低，扩散效应就越显著。柴油机排气中的细小颗粒由于气体分子的热运动而做布朗运动，颗粒越小，布朗运动越显著。常温下 0.1 μm 的颗粒每秒钟的扩散距离达 17 μm，比捕集体微孔间的距离大很多倍，显著增大了与捕集体接触而被捕集的可能；而常温下大于 0.3 μm 的颗粒，其布朗运动减弱，一般不足以靠布朗运动使其离开流线而碰撞到捕集体上。

如果初始排气中的颗粒浓度分布是均匀的，布朗运动不会引起颗粒的宏观输运，也就是说，颗粒的浓度分布均匀性不会因为颗粒的运动而发生改变。但是，当气流遇到捕集体，捕集体对颗粒的运动起到了汇集的作用，造成排气中颗粒分布的浓度梯度，从而引起颗粒的扩散输运，使颗粒脱离原来的运动轨迹而向捕集体运动，从而被捕集体所捕集。

扩散系数 D 是表征扩散效应的主要参数。对于 $d_p < 1$ μm 的布朗扩散运动，该系数由下面的斯托克斯-爱因斯坦公式给出[4]：

$$D = \frac{k_B T Cu}{3\pi\mu d_p} \tag{6-2}$$

式中　k_B——波尔兹曼常数，$k_B = 1.38 \times 10^{-23}$ J/K；

T——温度；

Cu——库宁汉修正系数；

μ——气体的动力黏度；

d_p——颗粒粒径。

4) 重力沉降机理

由于重力影响，颗粒有一定的沉降速度，当较低流速的柴油机排气遇到捕集体时，较大粒径的颗粒可能由于重力作用而脱离原来的流线，沉积在捕集体上。这种作用只有在颗粒较大（>5 μm）时才可能存在，对绝大多数细小颗粒（<1 μm）的过滤，完全可以忽略重力作用。

6.1.2　多孔介质过滤层对颗粒的宏观捕集模型

上一部分讨论了孤立捕集体对颗粒的微观捕集机理，实际的应用中，会有诸多不同的捕集材料和结构。在柴油机排气颗粒的过滤捕集技术中，壁流式颗粒过滤体是最为常见的一种，它由许多边长相等的正方形通道组成，通道之间壁厚往往在 0.5 mm 以下，壁上布满孔径几微米至几十微米的细小微孔，构成透气性良好的薄壁。相邻的两个通道，一个通道在进口处被堵住，另一个通道在出口处被堵住。这样，排气从一个通道进来以后，必须通过中间的透气壁面从另一个通道出去，排气气流携带的颗粒必须穿过布满细小微孔的过滤层，即多孔介质过滤层,因此沉积在进口通道的壁面上。为研究方便,这里先把该过程简化为单个多孔介质过滤层对颗粒的捕集过程,如图 6-3 所示。

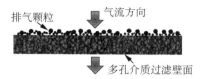

图 6-3　单个多孔介质过滤层对颗粒过滤的示意图

一般而言,多孔介质过滤层对颗粒过滤捕集的通用表达式如下[5]:

$$\varphi_f = f(\eta_f, C_0, U_0, d_f) \tag{6-3}$$

式中　φ_f——单位时间内过滤体捕集的颗粒量;

　　　η_f——过滤体颗粒捕集系数;

　　　C_0——颗粒浓度;

　　　U_0——排气流速;

　　　d_f——过滤壁面的微孔孔径。

颗粒浓度 C_0 和排气流速 U_0 与柴油机的工况关系密切,微孔孔径 d_f 是过滤层壁面本身的特性,在这几个参数一定的条件下,捕集系数 η_f 的大小直接反映了过滤体捕集颗粒的能力。下面对其进行深入分析。

事实上,多孔介质过滤层的颗粒捕集系数受前述孤立捕集体多种微观捕集机理的共同影响。颗粒的捕集过程,可能是以上所有捕集机理的共同作用,也可能是其中一种或者几种捕集机理的作用。颗粒捕集系数与颗粒的粒径及其分布情况、气流速度、壁面微孔孔径等因素相关。在本研究中,主要考虑拦截、惯性碰撞以及扩散这三种主要颗粒捕集机理的捕集系数[6]。

1) 直接拦截机理的捕集系数

该机理主要与沉积颗粒的尺寸有关。常用无量纲数 N_r 来描述该机理,其表达式如下:

$$N_r = \frac{d_p}{d_f} \tag{6-4}$$

式中　d_p——颗粒粒径;

　　　d_f——壁面微孔孔径。

拦截机理的捕集系数 η_r 是 N_r 的函数,表达式如下:

$$\eta_r = \frac{N_f(N_f + 1.996K_n)}{L_a + 1.996K_n(L_a + 0.5)} \tag{6-5}$$

式中:

$$K_n = \frac{2\lambda}{d_f} \tag{6-6}$$

$$\lambda = \frac{\mu}{0.499P\left(\frac{8}{\pi RT}\right)^2} \tag{6-7}$$

$$L_a = 2 - LnRe \tag{6-8}$$

$$Re = \frac{\rho_g U_0 d_f}{\mu} \tag{6-9}$$

可以看出,影响拦截捕集系数 η_r 的直接因素主要有颗粒粒径、排气流速、壁面微孔孔径、气体和颗粒的其他特性参数等,下面对其进行分析。

根据以上模型计算,得出拦截捕集系数 η_r 随颗粒粒径的变化规律,如图 6-4 所示。由图可以看出,随颗粒粒径的增大,拦截捕集系数 η_r 呈指数增大趋势。尤其当颗粒粒径大于 $0.1\ \mu m$ 时,拦截捕集系数明显增大,说明拦截捕集机理对大颗粒的捕集效果非常显著。

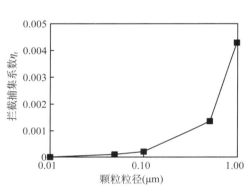

图 6-4 拦截捕集系数 η_r 随颗粒粒径的变化规律

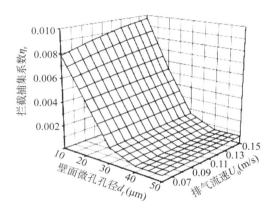

图 6-5 拦截捕集系数 η_r 随排气流速和壁面微孔孔径的变化规律

图 6-5 所示为拦截捕集系数 η_r 随排气流速和壁面微孔孔径的变化规律。由图可以看出,随着颗粒粒径的增加,拦截捕集系数逐渐增大。这种机理在颗粒捕集过程中,主要对大粒径颗粒作用明显。当颗粒粒径小于 $0.1\ \mu m$ 时,拦截捕集的效果已经非常微弱。同样,相同壁面微孔孔径的情况下,排气流速越高,拦截捕集系数 η_r 越大,在微孔孔径较大时变化较小,在微孔孔径较小时变化明显。相同排气流速的情况下,壁面微孔孔径越小,拦截捕集系数 η_r 越大,当微孔孔径低于 $30\ \mu m$ 时,η_r 上升迅速。概括起来,微孔孔径越小,排气流速越高,拦截捕集系数值越大。

2) 惯性碰撞机理的捕集系数

该机理主要与颗粒的质量有关,前述的斯托克斯数 S_{tk} 对其有着很大影响。惯性碰撞的捕集系数 η_i 表达式如下[7]:

$$\eta_i = 0.16\left[N_r + (0.5 + 0.8N_r)S_{tk} - 0.105N_r S_{tk}^2\right] \tag{6-10}$$

可以看出,影响惯性碰撞捕集系数 η_i 的因素也主要有颗粒粒径、壁面微孔孔径、排气流速、气体和颗粒特性等参数。

图 6-6 所示为惯性捕集系数随颗粒粒径的变化规律。与拦截捕集系数 η_r 随颗粒粒径的变化规律类似,随着颗粒粒径的增大,惯性捕集系数逐渐增大。该机理在颗粒捕集过程中,也主要对大粒径颗粒作用明显。当颗粒粒径小于 0.1 μm 时,惯性捕集的效果已经非常有限。

图 6-7 所示为惯性捕集系数 η_i 随排气流速和壁面微孔孔径的变化规律。可以看出,相同壁面微孔孔径的情况下,排气流速越高,颗粒的惯性越大,惯性碰撞捕集系数 η_i 也越大。相同排气流速的情况下,壁面微孔孔径越小,拦截捕集系数 η_i 越大,当微孔孔径小于 35 μm 时,η_i 增加较为迅速。

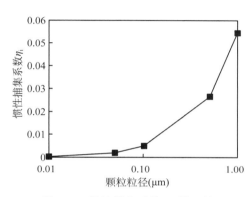

图 6-6　惯性捕集系数 η_i 随颗粒
粒径的变化规律

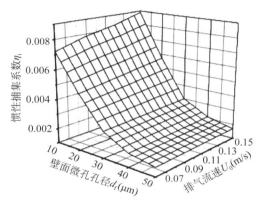

图 6-7　惯性捕集系数 η_i 随排气流速和
壁面微孔孔径的变化规律

3) 布朗扩散机理的捕集系数

扩散机理主要对粒径小于 1 μm 的颗粒起作用,根据前面对柴油机排气颗粒物理特性的分析,绝大多数排气颗粒的质量浓度和数量浓度都集中在微米级以下,可知该机理在柴油机颗粒捕集过程中起着重要的作用。

根据过滤扩散理论,扩散机理的捕集系数 η_d 可以表达为[8]:

$$\eta_d = \frac{2.86\left[1+0.388K_n\left(\frac{P_d}{Y}\right)^{1/3}\right]}{P_d^{2/3}Y^{1/3}} \tag{6-11}$$

式中:

$$P_d = \frac{U_0 d_f}{D} \tag{6-12}$$

$$Y = H + 1.996K_n(H+0.5) \tag{6-13}$$

$$H = 0.75 - 0.5\ln\beta, \beta = 1 - \varepsilon \tag{6-14}$$

式中　ε——过滤体的孔隙率;

　　U_0——排气流速;

　　d_f——壁面微孔孔径;

　　D——颗粒扩散系数;

　　μ——气体的动力粘度。

图 6-8 所示为扩散捕集系数 η_d 随颗粒粒径的变化规律。可以看出,与以上分析不同的是,随着颗粒粒径的增加,扩散捕集系数 η_d 迅速下降。该机理对小颗粒过滤捕集的作用非常明显,尤其是粒径小于 $0.1~\mu m$ 的区域。颗粒粒径较大时,颗粒的布朗运动较弱,扩散捕集系数也就下降。

图 6-9 所示为扩散捕集系数 η_d 随排气流速和壁面微孔孔径的变化规律。可以看出,排气流速和壁面微孔孔径对扩散捕集系数的影响都较大。排气流速降低,扩散捕集系数上升迅速,在小微孔孔径时更为明显。这是因为对扩散捕集而言,排气流速越低,颗粒在过滤体内的滞留时间越长,布朗运动越强,扩散捕集系数越大。即使在 $50~\mu m$ 孔径的情况下,流速降低后其捕集系数也有明显上升。

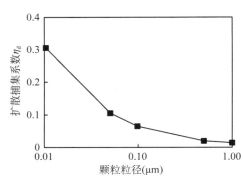

图 6-8 扩散捕集系数 η_d 随颗粒
粒径的变化规律

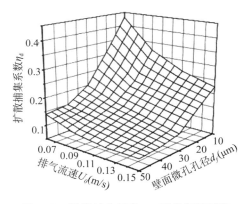

图 6-9 扩散捕集系数 η_d 随排气流速和
壁面微孔孔径的变化规律

4) 组合捕集机理

通过上述对三种颗粒捕集机理的比较分析可知,各捕集机理在不同条件下对颗粒捕集系数的影响不尽相同。相同点是过滤壁面微孔孔径越小,捕集系数均越大。而不同粒径和排气流速下,捕集系数的变化趋势有所不同。不同的过滤机理对不同粒径范围颗粒的过滤效率不同,惯性碰撞和拦截机理对于分离直径大于 $1~\mu m$ 的颗粒较为有效,但是随着积聚模式下的颗粒尺寸减小,其效果开始减弱,扩散捕集的作用开始发挥出来。颗粒粒径小于 $1~\mu m$ 时,扩散捕集系数一般要比惯性碰撞捕集系数和拦截捕集系数大,尤其是对于 $50~nm$ 以下的细小颗粒具有很高的过滤效率。

因此,实际的颗粒捕集过程是多种捕集机理共同作用的结果,其捕集系数也同样是多种捕集系数的组合函数,关键是如何合理恰当地计算。

比较简洁的办法是将各种捕集系数进行简单的相加,这种计算有一个前提,就是各种捕集机理的作用是独立的。实际捕集过程中,这种情况很难碰到。如前所述,柴油机壁流式过滤体捕集过程中,扩散捕集机理起主导作用,但这种作用也与拦截和惯性机理密切相关。当单个颗粒被一种捕集机理捕获后,其他机理就不会对其有作用了,这样捕集系数可以考虑累加,但某种捕集机理本身也会受到其他两种捕集机理的影响。基于该分析,一种组合捕集系数的合理计算方法如下[9]:

$$\eta_{\mathrm{f}}=\eta_{\mathrm{d}}+\eta_{\mathrm{i}}+\eta_{\mathrm{r}}-(\eta_{\mathrm{d}}\eta_{\mathrm{r}}+\eta_{\mathrm{d}}\eta_{\mathrm{i}}+\eta_{\mathrm{r}}\eta_{\mathrm{i}}) \tag{6-15}$$

式中，η_{f} 为多孔介质过滤层的组合捕集系数。

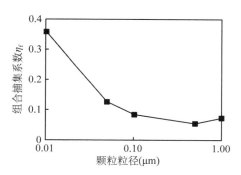

图 6-10　组合捕集系数 η_{f} 随颗粒粒径的变化规律

该式综合考虑了这三种捕集机理以及它们之间的互相作用。对式(6-15)进行计算得到组合捕集系数随颗粒粒径的变化规律，结果如图 6-10 所示。可以看出，颗粒粒径在 10 nm 时组合捕集系数最高，随着颗粒粒径由 10 nm 开始增加，组合捕集系数先减小，在 0.5 μm 附近到达一个波谷值，然后又逐渐增大，到 1 μm 时捕集系数又有所上升，这表明了扩散、惯性和拦截在捕集中的作用和相互影响。在颗粒粒径小于 100 nm 时，扩散机理起主要作用，尤其是在 50 nm 以下作用更为明显，所以图中 10 nm 时组合捕集系数最高，惯性和拦截机理几乎没什么作用。随着颗粒粒径的增加，其组合捕集系数在逐渐下降，这表明扩散机理的作用逐渐减弱；在超过 100 nm 后，扩散机理的作用继续减弱，而惯性和拦截的作用逐渐增强，所以随着颗粒粒径继续增加到 0.5 μm 后，其组合捕集系数 η_{f} 又逐渐上升。

随着排放法规的日益严格，先进柴油机的排气颗粒质量浓度逐渐下降，但颗粒数量并没有减少，甚至还有增加，而且颗粒粒径越来越小。所以利用壁流式过滤体对先进柴油机进行颗粒过滤时，扩散捕集机理将起主要作用。

总体看来，扩散捕集机理在颗粒捕集中占支配地位，惯性和拦截机理的作用也不容忽视。

6.2　DPF 结构参数对捕集效率的影响

6.2.1　孔密度的影响

图 6-11 所示为 100 cpsi、200 cpsi、400 cpsi 三种孔密度对不同粒径颗粒过滤效率的影响。可以看出，这三种孔密度对不同粒径颗粒的过滤效率的影响规律类似，都是对 10 nm 左右小粒径颗粒的过滤效率最高，随着粒径的增大过滤效率下降，在 0.5 μm 左右达到一个波谷值，随后粒径 1 μm 左右的颗粒过滤效率又有所上升，过滤效率都在 60% 以上。随着孔密度的增大，各不同粒径颗粒的过滤效率均有所升高。按照前述分析，拦截和惯性机理对 1 μm 大粒径颗粒过滤发挥主导作用，孔密度增加导致流速下降，二者的捕集系数会减小，1 μm 大粒径颗粒过滤效率应略有下降，但结果却

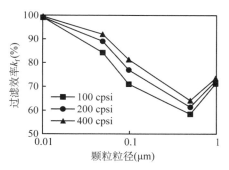

图 6-11　孔密度对不同粒径颗粒过滤效率的影响

是略有升高。这再次表明了扩散、拦截和惯性过滤机理复杂的相互作用，其中扩散机理对小粒径颗粒过滤效果最好，并且在整个捕集过程都占有重要比例。

6.2.2　壁厚的影响

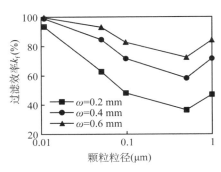

图 6-12　壁厚对不同粒径颗粒
过滤效率的影响

壁厚同样会对 DPF 的颗粒过滤效率产生显著影响。图 6-12 所示为不同壁厚 DPF 对不同粒径颗粒的过滤效率的影响。可以看出,随着壁厚的增加,不同粒径颗粒的过滤效率均有所提高,粒径 0.05 μm 以上的颗粒增加幅度较为均匀。壁厚太小过滤效率会较低,图中 0.2 mm 壁厚 DPF 对粒径小于 0.5 μm 颗粒的过滤效率已低于 40%。壁厚的变化不会改变不同粒径颗粒过滤效率的变化趋势。因此,在确定壁厚时,要根据过滤效率的需要,并结合捕集器的其他需求,尽可能选取较大的壁厚,但同时要兼顾 DPF 低背压的设计需求。

6.2.3　直径的影响

DPF 直径会对气流的流通面积产生影响,进而造成颗粒过滤效率的变化。图 6-13 所示为直径对不同粒径颗粒过滤效率的影响。可以看出,直径过小会使各粒径颗粒的过滤效率有不同程度的降低,0.05～0.1 μm 之间的小粒径颗粒降幅较大,1 μm 附近的大粒径颗粒变化不大,这是因为气流速度增加。所以在空间和成本允许的情况下,要合理增加过滤体直径,使过滤捕集面积增加,气流速度降低,颗粒在壁面层内的驻留时间延长,以利于中小粒径颗粒的捕集。

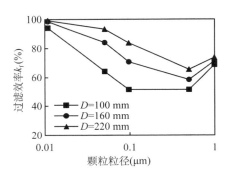

图 6-13　直径对不同粒径颗粒
过滤效率的影响

6.2.4　长度的影响

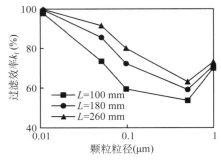

图 6-14　长度对不同粒径颗粒
过滤效率的影响

DPF 长度会影响气流的驻留时间,从而对颗粒的减排效果产生影响。图 6-14 所示为长度对不同粒径颗粒的过滤效率的影响。可以看出,过滤体长度太短对各粒径下的颗粒捕集较为不利,长度 100 mm 下的过滤效率大幅下降,这是因为流速较高,过滤时间较短使捕集过程不充分。增加长度后,各粒径颗粒过滤效率均有明显提升,尤其对于 0.05～0.1 μm 的小粒径颗粒,其过滤效率有一个很大提高,因为长度增加使流速降低,对于小粒径颗粒捕集较为有利。

6.2.5　孔隙率的影响

图 6-15 所示为孔隙率变化对不同粒径颗粒过滤效率的影响。孔隙率为 40% 时,大部分粒径颗粒的过滤效率都在 80% 以上,随着孔隙率的增大,各粒径颗粒的过滤效率都在降低,10 nm 颗粒过滤效率也在 80% 孔隙率时有大幅降低,绝大部分粒径颗粒的过滤效率都近似呈线性比例降低,这表明孔隙率对各粒径颗粒过滤效率的影响具有一致性。因此,要适当选取孔隙率以确保过滤效率。

6.2.6　微孔孔径的影响

图 6-16 所示为微孔孔径对不同粒径颗粒过滤效率的影响。可以看出,粒径在 0.5 μm 左右的颗粒过滤效率始终较低,粒径在 10 nm 左右的颗粒并没有随着微孔孔径的增加而有大幅降低。随着微孔孔径的减小,不同粒径颗粒的过滤效率都在迅速提高,但并不均衡。孔径越小,其过滤效率上升的幅度越大。当微孔孔径减小到 15 μm 时,绝大部分颗粒被捕集到,因为 15 μm 孔径下无论对于扩散、拦截还是惯性机理,其捕集系数都大大提高。

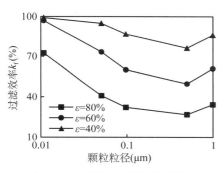

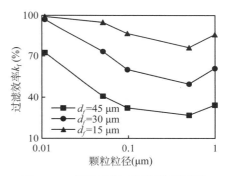

图 6-15　孔隙率对不同粒径颗粒　　　　图 6-16　微孔孔径对不同粒径颗粒
　　　　过滤效率的影响　　　　　　　　　　　　过滤效率的影响

6.3　DPF 结构参数对压力损失的影响

背压是 DPF 载体工程应用的关键参数($p_{总}=p_{进}+p_{壁}+p_{出}$),影响 DPF 载体背压的主要是载体的沿壁压力损失。在 DPF 载体的压力损失中,进气压力损失 $p_{进}$ 和出气压力损失 $p_{出}$ 是固定的,所以减小载体的沿壁压力损失 $p_{壁}$ 是降低 DPF 载体背压的唯一途径,而影响载体沿壁压力损失的因素主要有载体的壁厚和载体壁上微孔的大小及分布。所以降低 DPF 载体背压,还是要减小载体壁厚和提高载体的孔隙率。在这里值得指出的是,追求高孔隙率不是一味地增加载体微孔孔径,还要考虑到其捕集效率。在这里提高载体的孔隙率还是要多地从微孔的分布上来解决问题。

从减小载体壁厚的角度来降低载体的背压前文已有阐述。从提高载体的孔隙率的角度来说,一是增加微孔的孔径,二是减小微孔分布的宽度。增减微孔的孔径可以增减原料的粒径,可使用更多的造孔剂。这种方法在实际生产中有一些缺点,因为增加原料粒度,在挤出成型时容易造成模具堵塞,使载体存在缺陷,增加造孔剂的量,在载体烧成的过程中由于热应力较大造成载体开裂,使成品率较低。同时,载体的孔径增加,可能会降低载体的捕集效率。

减小载体微孔孔径分布的宽度是提高载体孔隙率更好的办法。要获得微孔孔径分布更窄的陶瓷载体,所使用的原料的粒度分布也要窄,特别是造孔剂的粒度分布要更窄,这样在陶瓷载体中形成的微孔孔径更集中,其分布更窄;这样在微孔孔径不增加很多的情况下,可以获得更高孔隙率的载体,再结合载体壁厚减小,可以使陶瓷载体具有更低的背压。

6.3.1 DPF 压力损失模型

DPF 所有过滤通道的进口和出口都被交错密封,形成相对独立的进口和出口流道。由于其结构具有对称性,为方便起见,取其中一个进口通道 A 和一个出口通道 B 组成的一对通道进行研究,图 6-17 所示为一对进口和出口通道组成的结构简图。由图中可见,排气进口通道 A 的末端封闭,而出口通道 B 排气来流方向端口封闭,这样废气必须通过两通道间的多孔介质壁面过滤层,气体中的颗粒就被过滤捕集下来,沉积在进口通道 A 的内壁上形成一个颗粒层,该颗粒层也呈现多孔介质的特性。

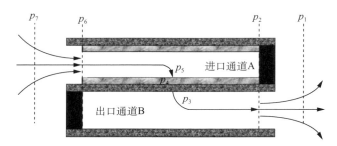

图 6-17　壁流式过滤体的压力损失示意图

排气气流在流经该过滤体时会产生压力损失,如图 6-17 所示,总压力损失为 Δp:

$$\Delta p = p_7 - p_1 \tag{6-16}$$

式中　p_7——过滤体入口前压力;

　　p_1——过滤体出口后压力。

总压力损失 Δp 共由 6 部分组成,分别发生在以下六个流动阶段:

(1)气流进入进口通道,进口收缩产生的局部压力损失 Δp_{con}:

$$\Delta p_{con} = \Delta p_{7,6} = p_7 - p_6 \tag{6-17}$$

式中,p_6 为进口通道口处压力。

(2)气体在进口通道内流动,进口通道内的沿程阻力损失 Δp_{in}:

$$\Delta p_{in} = \Delta p_{6,5} = p_6 - p_5 \tag{6-18}$$

式中,p_5 为进口通道颗粒层表面处压力。

(3)气流穿过多孔介质颗粒沉积层产生的压力损失 Δp_p:

$$\Delta p_p = \Delta p_{5,4} = p_5 - p_4 \tag{6-19}$$

式中，p_4 为颗粒沉积层和过滤层交界壁面处压力。

（4）气流穿过多孔介质过滤层产生的压力损失 Δp_w：

$$\Delta p_w = \Delta p_{4,3} = p_4 - p_3 \tag{6-20}$$

式中，p_3 为出口通道过滤层表面处压力。

（5）气体在出口通道内流动，出口通道内的沿程阻力损失 Δp_{out}：

$$\Delta p_{out} = \Delta p_{3,2} = p_3 - p_2 \tag{6-21}$$

式中，p_2 为出口通道口处压力。

（6）气体流出出口通道，出口扩散产生的局部压力损失 Δp_{exp}：

$$\Delta p_{exp} = \Delta p_{2,1} = p_2 - p_1 \tag{6-22}$$

对于该流动过程，可以用一维模型来描述其中的压力和速度分布，这个模型建立在质量、动量和能量守恒基础之上。建模时有如下前提：进入通道的气流是均匀的，不可压缩的，且为层流流动，整个过程是绝热的，通道内无化学反应过程。因此，该过滤体压力损失的建模过程中，可以只运用质量守恒和动量守恒原理来进行研究。下面分别对以上几种压力损失进行研究。

1）进口和出口通道内的压力损失模型

（1）质量守恒模型

进口通道内的质量守恒表达式如下：

$$\frac{\partial(\rho_i u_i)}{\partial x} = -\frac{4}{a}\rho_w u_w \tag{6-23}$$

式中　x——沿通道方向的坐标；

　　　a——通道宽度；

　　　ρ_i——进口通道内气流密度

　　　u_i——进口通道内气流速度；

　　　ρ_w——穿越壁面层的气流密度；

　　　u_w——穿越壁面层的气流速度。

其中 u_w 的计算如下：

$$u_w = \frac{Ua}{4L} \tag{6-24}$$

$$U = \frac{8Q}{\pi D_f^2 \sigma a^2} \tag{6-25}$$

以上两式中　U——过滤体入口处气流速度；

　　　　　　L——过滤体的长度；

　　　　　　D_f——过滤体的直径；

　　　　　　Q——柴油机排气流量；

　　　　　　σ——过滤体的孔密度。

同样,出口通道内的质量守恒表达式如下:

$$\frac{\partial(\rho_\text{o}u_\text{o})}{\partial x}=\frac{4}{a}\rho_\text{w}u_\text{w}\tag{6-26}$$

式中　ρ_o——出口通道内的气流密度;

　　　u_o——出口通道内的气流速度。

（2）动量守恒模型

进口通道内的动量守恒表达式如下:

$$\frac{\partial(\rho_\text{i}u_\text{i}^2)}{\partial x}+\frac{\partial p_\text{i}}{\partial x}=-F_\text{i}\frac{\mu u_\text{i}}{a^2}\tag{6-27}$$

式中　p_i——进口通道内的气体压力;

　　　F_i——进口通道内的摩擦损失系数,为气体的动力黏度。

出口通道内的动量守恒表达式如下:

$$\frac{\partial(\rho_\text{o}u_\text{o}^2)}{\partial x}+\frac{\partial p_\text{o}}{\partial x}=-F_\text{o}\frac{\mu u_0}{a^2}\tag{6-28}$$

式中　p_o——出口通道内的气体压力;

　　　F_o——出口通道内的摩擦损失系数。

（3）压力损失模型

进口通道内的沿程阻力损失 Δp_in 为:

$$\Delta p_\text{in}=\Delta p_{6,5}=F_\text{i}\frac{\mu RT\dot{m}L}{3M_\text{g}N}\frac{1}{p_5(a-2w_\text{p})^4}\tag{6-29}$$

式中　T——当地温度;

　　　L——通道长度;

　　　$\dot{m}$——气体流量;

　　　M_g——气体摩尔质量;

　　　N——过滤体开口通道的数量;

　　　a——过滤体通道宽度;

　　　w_p——颗粒沉积层厚度。

$\dot{m}$ 和 N 的表达式分别如下:

$$\dot{m}=\rho_\text{w}u_\text{w}A_\text{f}\tag{6-30}$$
$$A_\text{f}=2V_\text{t}a\times1\,500\sigma\tag{6-31}$$

式中　A_f——过滤体过滤面积;

　　　V_t——过滤体的有效捕集容积。

$$N=\frac{V_\text{t}\times1\,550\sigma}{2L}\tag{6-32}$$

出口通道内的沿程阻力损失 Δp_{out} 为：

$$\Delta p_{\text{out}} = \Delta p_{3.2} = F_{\circ} \frac{\mu RT \dot{m} L}{3 M_{\text{g}} N} \frac{1}{p_3 a^4} \tag{6-33}$$

2）过滤层内的压力损失模型

通常，在气流速度较低的时候，多孔介质过滤层内的压力损失 Δp_{w} 可以用达西定律（Darcy）来描述；在气流速度较高时，要考虑惯性损失，需增加一个附加福熙海麦（Forchheimer）项[10]。其表达式如下：

$$\Delta p_{\text{w}} = \underbrace{\frac{u}{k} u_{\text{w}} w_{\text{w}}}_{\text{Darcy}} + \underbrace{\beta \rho u_{\text{w}}{}^2 w_{\text{w}}}_{\text{Forchheimer}} \tag{6-34}$$

式中　k——过滤层渗透率；

　　　β——Forchheimer 系数；

　　　w_{w}——过滤壁厚度。

第一部分为达西基本项，第二部分为福熙海麦附加项。

进一步的分析表达式如下：

$$\Delta p_{\text{w}} = \frac{RT}{M_{\text{g}} p_3} \cdot \frac{w_{\text{w}} \dot{m}}{A_{\text{f}}} \left(\frac{\mu}{k} + \frac{\beta \dot{m}}{A_{\text{f}}} \right) \tag{6-35}$$

3）颗粒沉积层内压力损失的非稳态动力学模型

颗粒沉积在进口通道内，形成一个颗粒层，同样参与过滤，并产生压力损失，这是一个多孔介质过滤层的穿透压力损失，该过程也遵循达西定律。但与过滤壁面层有所不同的是，该多孔介质的特性参数是动态的，因此需要对其建立动力学模型。图 6-18 所示为一个通道内气流通过颗粒沉积层和过滤壁面层情况的示意图。

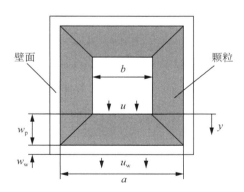

图 6-18　气流通过颗粒沉积层和过滤壁面层情况的示意图

由图可以看出，通道内的颗粒沉积层呈梯形，其宽度 b 为：

$$b(y) = a - 2(w_{\text{p}} - y) \tag{6-36}$$

式中　a——通道宽度；

w_p——颗粒沉积层厚度；

y——垂直于通道方向的坐标。

颗粒层厚度 w_p 计算如下：

$$w_p = \frac{1}{2}\left(a - \sqrt{a^2 - \frac{2m_p}{\rho_p V_t \cdot 1\,550 \cdot \sigma}}\right) \tag{6-37}$$

式中　m_p——颗粒沉积层的质量；

ρ_p——沉积颗粒层的密度；

V_t——过滤体的有效捕集容积。

同样运用达西定律，给出颗粒沉积层内沿气流方向的压力损失：

$$\frac{\mathrm{d}p}{\mathrm{d}y} = \underbrace{\frac{u}{k_p}u^2(y)}_{\text{Darcy}} + \underbrace{\beta\rho(y)u^2(y)}_{\text{Forchheimer}} \tag{6-38}$$

式中　k_p——颗粒沉积层的渗透率；

u——颗粒沉积层内气流速度。

颗粒沉积层的渗透率 k_p 与分子平均自由行程相关，与当地温度和压力相关，可以用下式表达[11]：

$$k_p = k_0\left(1 + C\frac{p_0}{p}\mu\sqrt{\frac{T}{M_g}}\right) \tag{6-39}$$

式中　p——当地压力；

T——当地温度；

p_0——标准大气压；

k_0——基本渗透率；

C——渗透率修正系数。

若柴油机工况稳定，则认为流经颗粒层的质量流量是稳态的，但流经颗粒沉积层的气流速度仍然是变化的，这主要是颗粒层内气流密度以及通道宽度 b 的变化引起的。如下式所示：

$$u(y) = \frac{\rho_w u_w a}{\rho(y)b(y)} \tag{6-40}$$

式中　$\rho(y)$——当地气体密度。

其实沿颗粒沉积层方向，气体密度是当地压力的函数。其表达式如下：

$$\rho(y) = \frac{p(y)M_g}{RT} \tag{6-41}$$

根据过滤体工作原理，沿着 y 方向当地压力不断降低，计算出的渗透率系数就成为 y 的函数，也是在不断变化，这样在求解颗粒层渗透率时会较为复杂，为计算方便进行合理简化，用颗粒层进入面和出口面的压力求平均值，如下所示：

$$\bar{p}=\frac{p_5+p_4}{2} \tag{6-42}$$

联合上式,可进一步得到经过颗粒沉积层的非稳态压力损失为:

$$\Delta p_{\mathrm{p}}=\frac{RT}{M_{\mathrm{g}}\bar{p}}\left[\frac{\mu a\dot{m}}{2k_{\mathrm{p}}(\bar{p})A_{\mathrm{f}}}\ln\left(\frac{a}{a-2w_{\mathrm{p}}}\right)+\frac{\beta aw_{\mathrm{p}}\dot{m}^2}{(a-2w_{\mathrm{p}})A_{\mathrm{f}}^2}\right] \tag{6-43}$$

4) 进口收缩和出口扩散导致的压力损失

如前所述,除了气体在通道和壁面内的流动之外,壁流式过滤体通道的交错结构使通道进口产生突然的气流收缩,在通道出口会产生气流的突然扩散,这些均可导致压力损失,对这些压力损失的建模有助于准确评价整个过滤体的压力损失。

通道进口处突然收缩产生的压力损失如下:

$$\Delta p_{\mathrm{con}}=\left[1.1-0.4\frac{(a-2w_{\mathrm{p}})^2}{2(a+w_{\mathrm{w}})^2}\right]\frac{Mg(p_5u_5^2)_{x=0}}{2RT} \tag{6-44}$$

通道出口处突然扩散产生的压力损失如下:

$$\Delta p_{\mathrm{exp}}=\left[1-\frac{a^2}{2(a+w_{\mathrm{w}})^2}\right]\frac{M_{\mathrm{g}}(p_3u_3^2)_{x=L}}{2RT} \tag{6-45}$$

运用质量和动量守恒方程求解以上参数,设进口通道最后一个单元和出口通道第一个单元的轴向速度均为零,对以上表达式进行计算。

5) 壁流式过滤体压力损失的计算模型

根据以上研究,考虑颗粒沉积的壁流式过滤体压力损失 Δp 可以表达为:

$$\Delta p=\Delta p_{\mathrm{con}}+\Delta p_{\mathrm{m}}+\Delta p_{\mathrm{p}}+\Delta p_{\mathrm{w}}+\Delta p_{\mathrm{out}}+\Delta p_{\mathrm{exp}} \tag{6-46}$$

再联合上式,就得出了壁流式过滤体压力损失的一维非稳态计算模型。

6.3.2　载体长度和直径的影响

过滤体的直径和长度是最直接的宏观特征参数,对压力损失有着重要影响[12]。二者对压力损失的影响如图 6-19 所示。可以看出,直径的变化对压力损失的影响较为一致。随着过滤体直径的增加,压力损失下降非常迅速,这一现象对各点均成立,这主要是因为直径的改变会引起过滤体体积的二次方变化,并且对气体来流速度和壁面气流速度的影响很大且趋势一致,从而使穿透压力损失和局部压力损失变化幅度较大。

而该处过滤体长度的变化对压力损失的影响趋势不甚显著,这主要是过滤体长度变化对压力损失几个主要组成部分影响趋势不一致造成的,

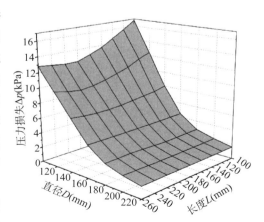

图 6-19　过滤体直径和长度对 DPF 压力损失的影响

比如长度增加会增加沿程阻力损失,但同时会降低气流穿越壁面和颗粒层的压力损失,所以长度变化对压力损失的影响较为复杂。为此,本文对过滤体直径为 170 mm 时,长度变化对压力损失构成的比例进行了研究,结果如图 6-20 所示。可以看出,随着过滤体长度的增加,沿程阻力损失比例呈增加趋势,而颗粒层和壁面压力损失比例降低,这是因为此处计算的前提是过滤体颗粒沉积质量不变,而长度增加直接引起体积增大,颗粒层厚度减小,所以其相对损失比例下降。收缩扩散压力损失比例略有变化,但幅度不大,其实其绝对压力损失值是不变的,这也说明该处长度变化对总的压力损失影响较小。

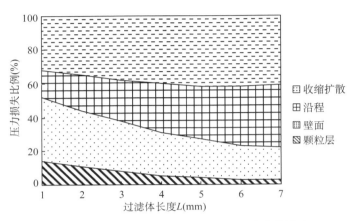

图 6-20 过滤体长度对 DPF 压力损失构成的影响

6.3.3 载体孔密度和壁厚的影响

过滤体的孔密度和壁厚是其最直接的微观特征参数,对压力损失也有着重要影响,如图 6-21 所示。可以看出,壁厚对压力损失的影响具有较好的一致性。孔密度不变时,随着过滤体壁厚的增加,压力损失显著上升,这是因为壁厚增加使影响壁面穿透压力损失上升,并且在相同孔密度下使气体来流速度加快,从而使局部和沿程压力损失增大,这样就使整体压力损失增大。

孔密度对压力损失的影响较为复杂。随着孔密度的增加,压力损失的变化趋势与壁厚大小有很大关系。在较小壁厚时,当孔密度由 100 cpsi 开始增加时,压力损失先减小,后有所增加,但 400 cpsi 的压力损失仍低于 100 cpsi。在较大壁厚时,随着孔密度的增加,压力损失一直呈现上升趋势。这主要是孔密度对各部分压力损失的影响不一致造成的。

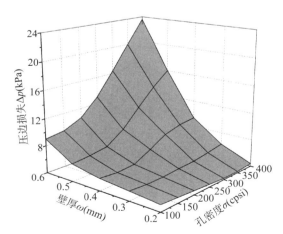

图 6-21 过滤体孔密度和壁厚对
DPF 压力损失的影响

图 6-22 所示为孔密度对压力损失构成的影响,DPF 壁厚为 0.305 mm。可以看出,随着孔密度增加,壁面和颗粒沉积层的压力损失比

例降低,尤其是颗粒层压力损失,这主要是孔密度增加使单个通道颗粒沉积层厚度降低造成的。随着孔密度的增加,局部压力损失和沿程压力损失比例上升,尤其是沿程损失压力,这主要是通道内气流速度加快的结果[13]。

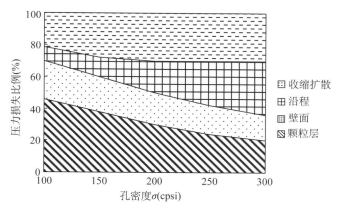

图 6-22　过滤体孔密度对 DPF 压力损失构成的影响

6.3.4　载体孔隙率和微孔孔径的影响

孔隙率和微孔孔径直接关系到过滤体的压力损失,二者对压力损失有着重要影响,结果如图 6-23 所示。可以看出,随着孔隙率的降低,压力损失逐渐增大,开始幅度较为缓和,到后期迅速上升。孔隙率的降低使壁面渗透率降低,从而导致压力损失上升。当该值低于某一值后,会使渗透率急剧下降。微孔孔径减小,也会使压力损失上升,因为该值的减小也会导致壁面渗透率的降低,从而使压力损失上升。二者互相影响,当微孔孔径在 30 μm 以上时,孔隙率降低压力损失上升幅度不大;孔隙率在 45％ 以上时,微孔孔径的降低也未使压力损失有大幅上升。因此,孔隙率和微孔孔径的合理匹配对控制压力损失十分重要[14]。

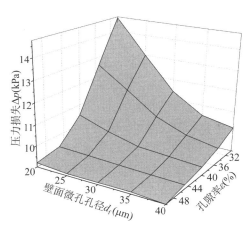

图 6-23　过滤体孔隙率和微孔孔径对 DPF 压力损失的影响

6.4　结构参数对 DPF 减排性能的影响

6.4.1　DPF 载体直径/长度的影响

1) 对排气参数的影响

基于某型发动机对不同工况下不同参数 DPF 的性能进行了试验研究,得到了 DPF 结构参数对柴油机排放性能的影响。图 6-24 所示为不同工况下不同载体直径 D(mm)/长度

$L(\mathrm{mm})$ 的 DPF 的前后温差。由图 6-24(a)可知,1 400 r/min 转速下,随负荷的增大,不同载体直径/长度的 DPF 前后温差呈先增大后减小的趋势,在 25%和 50%负荷取极大值。对于不同载体直径/长度的 DPF,增加载体长度使 DPF 前后温差减小,在相同载体体积下,改变径长比对温差影响不大。由图 6-24(b)可知,75%负荷条件下,DPF 前后温差随发动机转速的增大呈先增大后减小的趋势,在 1 100 r/min 取极大值。对于不同直径/长度的 DPF,增加载体长度使 DPF 前后温差减小,在相同载体体积下,改变径长比对温差影响不大。

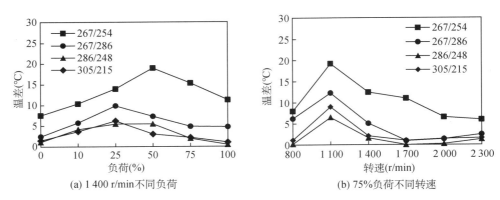

(a) 1 400 r/min不同负荷　　　　　　(b) 75%负荷不同转速

图 6-24　不同直径(mm)/长度(mm)DPF 的前后温差

不同 DPF 径长比会对气流的轴向及径向流场产生影响,进而影响 DPF 的前后压差。图 6-25 所示为不同工况下不同直径/长度的 DPF 的前后压差。由图 6-25(a)可知,1 400 r/min 转速下,随负荷的增大,不同载体直径/长度的 DPF 前后压差呈增大的趋势。对于不同载体直径/长度的 DPF,增加载体长度使 DPF 前后压差减小,在相同载体体积下,减小载体长度增大载体直径,使 DPF 前后压差减小。由图 6-25(b)可知,75%负荷条件下,DPF 前后压差随发动机转速的增大呈增大的趋势。对于不同载体直径/长度的 DPF,增加载体长度使 DPF 前后压差减小,在相同载体体积下,减小载体长度增大载体直径,使 DPF 前后压差减小。DPF 的排气背压主要由局部压力损失、沿程压力损失和壁面压力损失组成,当径长比增大时,DPF 径向尺寸增大而轴向尺寸减小,由此造成的沿程压力损失减小,引起排气背压下降[15]。

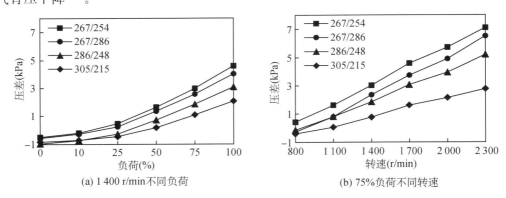

(a) 1 400 r/min不同负荷　　　　　　(b) 75%负荷不同转速

图 6-25　不同直径(mm)/长度(mm)DPF 的前后压差

2）气态污染物排放的影响

如前文所述,不同直径/长度的 DPF,流经气流的流通面积及驻留时间会有所不同,因此,CDPF 呈现出不同的催化特性。图 6-26 所示为 1 400 r/min 转速不同负荷条件下不同直径/长度的 CDPF 对 CO 和 HC 等气态污染物排放的影响。由图 6-26(a)可知,增大 CDPF 载体的长度,CO 排放反而有所增加,在载体体积不变的前提下,减小载体的长度增大载体的直径减少了空负荷时 CO 排放,10% 负荷时 CO 排放均很低。由图 6-26(b)可知,增大 CDPF 载体的长度,HC 排放有所增加,在载体体积不变的前提下,减小载体的长度增大载体的直径,HC 排放呈先减少后增加的趋势,中间径长比的载体 HC 排放较低,即对于体积固定的载体,其直径/长度可能存在最优比,使 CDPF 后 HC 排放最低[16]。

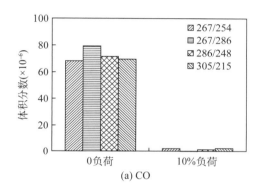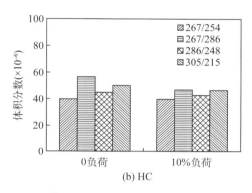

图 6-26　不同直径(mm)/长度(mm)CDPF 的 CO 和 HC 减排特性

图 6-27 所示为不同工况下不同直径/长度的 CDPF 对 NO_2 占比的影响。由图 6-27(a)可知,1 400 r/min 转速下,随负荷的增大,不同直径/长度 CDPF 后 NO_2 占比呈先增大后减小的趋势,对于直径/长度为 267/254 和 267/286 的 CDPF,增加载体长度使 CDPF 后 NO_2 占比有所增加(50% 负荷除外)。在相同载体体积下,减小载体长度增大载体直径,使 50% 负荷及以上 NO_2 占比呈增大趋势。由图 6-33(b)可知,75% 负荷不同转速条件下,不同载体直径/长度 CDPF 后 NO_2 占比呈先减小后增大的趋势,对于直径/长度为 267/254 和 267/286 的 DPF,增大载体长度,NO_2 占比在多数转速下增大,1 700 r/min 转速下减小。在相同载体体积下,减小载体长度增大载体直径,使 CDPF 后 NO_2 占比在 1 700 r/min 以下呈先减小后

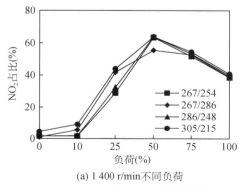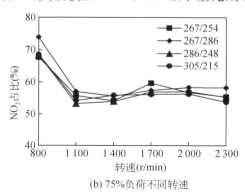

图 6-27　不同直径(mm)/长度(mm)CDPF 后 NO_2 占比

增大的趋势,在 1 700 r/min 及以上转速工况下呈减小趋势。综上所述,增大 CDPF 载体的长度使 DPF 后 NO_2 占比增大,在相同载体体积下,减小载体长度增大载体直径,使 CDPF 后 NO_2 占比在低转速或小负荷工况下呈先减小后增大的趋势,在高转速工况下呈减小趋势[17]。

3)颗粒物排放的影响

图 6-28 所示为不同工况下不同载体直径/长度 CDPF 后固体颗粒排放特性。可以看出,不同工况下 CDPF 后的 PN 排放浓度基本随载体直径/长度的增大呈逐渐升高的趋势,尤其是直径/长度为 305/215 的 CDPF 后 PN 排放在高负荷和高转速明显增加。其可能原因是 CDPF 过滤体体积一定时,径长比越大,其轴向尺寸越小,CDPF 沿程捕集有效尺寸越小,另一方面,捕集的颗粒在气流作用下有可能从 CDPF 逃逸,造成 CDPF 后的 PN 排放浓度升高。

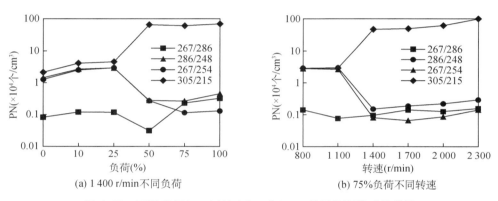

(a) 1 400 r/min 不同负荷   (b) 75%负荷不同转速

图 6-28　不同直径(mm)/长度(mm)CDPF 的固体颗粒减排特性

CDPF 径长比同样会对颗粒的粒径分布特性产生影响。图 6-29 所示为 1 400 r/min 50% 负荷时 CDPF 不同载体直径/长度对 PN 粒径分布的影响。CDPF 对柴油机颗粒的减排率可以达到 90%以上,这就造成 DPF 后颗粒排放浓度较低,某些粒径下颗粒浓度甚至无

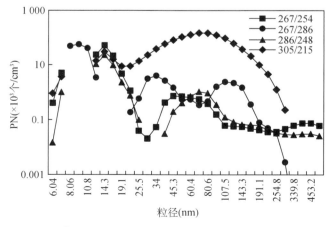

图 6-29　1 400 r/min 50%负荷不同载体直径(mm)/长度(mm)CDPF 对 PN 粒径分布的影响

法被检测仪器识别,如图 6-29 所示,8.06 nm 粒径对应的颗粒浓度就无法检出。可以看出,直径/长度为 305/215 的 DPF 后 19 nm 以上的 PN 排放明显增加,69 nm 的 PN 排放值达到 1.47×10^5 个/cm³,相比 DPF 入口的 5.40×10^5 个/cm³ 下降 72.8%,明显低于正常工况。其他方案不同 DPF 后 PN 在不同粒径的分布均很少,且随着粒径增加数量有降低趋势[18-19]。

6.4.2　DPF 载体材料的影响

1) 对排气参数的影响

图 6-30 为不同载体材料 CDPF 的前后温差。由图 6-30(a)可知,1 400 r/min 转速下,随负荷的增大,不同载体材料 CDPF 的前后温差呈先增大后减小的趋势,在 25% 负荷下取极大值,使用 SiC 材料将使 CDPF 前后温差变大。由图 6-30(b)可知,75% 负荷条件下,CDPF 前后温差随发动机转速的增大呈先增大后减小再增大的趋势,在 1 100 r/min 时取极大值,在 2 300 r/min 下,CDPF 前后温差增大。使用 SiC 材料将使 CDPF 前后温差变大。综上所述,相对于 SiC 材料,堇青石载体的 CDPF 前后温差较小。

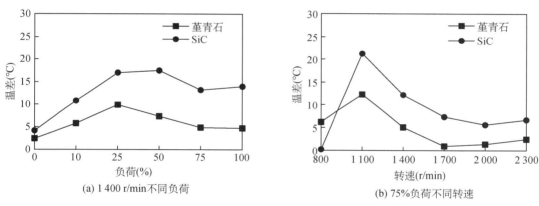

(a) 1 400 r/min不同负荷　　　　　(b) 75%负荷不同转速

图 6-30　不同载体材料 CDPF 的前后温差

图 6-31 所示为不同载体材料 CDPF 的前后压差。由图 6-31(a)可知,1 400 r/min 转速下,随负荷的增大,CDPF 前后压差呈增大趋势,使用堇青石和 SiC 材料对 CDPF 前后压差

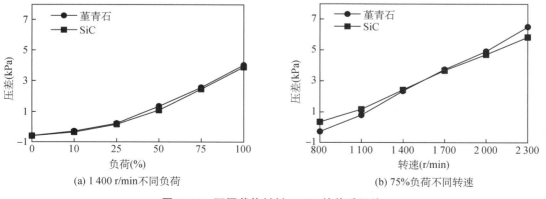

(a) 1 400 r/min不同负荷　　　　　(b) 75%负荷不同转速

图 6-31　不同载体材料 CDPF 的前后压差

影响不大。由图 6-31(b)可知,75%负荷不同转速条件下,DPF 前后压差随发动机转速的增大而增加,使用 SiC 和堇青石材料的 CDPF 前后压差较接近,但使用 SiC 材料压差随转速增幅比堇青石小,主要是因为 SiC 材料微孔孔径更大。

2) 气态污染物排放的影响

图 6-32 为 1 400 r/min 转速不同负荷条件下不同载体材料的 CDPF 对 CO 和 HC 等气态污染物排放的影响。由图 6-32(a)可知,在空负荷下,堇青石载体的 CDPF 后的 CO 排放稍高,说明 SiC 载体的 CDPF 的催化剂的起燃特性优于堇青石材质。10%负荷下两种材质 CDPF 后的 CO 排放均很低。由图 6-32(b)可知,堇青石载体的 CDPF 后的 HC 排放稍高,同样说明 SiC 材质 CDPF 的催化剂起燃特性更好。

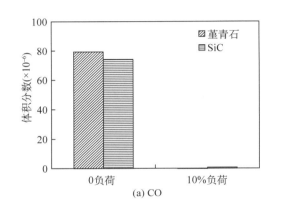 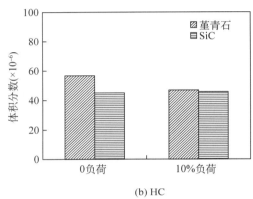

图 6-32 不同载体材料 CDPF 的 CO 和 HC 减排特性

图 6-33 为不同载体材料的 CDPF 对 NO_2 占比的影响。由图 6-33(a)可知,1 400 r/min 转速下,随负荷的增大,不同载体材料 CDPF 后 NO_2 占比均呈先增大后减小的趋势,在 50% 负荷下取极大值,堇青石载体 CDPF 后的 NO_2 占比整体略高于 SiC。由图 6-33(b)可知,75%负荷条件下,不同载体材料 CDPF 后 NO_2 占比均呈先减小后增大的趋势,在 1 400 r/min 转速下取极小值。SiC 载体材料的 CDPF 后 NO_2 占比低于堇青石。综上所述,堇青石材料的 CDPF 后 CO、HC 以及 NO_2 排放均略高于 SiC,这可能与材料的微观结构有关[20]。

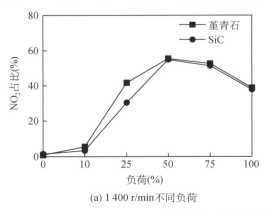 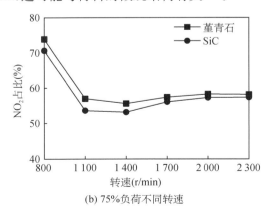

图 6-33 不同载体材料 CDPF 后 NO_2 占比

3) 颗粒物排放的影响

图 6-34 所示为不同载体材料 CDPF 后固体颗粒排放特性。由图可以看出,董青石材质的 CDPF 在各工况下的 PN 排放均低于 SiC,通常认为两种材料的各种性能均很接近,这一规律可能是由于 SiC 材料的微观孔隙尺寸较大,对颗粒物的过滤效果低于董青石。

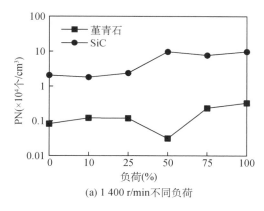
(a) 1 400 r/min不同负荷

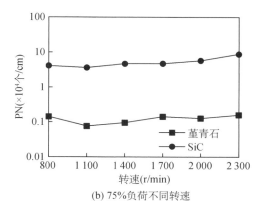
(b) 75%负荷不同转速

图 6-34　不同载体材料 CDPF 的固体颗粒减排特性

图 6-35 所示为 1 400 r/min 50％负荷时 DPF 不同载体材料对 PN 粒径分布的影响。由图可以看出,SiC 材质的 DPF 在 19 nm 以上的 PN 排放整体高于董青石,造成总 PN 排放较高,这与 SPCS 测得的固体颗粒排放的结果一致。

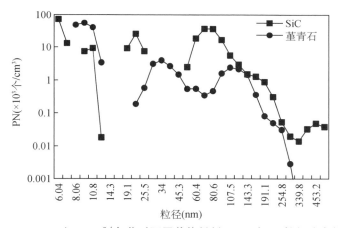

图 6-35　1 400 r/min 50％负荷时不同载体材料 DPF 对 PN 粒径分布的影响

6.5　DPF 载体涂敷工艺

6.5.1　DPF 载体低背压成型及涂敷技术

超薄壁载体成型是载体低背压涂覆技术的基础。无机原料的粒度必须在薄壁产品原料的基础上做到更细,才能确保在产品成型过程中无机原料能在模具切割槽中顺畅地通过。同时为了确保产品中合成的董青石晶体能够产生定向排列,各原料间的颗粒级配必须经过试验优化;可塑性足够高的泥料才能确保泥料通过模具挤出的湿坯,具备抵抗自身重力而不产生变形的塑形性。必须优选水溶性好、成膜性强的有机黏结剂,同时配以高效的润滑剂,除了确保泥料的可塑性外,还要提升泥料的内、外润滑性,提升泥料的成型性,降低成型压力;泥料的均匀性、模具的均匀性又是超薄壁载体技术的关键。通过对传统模具进行表面化学镀处理,实现模具薄壁要求,同时提高模具表面的光洁度,降低成型压力需求;产品干燥脱水定型过程即使采用微波干燥仍会出现各部分水分挥发速度不均匀现象,特别是中心与表面的差异极易造成产品侧面外皮开裂。在微波干燥前期给产品所处环境喷入一定浓度的水蒸气来控制坯体外皮水分蒸发的速度可以解决干燥开裂的问题。

涂敷技术是降低载体背压的又一关键技术。它通过筛选不同涂层组分材料、配方比例,优化贵金属 Pt-Pd 分散技术,并应用微观造孔技术,有效控制颗粒捕获器侧壁微孔均匀性与材料热膨胀系数,实现耐高温与抗热冲击的堇青石 CDPF 颗粒捕获器可控制备;精确控制涂层浆料的粒度分布和粘度,利用"筛分技术"调变进入不同直径孔道的浆液填充量,控制负载在载体壁和过滤孔内涂层的涂覆比例,提高 CDPF 的涂覆量并减小背压增加。

造孔剂对 DPF 载体孔隙成型和降低排气背压十分关键。造孔剂的多少及颗粒大小不仅影响产品孔隙率、孔大小及形状,还影响产品的强度、成型挤出效果和烧成成品率,通过试验测定在不同陶瓷原料配方的基础上不同造孔剂和颗粒度的情况下,堇青石过滤体的孔隙率、孔结构及生产过程产品的成活率,可确定最佳造孔剂种类及颗粒度,使堇青石过滤体具有较高的孔隙率、较高的强度和适合于催化剂涂层的孔结构。常用造孔剂有无机和有机两类,无机造孔剂有石墨、碳粉等,有机造孔剂主要是聚甲基丙烯酸甲酯等高分子聚合物。造孔剂颗粒的形状和大小决定了多孔陶瓷材料气孔的形状和大小,其加入量为一般为 $10\% \sim 20\%$。

6.5.2 高可靠性涂敷技术

催化剂涂覆对催化器背压影响较大。图 6-36 所示为涂覆和未涂覆催化剂时 DPF 的排气背压对比,可以看出,随碳载量的增大,DPF 排气背压呈线性升高。与白载体相比,DPF 涂覆催化剂后排气背压平均升高达 12% 以上。图 6-37 所示为材质相同的情况下 DPF 不同涂覆厚度下的排气背压,可以看出,相同排气流量下,涂覆厚度越大,排气背压越大,适当减小壁厚是降低背压的重要手段。因此,DPF 催化剂的涂覆技术优化对于降低排气背压十分关键。

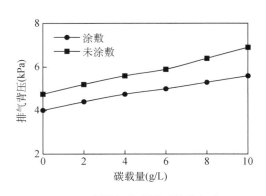

图 6-36　涂覆和未涂覆时的排气背压

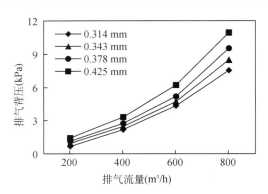

图 6-37　不同涂覆厚度下的排气背压

分段涂覆工艺已经在催化剂的匹配和制备中广泛应用,分段涂覆使活性组分可以富集到催化剂前段,能够降低催化剂冷启动阶段的起燃温度,提高催化剂对尾气中 HC、CO 和 NO$_x$ 等主要污染物的净化效率。在目前的制备工艺过程中,分段涂覆高度和区域不视的,除了砸开催化剂载体外,没有别的很好的办法来探视,这样势必造成载体的浪费,应用整体催化剂涂层探针可有效改善这一状况,探针的发明可以有效解决这一难题,使工艺过程可控,节省成本,特别提供一种机动车蜂窝陶瓷和金属整体催化剂涂层探针,可以解决分段涂覆时涂层高度和区域不视的问题,避免砸开催化剂,使工艺过程可控,节省成本。

此外,自动化程度和涂覆效率高的全自动定量蜂窝载体催化剂涂覆技术及设备的应用可有效降低排气背压 20% 以上。采用新型涂覆技术涂覆的颗粒捕集器,涂覆催化剂后压差不会明显增加,见图 6-38。整体催化剂涂层探针技术的应用,可实现整体催化剂分段涂覆时涂层高度和位置的自动化检测,有助于建成集全自动定量蜂窝载体催化剂涂覆和整体催化剂涂层探针自动检测于一体的催化剂涂覆生产线,实现 DPF 涂覆的规模生产。

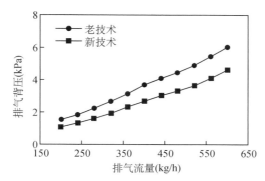

图 6-38　新、老涂覆技术下形成的背压差别

涂层在孔道壁面具有相同的涂覆量背压较大、催化剂涂覆量低和催化剂与碳黑接触较多等缺点,而涂层在孔壁内部具有相同涂覆量背压较小、催化剂可多涂覆和催化剂与碳黑接触较少等优点,涂覆特点如图 6-39 所示。

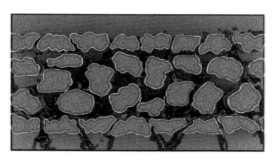

图 6-39　催化剂涂层在孔壁内部

为了追求更低的背压和燃油经济性,对 DPF 涂覆工艺进行了改进,通过对浆液颗粒度、黏度和固含量等参数的优化,采用定量涂覆技术将涂层涂覆在孔壁内部,实现由涂层在孔道壁面向涂层在孔壁内部转变。产品检测结果如图 6-40 和 6-41 所示。

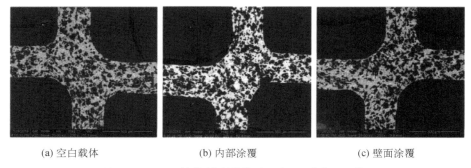

(a) 空白载体   (b) 内部涂覆   (c) 壁面涂覆

图 6-40　DPF 催化剂涂覆检测示意图(放大 200 倍)

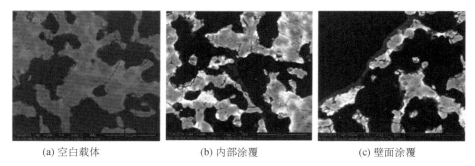

(a) 空白载体   (b) 内部涂覆   (c) 壁面涂覆

图 6-41　DPF 催化剂涂覆检测示意图(放大 2 000 倍)

参考文献

[1]　KONSTANDOPOULOS A G，JOHNSON J H. Wall-flow diesel particulate filters-their pressure drop and collection efficiency[J]. SAE Transactions，1989：625-647.

[2]　SERRANO J R，ARNAU F J，PIQUERAS P，et al. Packed bed of spherical particles approach for pressure drop prediction in wall-flow DPFs (diesel particulate filters) under soot loading conditions [J]. Energy，2013，58：644-654.

[3]　孔祥言. 高等渗流力学[M]. 合肥：中国科技大学出版社，1997：90-92.

[4]　WOODING R A. Convection in a saturated porous medium at large Rayleigh number or Peclet number[J]. Journal of Fluid Mechanics，1963，15(4)：527-544.

[5]　BISSETT E J. Mathematical model of the thermal regeneration of a wall-flow monolith diesel particulate filter[J]. Chemical Engineering Science，1984，39(7-8)：1233-1244.

[6]　HINDS W C. Aerosol technology：properties，behavior，and measurement of airborne particles[M]. John Wiley & Sons，2012：113-134.

[7]　BOULTON R B，SINGLETON V L，BISSON L F，et al. Principles and practices of winemaking [M]. Springer Science & Business Media，2013：165-179.

[8]　YAMAMOTO K，SAKAI T. Simulation of continuously regenerating trap with catalyzed DPF[J]. Catalysis today，2015，242：357-362.

[9]　KRAEMER H F，JOHNSTONE H F. Collection of aerosol particles in presence of electrostatic fields[J]. Industrial & Engineering Chemistry，1955，47(12)：2426-2434.

[10]　JANG S P，CHOI S U S. Role of Brownian motion in the enhanced thermal conductivity of nanofluids[J]. Applied physics letters，2004，84(21)：4316-4318.

[11]　BENSAID S，MARCHISIO D L，FINO D，et al. Modelling of diesel particulate filtration in wall-flow traps[J]. Chemical Engineering Journal，2009，154(1-3)：211-218.

[12]　耿小雨.结构参数对重型柴油机 DOC＋CDPF 性能影响研究[D].上海:同济大学,2018：35-61.

[13]　谭丕强,胡志远,楼狄明,等.柴油机捕集器结构参数对不同粒径颗粒过滤特性的影响[J].机械工程学报,2008(2):175-181.

[14]　冯谦,楼狄明,谭丕强,等.催化型 DPF 对车用柴油机气态污染物的影响研究[J].燃料化学学报,2014,42(12):1513-1521.

[15]　楼狄明,温雅,谭丕强,等.连续再生颗粒捕集器对柴油机颗粒排放的影响[J].同济大学学报(自然科学版),2014,42(8):1238-1244.

[16]　楼狄明,决坤有,房亮,等.催化型颗粒物捕集器长度对其捕集性能的影响[J].同济大学学报(自然科学版),2019,47(S1):39-42.

[17]　楼狄明,王亚馨,孙瑜泽,等.氧化型催化器载体长度对柴油机排放性能的影响[J].同济大学学报(自然科学版),2019,47(04):548-553,592.

[18]　张静,楼狄明,谭丕强,等.不同后处理装置对柴油车颗粒物减排的影响[J].同济大学学报(自然科学版),2018,46(7):956-963.

[19]　楼狄明,李泽宣,谭丕强,等.DOC＋CDPF 对重型柴油车颗粒物道路排放特性的影响[J].环境工程,2018,36(6):90-94.

[20]　楼狄明,耿小雨,宋博,等.DOC 和 CDPF 对柴油公交车颗粒物组分的影响[J].环境科学,2018,39(03):1040-1045.

第 7 章　CDPF 催化特性及其对柴油机排放特性的影响

CDPF 中催化剂组分、含量等极大地影响着 CDPF 催化性能。本章通过 X 射线衍射、X 射线光电子能谱等表征技术，对 CDPF 进行表征分析，结合 H$_2$ 程序升温还原分析技术进行 CDPF 的活性评价，系统开展 CDPF 催化剂组分中的贵金属含量、掺杂 La$_2$O$_3$ 助剂和不同双金属氧化物对其活性、抗劣化等性能的影响研究，分析负载不同催化剂组分的 CDPF 载体表面的物理化学结构和催化性能关系，研究 CDPF 应用在柴油车上对颗粒组分和二次颗粒气态前体物的减排性能，并研究 CDPF 在柴油车六万公里耐久后的催化性能劣化特征，为 CDPF 的催化性能研究、催化剂开发和整车应用提供科学指导。

7.1　催化剂性能表征方法

7.1.1　样品的表征方法

样品的表征方法有 X 射线衍射（X-ray Diffraction，XRD）、X 射线光电子能谱（X-ray Photoelectron Spectroscopy，XPS）、氢气程序升温还原分析技术（Hydrogen Temperature-Programmed Reduction，H$_2$-TPR）、高温水热老化处理方法、电感耦合等离子体（Inductively Coupled Plasma，ICP）和比表面积法（Brunauer-Emmett-Teller，BET）等。

1）X 射线衍射（XRD）

催化性能的决定因素不仅有其化学组成，还有相关原子在空间结合成分子或物质的方式，即结构形式。XRD 是通过对材料的 X 射线衍射和衍射图谱的分析，获得材料成分、内部原子或分子结构或形态信息的研究手段，实现精确测定物质的晶体结构、晶粒大小及应力，精确进行物相分析、定性分析、定量分析等[1]。

可采用德国布鲁克 AXS 公司 D8 ADVANCE X 射线衍射仪对催化剂样品进行检测分析，确定样品的物相变化、结晶度、晶胞参数等信息。为获得涂覆在后处理器上的催化剂样品，首先需进行催化剂取样，为了保证样品的代表性，要多取一些样品，对取下的碎片样品进行分步研磨，取 0.5 g 研磨后的粉末样品放入玻璃载体的凹槽内，使松散样品粉末略高于玻璃载体平面，取洁净毛玻璃片轻压样品表面，将多余粉末刮掉，反复平整样品表面，使样品表面压实而且不高出载体玻璃表面。样品压片制备好后，即可进行检测。

XRD 仪器检测条件：辐射源，Cu Kα；工作电压，40 kV；工作电流，40 mA；扫描范围，$2\theta=10°\sim100°$；步长，0.02°；步进时间，0.2 s；扫描时间，15 min。采用 MDI Jade5.0 软件计算粉末晶体样品的晶胞参数，由 Debye-Scherrer 公式[1]（式 7-1）计算获得催化剂样品晶格常数、晶胞体积和结晶度等信息。

$$D_{hkl} = \frac{K\lambda}{\beta_{hkl}cos\theta} \qquad (7-1)$$

式中　D_{hkl}——垂直于晶面 hkl 方向的平均厚度(nm);

　　　K——与晶体形状有关的 Scherrer 常数,通常取 0.89;

　　　λ——入射 X 射线波长,Cu Kα 波长为 0.154 18 nm;

　　　β_{hkl}——特征峰的半高宽(rad,单位弧度);

　　　θ——布拉格衍射角(°)。

2) X 射线光电子能(XPS)[2]

XPS 是一种能对催化剂材料表面进行电子分析的重要手段,是利用波长在 X 射线范围的高能光子照射被检测样品,测量由此引起的光电子能量分布的一种谱学方法。样品在 X 射线作用下,各种轨道电子都有可能从原子中激发成为光电子,由于各种原子、分子的轨道电子的结合能是一定的,通过谱图中各元素峰位移和峰强度所提供的信息,可有效地测定催化材料表面的元素组成及元素的化学状态。

采用美国 Perkin Elmer 公司的 PHI 5000C ESCA X 射线光电子能谱仪可以分析催化剂样品表面各元素相对含量比例和价态分布。待检样品为催化剂研磨的均匀细粉末状。X 射线源为 Mg Kα 线(1 253.6 eV),电压 14 kV,电流 20 mA,窄扫描通能 23.5 eV,数据采集步长为 0.2 eV/步,首先采集样品的 0~1 000 eV 的全扫描谱,而后采集各元素相关轨道的窄扫描谱,采用 AugerScan 320Demo 软件进行数据分析,以 C 1 s 结合能(284.6 eV)为标准,对样品进行荷电校正,进行定性及定量分析确定样品的结合能,并采用 AugerScan 320Demo 软件对各元素进行拟合分峰。

3) 氢气程序升温还原分析技术(H_2-TPR)[3-4]

H_2-TPR 技术可以提供负载金属催化剂在还原过程中金属氧化物之间或金属氧化物与载体之间相互作用的信息。在升温过程中如果试样发生还原,气相中的氢气浓度随温度变化而变化,把这种变化过程记录下来就得到氢气浓度随温度变化的 TPR 图。其依据原理为:一种纯金属氧化物具有特定的还原温度,可以利用此还原温度来表征该氧化物的性质。两种氧化物混合在一起时,如果在 TPR 过程中每一种氧化物均保持自身还原温度不变,则彼此没有发生作用;反之,如果两种氧化物发生了固相反应的相互作用,氧化物的性质发生了变化,则原来的还原温度也要发生变化,用 TPR 技术可以记录这种变化。因此,TPR 技术是研究负载型催化剂中金属氧化物之间以及金属氧化物与载体之间相互作用的有效方法。

可采用美国 Micromeritics 公司的 ChemiSorb 2720 化学吸附仪对催化剂样品进行程序升温还原测定,研究样品的催化剂与载体的相互作用及储氧性能。制备并称取 40~60 目的 CDPF 粉末样品 120 mg 置于 U 形石英反应管中,首先在 Ar 气氛下 100℃预处理 0.5 h,然后 200℃预处理 1 h,冷却至 50℃。然后通入 H_2-Ar 还原混合气(10% H_2,90% Ar),控制载气流量 25 mL/min,粉末样品在 50℃下吹扫 10 min,然后调控温炉以 10℃/min 进行程序升温至 850℃,最后通过 Ar 吹扫降温。其中,H_2-Ar 混合气采用 5A 分子筛脱水并用 HDY 型脱氧催化剂脱氧净化,还原过程中产生的水汽采用异丙醇和液氮混合物做冷阱进行冷凝处理。H_2 的消耗量用热导池(TCD)作检测器,仪器自动记录 TCD 信号、加热温度随时间的变化信息,TCD 池温度为 60℃,TCD 电流为 60 mA。在 TPR 谱图上,通过计算峰的面积,便可以求出耗氢量。

4) 高温水热老化处理方法[5]

采用管式电阻老化炉对新鲜 CDPF 样品进行高温水热老化处理。老化炉的气体混合系统可将多种气体进行混合后通过样品。放置样品的反应管使用高密度石英,有效避免混合气体与反应管发生反应。此外电阻炉中装有水鼓泡系统,可以在老化过程中加入水汽。模拟柴油车的水热老化条件设计为:温度为 750℃;时间为 20 h;空速为 40 000 h^{-1};气体成分(体积分数)分别为 10%O_2、5%CO_2、10%H_2O,N_2 为平衡气。

5) 电感耦合等离子体(ICP)[6]

电感耦合等离子体(ICP)原子发射光谱分析以射频发生器提供的高频能量加到感应耦合线圈上,将等离子炬管置于该线圈中心,在炬管中产生高频电磁场,用微电火花引燃,使通入炬管中的氩气电离,产生电子和离子而导电。导电的气体受高频电磁场作用,形成与耦合线圈同心的涡流区,强大的电流产生的高热,从而形成火炬形状可自持的等离子体,由于高频电流的趋肤效应及内管载气的作用,使等离子体呈环状结构。

仪器可采用 Agilent ICP-5100 电感耦合等离子体分析仪,如图 7-1 所示,将试验样品全粉碎研磨,采用等分分样以确保取样的均一性和代表性,然后采用盐酸-硝酸-氢氟酸-高氯酸全分解样品,使试样全部消解形成澄清溶液,并稀释成一定的浓度。配制好的样品由载气带入雾化室进行雾化后,以气溶胶形式进入等离子的轴向通道,在高温和惰性气体中被充分蒸发、原子化、电离和激发,发射出的所含元素的特征谱线经分光系统进入光谱检测器,光谱检测器依据元素特征光谱进行定性、定量的分析。在一定浓度范围内,元素特征谱线上的响应值与其浓度成正比,根据各试验样品的特征光谱峰与标准样品的浓度峰即可定量得出各样品的贵金属含量。

6) 比表面积(BET)法

催化剂的比表面积(BET)是表征催化剂和载体材料表面吸附能力的主要参数。在催化剂的化学成分不变的前提下,单位体积或质量的催化剂活性由比表面积的大小决定,催化性能随着比表面积的增大而提高。仪器可采用 NOVA4200e Surface Area & Pore Size 低温氮气吸脱附分析仪,如图 7-2 所示。样品测试前需在 180℃下真空脱气 6 h,然后以 N_2 作为吸附质,在 −196℃的条件下完成整个吸附过程。

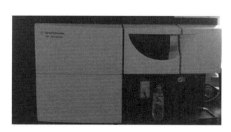

图 7-1　Agilent ICP-5100 电感耦合等离子体分析仪

图 7-2　NOVA4200e Surface Area & Pore Size 低温氮气吸脱附分析仪

7.1.2　活性评价方法

通常采用程序升温的方法对小样进行活性评价,下文以对 CDPF 的活性评价装置为例,进行活性评价方法简述。

CDPF 的活性评价装置由配气单元、反应单元和分析单元组成,如图 7-3 所示。

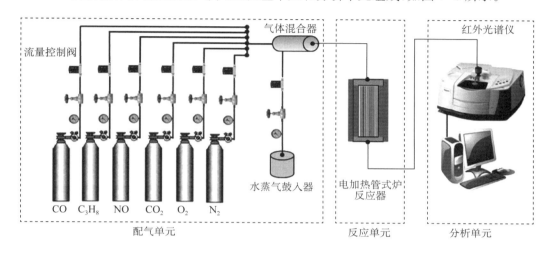

图 7-3　CDPF 样品催化活性评价系统示意图

1) 配气单元

模拟反应气体 CO、C_3H_8、NO、CO_2、O_2 及 N_2 按照设定配气单元的浓度和流速经混合器混合,H_2O 通过饱和蒸汽发生器呈气态后进入混合器,与混合器中的气体进行混合后进入反应单元。需要说明的是,在 CDPF 涂覆催化剂的主要目的是催化氧化载体中捕集堆积的碳烟以及 CO 和 THC 等物质。催化氧化碳烟颗粒有间接和直接两种催化氧化方式。间接催化氧化方式是在催化剂的作用下,将排气中的部分 NO 氧化成 NO_2,NO_2 是强氧化剂,能在较低温度与碳烟颗粒发生氧化还原反应;直接催化氧化方式,是指与载体表面催化剂接触的碳烟颗粒与 O_2 在催化剂的催化作用下发生的氧化还原反应,催化剂与碳烟颗粒的接触方式是直接催化氧化碳烟的重要影响因素。有研究表明[7-8],在以堇青石和碳化硅为材料的 DPF 载体中,捕集的碳烟颗粒多与载体表面负载的催化剂以松散方式接触。因此,催化氧化碳烟的方式以间接催化氧化为主,即在催化剂作用下 NO 被氧化成 NO_2,生成的 NO_2 与碳烟颗粒发生氧化还原反应。NO_2 作为 CDPF 催化氧化碳烟的中间产物,其产率对 CDPF 催化氧化碳烟、实现载体的再生具有重要决定作用。

对 CDPF 的催化活性评价系统进行设计时,重点以 CO 和 C_3H_8 的转换率,特别是 NO_2 的产率为评价指标,综合分析不同催化剂组分对 CDPF 催化剂活性和抗劣化性能的影响。

2) 反应单元

蜂窝陶瓷载体小样从已制备的 CDPF 整块载体上切割而成,将蜂窝载体小样(长×宽×高:10 mm×10 mm×50 mm,200 cpsi)用石英棉包裹后填放到反应单元内通道的中间位置,包裹石英棉是为了填充 CDPF 小样与反应单位通道的空隙,使反应气体全部通过 CDPF 小样孔腔。反应单元为不锈钢材质,分内、外通道,其中外通道用来对进入的混合气进行预热,内通道用来放置载体样品。反应单元用程序控温电炉控制反应温度,由于柴油机的排气温度更多集中在 $150\sim400℃$,因此,本研究的程序升温范围控制在 $50\sim500℃$,升温速率为 $5℃/min$,被检样品前放置热电偶以测量催化剂入口处的气体温度。

3) 分析单元

经反应单元反应后的反应气体经除湿后进入分析单元,通过 Thermo Scientific Nicolet iS10 傅里叶变换红外(FT-IR)光谱仪进行连续测试。活性测试前,在红外气体池中分别通入 CO 、 C_3H_8 、 NO 和 NO_2 的标准气体,选择四者最大的特征吸收峰进行积分计算,分别绘制四种气体浓度与峰面积相关的标准曲线。活性测试时,通入模拟柴油车尾气,记录不同反应温度下四种气体红外峰面积大小的变化,与标准曲线对比,计算相应温度下的气体转换率。

结合柴油机试验数据,确定 CDPF 活性评价中模拟柴油机的气体浓度和反应条件,见表 7-1 所示。红外光谱仪的重复性和一致性精度均小于 2% ,对每个 CDPF 小样的程序升温活性评价测试重复进行 3 次,以减小试验误差,取 3 次试验结果的平均值进行对比分析。

表 7-1 反应气体成分及试验参数

名称	参数值				
反应气体浓度 ($\times10^{-6}$)	CO	C_3H_8	NO	CO_2	H_2O
	400	400	400	10^5	5×10^4
O_2 平衡系数(%)	5				
平衡气	N_2				
空速(h^{-1})	40 000				
加热范围(℃)	$50\sim500$				
升温速率(℃/min)	5				

CDPF 样品对气体转换率的计算公式如式(7-2)所示:

$$\eta=\frac{C_0-C}{C_0}\times100\%$$ (7-2)

式中 η ——CO、 C_3H_8 的转换率(%);

C ——反应器出口 CO、 C_3H_8 的浓度;

C_0 ——原料气中 CO、 C_3H_8 的浓度。

CDPF 样品对气体收率(产率)的计算公式如式(7-3)所示:

$$\theta=\frac{C}{C_{01}-C_{02}}\times100\%$$ (7-3)

式中 θ ——NO_2 的产率(%);

C ——反应器出口 NO_2 浓度;

C_{01} , C_{02} ——原料气中 NO 和 NO_2 浓度。

7.2　不同活性成分对 CDPF 催化性能的影响

7.2.1　贵金属含量的影响

为研究贵金属含量对 CDPF 催化性能的影响，对 CDPF 载体表面分别涂覆 15 g/ft³、25 g/ft³ 和 35 g/ft³ 3 种含量的贵金属，分别研究其理化特性和催化性能的关系，通过 XRD 进行物相结构和晶相参数分析；采用 H_2-TPR 研究样品的还原性能和储氧性能；借助 XPS 分析样品表面的活性元素浓度和价态；通过气相色谱在线分析技术评价样品的催化活性，进而研究贵金属的不同含量与催化剂的体相结构、表面性质、催化活性之间的相互关系。

1）不同贵金属含量 CDPF 样品的性能表征

（1）XRD 检测分析

采用 XRD 对涂覆 15 g/ft³、25 g/ft³ 和 35 g/ft³ 不同贵金属含量的 CDPF 小样品进行检测，分析不同贵金属含量对 CDPF 样品的晶体结构、晶胞参数和结晶度等参数的影响特征。

图 7-4 所示为涂覆 15 g/ft³、25 g/ft³ 和 35 g/ft³ 贵金属含量的 CDPF 样品的 XRD 谱图。15 g/ft³、25 g/ft³ 和 35 g/ft³ 型 CDPF 样品均在 10°～11°、17°～21° 和 25°～30° 附近出现明显的特征衍射峰簇，分别对每簇最强的特征峰标记为 a、b 和 c。

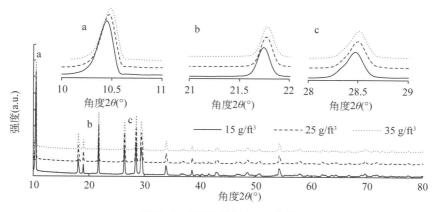

图 7-4　CDPF 样品 XRD 谱图

采用 MDI Jade5.0 进行物相检索，没有检测出贵金属 Pt 和 Pd 等元素的晶相存在，说明 Pt 和 Pd 在载体表面的涂覆量没有超过单层分布阈值，而是在载体表面呈高度分散的状态和一种无定形或者以较差的结晶相形式存在[9-10]。

随着贵金属含量的增加，不同角度范围的特征衍射峰均向大角度偏移，XRD 衍射峰向大角度偏移表明检测样品的晶格收缩，晶胞参数变小[11]，说明在相同焙烧温度的制备条件下，随着贵金属含量的增加，样品的晶格收缩程度增大。理论上讲，无论是载体还是主要活性组分的晶胞参数和体积的缩小都会减少表面的活性位点，或是引起载体对活性位点的包埋现象，直接导致催化剂的活性性能降低。通过 Debye-Scherrer 公式计算得到样品晶格常数，如表 7-2 所示。15 g/ft³、25 g/ft³ 和 35 g/ft³ 样品的晶胞参数和晶胞体积依次减小，表明随着贵金属含量的增加,样品的晶胞参数和体积随之减小。

表 7-2   晶胞参数及结晶度

样品	晶胞参数 a(Å)	晶胞参数 b(Å)	晶胞体积(Å^3)	结晶度(%)
15 g/ft^3	9.789 9	9.328 8	774.31	75.47
25 g/ft^3	9.779 3	9.325 0	772.31	76.15
35 g/ft^3	9.774 1	9.319 1	771.00	77.89

15 g/ft^3、25 g/ft^3 和 35 g/ft^3 型 CDPF 样品中贵金属含量依次增多,样品的结晶度呈增加趋势,结晶度增加表明晶体结构越完整,晶粒较大,内部质点的排列比较规则[12]。在样品浸渍过程中,贵金属溶液浓度变大,浸渍过程中产生竞争吸附,吸附活性位发生重叠[13],导致贵金属在载体的分布不均匀。

(2)表面原子价态及浓度分析

(a)原子全谱图及相对浓度

通过对涂覆 15 g/ft^3、25 g/ft^3 和 35 g/ft^3 不同贵金属含量的 CDPF 样品进行 XPS 表征,对样品进行 0~1 000 eV 全谱扫描和各原子相关轨道的窄谱扫描,然后对各原子峰面积进行积分,计算得到载体表面 Pt、Pd、Fe、Ce 和 O 原子的相对浓度,见表 7-3 所示。

在扫描的 Pt、Pd、O、Fe 和 Ce 原子中,样品表面的贵金属和其他原子的浓度均为微量水平,而 O 原子浓度均较高。由于在样品制备过程中,浸渍液中贵金属浓度增加会引起贵金属在载体表面发生竞争吸附而导致贵金属发生重叠,贵金属原子在载体表面的分散均匀性变差[14]。

对比分析,不同贵金属含量的 CDPF 样品表面的 O 原子浓度差异不明显,但表面氧 O_S(Surface oxygen)、吸附氧 O_{ad}(Adsorbed oxygen)和晶格氧 O_L(Lattice oxygen)浓度相差较大。文献研究表明,吸附氧比其他氧物种具有更高的迁移率,吸附氧的浓度及其迁移速率是影响 CDPF 催化活性的重要因素[4, 15]。

表 7-3   样品表面的原子浓度(摩尔百分比/%)

样品名称	Pt	Pd	O	Fe	Ce
15 g/ft^3	1.60	0.16	96.7	0.14	1.40
25 g/ft^3	1.37	0.21	96.8	0.21	1.49
35 g/ft^3	1.35	0.17	96.6	0.34	1.51

(b)表面 Pt 拟合分峰

图 7-5 为 15 g/ft^3、25 g/ft^3 和 35 g/ft^3 型 CDPF 样品表面 Pt 原子的拟合分峰,参考标准卡数据,观测到 PtO$_2$ 和 PtO 的 Pt 4f$_{5/2}$ 和 Pt 4f$_{7/2}$,77.6~75.9 eV(Pt 4f$_{5/2}$)、74.9~74.0 eV(Pt 4f$_{7/2}$)归属于 PtO$_2$ 的特征峰位,76.4~75.0 eV(Pt 4f$_{5/2}$)、73.2~72.4 eV(Pt 4f$_{7/2}$)归属于 PtO 的特征峰位[16]。

Pt^{4+}/(Pt^{4+}+Pt^{2+})值能够反映催化剂的活性和储氧能力,随着贵金属含量增加,贵金属在载体表面分散的均匀性变差,会抑制贵金属成为活性位点。由于不同涂覆量的贵金属与载体的相互作用存在差异,贵金属涂覆量较高的样品中的 Pt^{4+} 比例较低,样品的催化活性

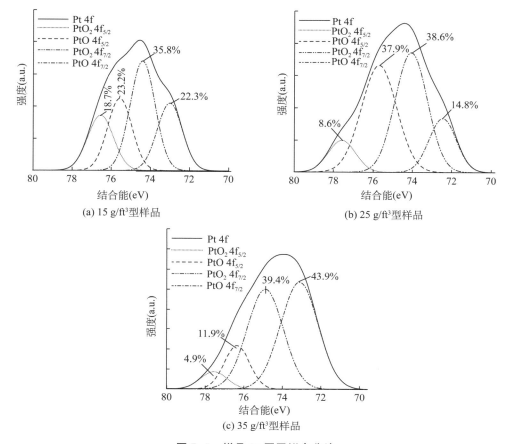

图 7-5   样品 Pt 原子拟合分峰

和储氧性能会降低。随着贵金属含量增加,Pt 当量结合能呈降低趋势,表明贵金属含量增加后,贵金属与载体之间的相互作用增强,降低了贵金属的结合能。

(c) 表面 O 1s 拟合分峰

图 7-6 为 CDPF 样品载体表面的 O 1s 窄谱图的拟合分峰。吸附氧 O_{ad} 具有更高的迁移性,比其他氧物种具有更高的催化活性[17-18],而晶格氧的浓度较高时,在一定意义上反映了氧空位数量较少[19]。由拟合分峰曲线进行积分计算得出催化剂表面不同类型 O 的浓度,由于吸附氧 O_{ad} 是最活跃的氧,具有极高的流动性,氧化反应活性较高,在氧化反应过程中起着关键作用。

随着贵金属含量增加,载体表面的吸附氧 O_{ad} 浓度先降低再略微升高。CDPF 载体表面吸附氧 O_{ad} 浓度与结晶度有一定的相关性,样品的结晶度依次增加,表明样品的晶型趋于完整,表面吸附氧的浓度越低,吸附氧的迁移率受抑制程度越强。

(3) H_2-TPR 还原性能分析

图 7-7 为 15 g/ft³、25 g/ft³ 和 35 g/ft³ 型 CDPF 样品的 H_2-TPR 谱图。从图中可以看出,样品出现四个还原峰,分别标记为 a、b、c 和 d,它们分别位于 100～105℃、140～160℃、380～390℃和 420～450℃。

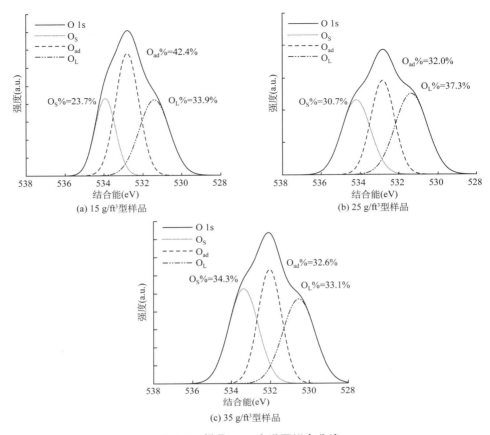

图 7-6 样品 O 1s 窄谱图拟合分峰

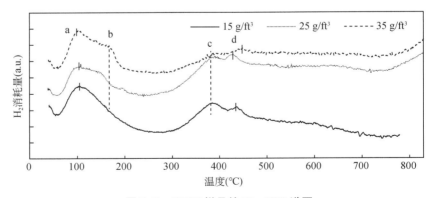

图 7-7 CDPF 样品的 H_2-TPR 谱图

还原峰 a 可归属为载体表面富集 PtO_x 的还原峰[20]。由 XPS 检测结果,载体表面的 Pt 主要以 Pt^{4+} 和 Pt^{2+} 氧化态形式存在。随着贵金属含量增加,还原峰并没有出现规律性的迁移,还原峰出现的温度先升高再降低,a 还原峰温度的顺序与 XPS 检测的吸附氧 O_{ad} 浓度呈较强的相关性。还原峰 b 出现在 $140\sim160℃$ 温度范围,可归属为表面分散的 PtO_x 和 PdO_x 物种还原的叠加结果,主要为 Pt^{4+} 和 Pd^{2+} 物种的还原。PdO 物种的还原温度为 150℃ 左右,因为在催化剂组分中 Pd 元素含量较少。同时,受 Pt 物种对 H_2 的竞争吸附还原的影响,

Pd 物种的还原峰呈现向高温迁移的现象。还原峰 c 和 d 可归属为部分较难还原的大颗粒 PtO_x 团聚颗粒、PtO_x 与氧化物助剂形成的络合物和金属氧化物助剂的共同还原峰。

　　2）不同贵金属含量 CDPF 样品的活性评价

　　CDPF 样品的转换率的高低与温度有密切关系，CDPF 载体表面的催化剂只有在达到一定温度时才能发生催化氧化反应。转换率达到 50％ 的温度称为起燃温度（T_{50}），转换率随温度变化的曲线称为温升曲线[21]，温升特性是 CDPF 样品催化性能的重要研究方法和考核指标，主要评价的是 CDPF 样品的低温活性、反应特性和对于不同物质的选择性[22]。

　　（1）CO 转换率

　　在反应初期，CO 的转换率急剧增加，一方面是 CO 在贵金属催化剂上的吸附容易而牢固，具有较强的竞争吸附能力和排他性，并且 CO 的氧化反应是放热反应，在低温范围 CO 的氧化反应产生的反应热有助于 CO 在催化剂上的吸附和活化。随贵金属含量增加，样品对 CO 的 T_{10} 和 T_{50} 呈升高趋势，样品对 CO 的活性减弱，主要原因可能是在浸渍过程中，浓度较大的贵金属溶液在载体表面产生竞争吸附，在吸附活性位发生重叠，贵金属活性位数量减少。图 7-8 所示为涂覆 15 g/ft³、25 g/ft³ 和 35 g/ft³ 不同贵金属含量的 CDPF 样品对 CO 转换率的温升曲线和特征温度。如图 7-8(a)所示，随着温度升高，CDPF 样品对 CO 的转换率均呈增加趋势，CO 转换率的温升曲线因贵金属含量不同而呈现不同的形状。在 $T \leqslant 200℃$ 温度范围，温度升高初期，15 g/ft³ 型 CDPF 样品对 CO 的转换率增加较快，25 g/ft³ 型样品对 CO 的转换率起始温度较高，但增加速率较大，35 g/ft³ 型样品在低温范围对 CO 的转换率并无优势。如图 7-8(b)所示，样品对 CO 的 T_{10} 依次升高，贵金属含量较低的 15 g/ft³ 型样品具有较好的 CO 低温活性，且样品的起燃温度依次升高，35 g/ft³ 型在中高温范围对 CO 的转换率升高较快。

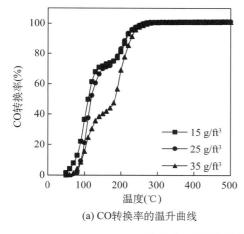

(a) CO 转换率的温升曲线

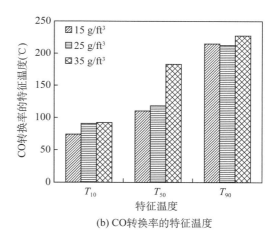

(b) CO 转换率的特征温度

图 7-8　CDPF 样品对 CO 转换率的温升特性

　　（2）C_3H_8 转换率

　　CDPF 样品对 C_3H_8 的特征温度均明显高于 CO 的特征温度，一方面是因为 C_3H_8 为饱和烷烃，在催化剂上吸附和活化需要氢原子从 C—H 上断裂，C—H 断裂的活化能较高[23]；另一方面，CO 在贵金属 Pt 表面是分子态线型吸附，CO 的竞争吸附能力相当强，具有较强的竞争吸附能力和排他性[24]，抑制了 C_3H_8 在催化剂上的吸附和氧化。在 C_3H_8 开始转换时,CO 已经完全转换,表面活性位的数量、酸碱性和其他氧化物对 C_3H_8 吸附活化的抑制作用影响着催化剂对 C_3H_8 的氧化活性。样品中的贵金属含量依次增加,结晶度呈增加趋势,而 Pt 在载体表面的分散浓度和 $Pt^{4+}/(Pt^{4+}+Pt^{2+})$ 值呈下降趋势,当 CO 完全转换后,Pt 活性位对 C_3H_8 表现出较好的活性和选择性[25],随着载体表面 Pt 分散浓度和 $Pt^{4+}/(Pt^{4+}+Pt^{2+})$ 值下降,样品对 C_3H_8 的特征温度大体呈升高趋势。当温度升高到一定程度,载体表面的吸附氧 O_{ad} 会抑制 CO 的活化氧化[26],同时载体表面的氧物种对 C_3H_8 的抑制作用随温度升高和活性位的减少变得突显[27]。

图 7-9 所示为涂覆 15 g/ft^3、25 g/ft^3 和 35 g/ft^3 不同贵金属含量 CDPF 样品对 C_3H_8 转换率的温升曲线和特征温度。由图 7-9(a)所示,当温度高于 250℃后,随着温度升高,15 g/ft^3、25 g/ft^3 和 35 g/ft^3 样品对 C_3H_8 的转换率迅速增加。由图 7-9(b)所示,25 g/ft^3 样品具有最低的 C_3H_8 起燃温度,35 g/ft^3 样品的起燃温度明显高于 15 g/ft^3 和 25 g/ft^3,25 g/ft^3 样品具有略微较低的 T_{90}。

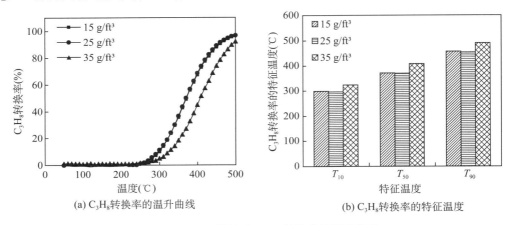

(a) C_3H_8 转换率的温升曲线 (b) C_3H_8 转换率的特征温度

图 7-9 CDPF 样品对 C_3H_8 转换率的温升特性

（3）NO_2 产率

图 7-10 所示为涂覆 15 g/ft^3、25 g/ft^3 和 35 g/ft^3 不同贵金属含量的 CDPF 样品对 NO_2

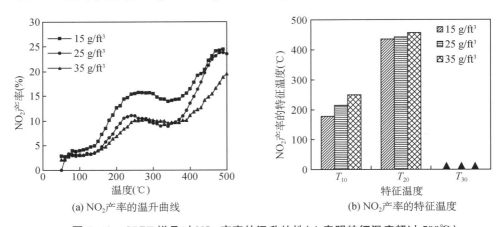

(a) NO_2 产率的温升曲线 (b) NO_2 产率的特征温度

图 7-10 CDPF 样品对 NO_2 产率的温升特性(▲表明特征温度超过 500℃)

产率的温升曲线和特征温度。由图 7-10(a)可见,随反应温度升高,CDPF 样品的 NO_2 产率先增加,在 200~300℃出现一个驼峰,随着温度继续升高,NO_2 产率随之增加。在不同的温度范围,15 g/ft³ 样品的 NO_2 产率均高于其他样品。由图 7-10(b)可见,随贵金属含量增加,三个样品的 NO_2 最高产率依次降低,样品的 NO_2 产率达到 20% 的 T_{20} 依次升高。这说明随着贵金属含量增加,CDPF 样品对 NO_2 转换的活性呈降低趋势。

7.2.2　金属氧化物 La_2O_3 的影响

目前,在 CDPF 载体表面涂覆的催化剂热稳定性较差,载体和贵金属容易发生烧结和相变,导致 CDPF 的催化活性发生劣化,使其对捕集碳烟的催化再生效率降低。试验通过掺杂 10 g/L、20 g/L 和 30 g/L 不同浓度的 La_2O_3 助剂制备了三种 CDPF 样品,采用 XRD、XPS、H_2-TPR 等表征方法以及活性评价技术,研究掺杂不同浓度 La_2O_3 的 CDPF 载体表面催化剂的理化特性与催化活性的关系。

1) CDPF 样品的表征

(1) XRD 检测分析

图 7-11 所示为掺杂 10 g/L、20 g/L 和 30 g/L 不同浓度 La_2O_3 的 CDPF 样品的 XRD 谱图,分别对每簇最强的特征峰进行标记,依次为 a、b 和 c。采用 MDI Jade 5.0 软件对 XRD 谱图数据进行物相检索,参照 PDF 标准卡片,均检测出 La_2O_3 物相存在,而没有检测出 Pt 微晶相,说明 Pt 物质在载体表面的涂覆量没有超过单层分布阈值,在载体表面呈现高度分散的状态和一种无定形或者以较差的结晶相形式存在[28]。由 XRD 谱图峰位迁移理论知,特征衍射峰向大角度偏移,意味着样品的晶格收缩,晶胞参数变小,La_2O_3 掺杂浓度为 20 g/L 的样品晶格收缩趋势较明显。

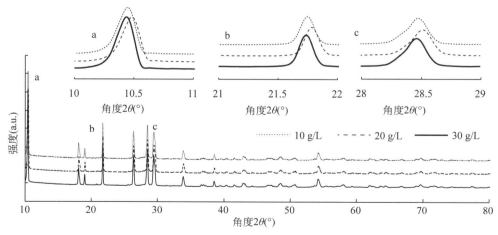

图 7-11　CDPF 样品 XRD 谱图

表 7-4 所示为 CDPF 样品的晶格常数。样品中 La_2O_3 浓度低于 10 g/L 时,随着 La_2O_3 掺杂浓度的增加,晶胞参数 a 和晶胞体积呈增大趋势,当样品中 La_2O_3 掺杂浓度大于 10 g/L 后,晶胞参数 a 和晶胞体积呈减小趋势,在 La_2O_3 掺杂浓度为 20 g/L 时达到最小值;超过 20 g/L 后,样品的晶胞参数 a 和晶胞体积呈增大趋势。样品的晶胞参数 a 和晶胞体积

的变化趋势与特征衍射峰的角度偏移趋势一致。掺杂 La_2O_3 后,样品的晶胞参数变化的主要原因是 La^{3+} 离子锚定在涂层 γ-Al_2O_3 体相和表面的缺陷中以及 Fe_2O_3 和 Ce_2O_3 助剂物质形成的 Fe-Ce 固溶体晶格中,占据表面活性位生成层间化合物,降低了表面能,抑制了 γ-Al_2O_3 向 α-Al_2O_3 转变,以维持活性组分的高分散度[29]。

表 7-4 晶胞参数及结晶度

样品	晶胞参数 a(Å)	晶胞参数 b(Å)	晶胞体积(Å³)	结晶度(%)
10 g/L	9.792 8	9.330 7	774.92	76.18
20 g/L	9.774 5	9.318 3	771.00	77.24
30 g/L	9.791 0	9.325 4	774.20	76.30

La_2O_3 掺杂浓度低于 20 g/L 时,随着掺杂浓度的增加,样品的结晶度呈增加趋势,La_2O_3 掺杂浓度超过 20 g/L 后,样品结晶度呈减小趋势。CDPF 催化剂中掺杂 La_2O_3,在高温焙烧制备过程中,La^{3+} 与 Al_2O_3 涂层可能发生固相反应生成 $LaAlO_3$ 类钙钛矿物相,随着 La_2O_3 掺杂浓度增加,生成的固相反应物增加,样品的结晶度随之增加,当 La_2O_3 掺杂浓度低于 20 g/L 时,有利于 $LaAlO_3$ 物相生成。由结晶度数据推测,La_2O_3 掺杂浓度为 20 g/L 的样品中生成的 $LaAlO_3$ 量较多,由于 $LaAlO_3$ 物质的比表面积远远小于 γ-Al_2O_3,该样品的比表面积可能最小。当 La_2O_3 掺杂浓度再增加时,La_2O_3 物种在 $LaAlO_3$ 表面上又有多层堆积和散布,样品的结晶度会降低,La_2O_3 物种所形成的细孔又会增加样品的比表面积[30]。因此,随着 La_2O_3 掺杂浓度的增加,样品的结晶度先增加再减小。

(2)表面原子浓度及价态分析

(a)原子全谱图及表面原子浓度

在催化剂中掺杂 La_2O_3 不仅会改变催化剂的物理化学结构,也会对载体表面的元素价态和电子结合能起到一定的改性效应。通过对各原子峰面积进行积分,表 7-5 所示为计算得到的 CDPF 载体表面的 Pt、Pd、Fe、Ce、La 和 O 原子的相对浓度。在扫描的元素中,样品表面 O 原子浓度较高,而贵金属和其他元素的原子浓度均为微量水平。与未掺杂 La_2O_3 的样品的元素浓度进行对比发现,随着 La_2O_3 掺杂浓度增加,样品表面的 Pt 原子浓度先降低再升高。

表 7-5 催化剂样品的表面原子浓度(摩尔百分比/%)

样品名称	Pt	Pd	O	La	Fe	Ce
10 g/L	0.87	0.11	97.3	0.76	0.24	0.71
20 g/L	0.74	0.25	96.3	1.23	0.25	1.23
30 g/L	0.82	0.06	97.8	0.82	0.19	0.32

(b)表面 Pt 拟合分峰

图 7-12 所示为掺杂 10 g/L、20 g/L 和 30 g/L 不同浓度 La_2O_3 的 CDPF 样品表面的 Pt

原子拟合分峰,参考标准卡数据,样品表面的 Pt 主要以 PtO_2 和 PtO 氧化物形式存在, $77.8 \sim 76.1$ eV(Pt $4f_{5/2}$)、$75.5 \sim 73.8$ eV(Pt $4f_{7/2}$)归属于 PtO_2 的特征峰位,$76.3 \sim 74.9$ eV(Pt $4f_{5/2}$)、$74.3 \sim 72.6$ eV(Pt $4f_{7/2}$)归属于 PtO 的特征峰位。

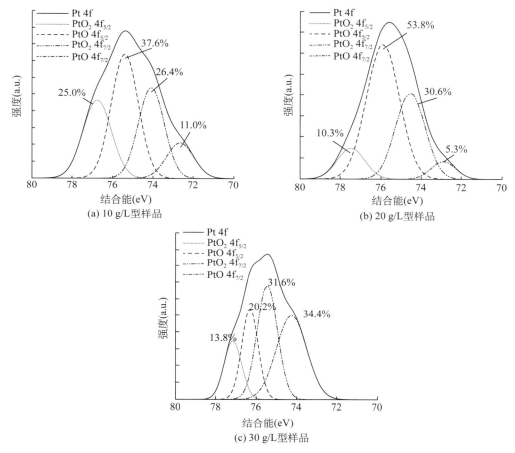

图 7-12   CDPF 样品 Pt 原子窄谱图拟合分峰

La_2O_3 掺杂浓度低于 20 g/L 时,随 La_2O_3 掺杂浓度的增加,样品表面 Pt 原子浓度和 $Pt^{4+}/(Pt^{4+}+Pt^{2+})$ 值呈降低趋势,在 La_2O_3 掺杂浓度为 20 g/L 的样品中达到最小值,而 Pt 当量结合能随着 La_2O_3 掺杂浓度的增加呈增加趋势。La_2O_3 掺杂浓度为 20 g/L 时,样品表面的 Pt 当量结合能达到最大值。La_2O_3 掺杂浓度高于 20 g/L 后,样品表面 Pt 原子浓度和 $Pt^{4+}/(Pt^{4+}+Pt^{2+})$ 值呈增加趋势,而当量结合能向低能方向迁移。掺杂 La_2O_3 的 CDPF 样品中 Pt 原子浓度和 $Pt^{4+}/(Pt^{4+}+Pt^{2+})$ 值均降低,而当量结合能向高能方向迁移,可能是 La_2O_3 斑块覆盖了金属活性位。另外,掺杂的 La_2O_3 与 Pt 活性组分以及载体之间产生相互作用和改性效应,不同 La_2O_3 掺杂浓度可能引起的改性效应不同,引起 Pt 电子价态比例和轨道结合能发生变化[31]。

(c) 表面 O 1s 拟合分峰

图 7-13 所示为掺杂 10 g/L、20 g/L 和 30 g/L 不同 La_2O_3 浓度的 CDPF 样品表面的

O 1s 拟合分峰,并对拟合分峰进行积分,计算得到 CDPF 载体表面不同类型的 O 物种浓度。

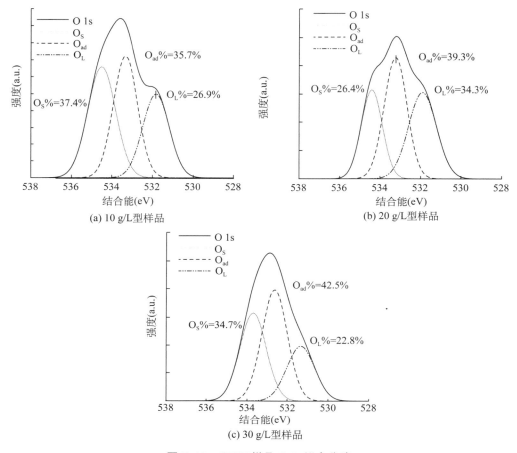

图 7-13 CDPF 样品 O 1s 拟合分峰

随着 La_2O_3 掺杂浓度增大,吸附氧 O_{ad} 比例呈增加趋势,而 O 原子当量结合能呈降低趋势。这可能是由于掺杂 La_2O_3 后,La 与载体之间强烈的相互作用力以及有效的电子转移,能够在载体表面产生电荷不平衡、有空缺位且不饱和的化学键,导致吸附氧 O_{ad} 比例明显增加,而受物质之间的相互作用增强的影响,吸附氧 O_{ad} 当量结合能向低能方向发生偏移。

(3)H_2-TPR 程序升温还原分析

图 7-14 所示为掺杂 10 g/L、20 g/L 和 30 g/L 不同 La_2O_3 浓度的 CDPF 样品的 H_2-TPR 谱图。样品的 H_2-TPR 谱图中大都出现两个还原峰,分别标记为还原峰 a 和 b。

低温区的还原峰 a 是影响催化剂活性的主要因素,还原峰 a 可归属为催化剂表面富集的 PtO_x 还原和表面分散的 PtO_x、PdO_x 物种还原的叠加结果。还原峰 b 归属为部分较难还原的大颗粒 PtO_x 团聚颗粒、PtO_x 与氧化物助剂形成的络合物和氧化物助剂的共同还原峰的叠加结果,与未掺杂 La_2O_3 的样品相比,该范围的还原峰峰顶温度均向高温方向迁移。

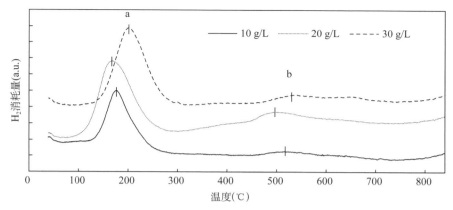

图 7-14　CDPF 样品 H$_2$-TPR 谱图

2）CDPF 样品的活性评价

（1）CO 转换率

CDPF 样品的 γ-Al$_2$O$_3$ 涂层表面有强酸和弱酸部位，强酸位是催化异构化反应的活性部位，弱酸位是催化脱水反应的活性部位。La$_2$O$_3$ 具有较强的碱性[32]。理论上讲，在以 γ-Al$_2$O$_3$ 为主要载体涂层材料的催化剂中掺杂一定浓度的 La$_2$O$_3$ 会对 γ-Al$_2$O$_3$ 涂层表面酸中心形成覆盖，γ-Al$_2$O$_3$ 涂层的酸性减弱，而碱性相应增强，涂层的给电子能力得以增强，电子向负载的贵金属 Pt 上迁移，导致 Pt 的电子云密度增大，当吸附 CO 后，电子云又向 CO 迁移，削弱了 C＝O 键，从而有利于 CO 的氧化[33]。然而，当 La$_2$O$_3$ 浓度增加到一定程度时，La^{3+} 与 Al$_2$O$_3$ 涂层发生固相反应生成的 LaAlO$_3$ 类钙钛矿物质增多，减少了原 La$_2$O$_3$ 对 Al$_2$O$_3$ 表面的覆盖，使其酸度和酸强度又有所回升[30]。CO 在贵金属 Pt 表面是分子态线型吸附，CO 的竞争吸附能力相当强，贵金属 Pt 对 CO 氧化具有很高的选择性。正是由于这一点，CO 在贵金属 Pt 催化剂上的吸附更容易且牢固，通常会对 CO 的吸附形成"位阻效应"，当催化剂表面的吸附氧浓度较低或氧物种发生脱附时，有利于 CO"位阻效应"的解除，从而促进 CO 在活性中心的吸附、反应和生成的 CO$_2$ 脱附，催化剂对 CO 的催化活性和转换率有所提高[34]。

图 7-15 所示为掺杂 0 g/L、10 g/L、20 g/L 和 30 g/L 不同浓度 La$_2$O$_3$ 的 CDPF 样品对 CO 转换率的温升曲线和特征温度。如图 7-15（a）所示，随着温度升高，不同 CDPF 样品对 CO 的转换率均呈递增趋势，未掺杂 La$_2$O$_3$ 的样品对 CO 的起始转换温度较低，温度升高到 80℃后，CO 的转化率开始迅速增加。如图 7-15（b）所示，随着 La$_2$O$_3$ 掺杂浓度增加，样品对 CO 转换率达到 10% 时的温度 T_{10} 依次升高，CDPF 样品对 CO 的起燃温度 T_{50} 依次升高，CO 的转化率特征温度 T_{10}、T_{50} 和 T_{90} 大都呈升高趋势。

（2）C$_3$H$_8$ 转换率

随着 La$_2$O$_3$ 掺杂浓度增加，CDPF 样品的结晶度会不同程度地增加，掺杂 La$_2$O$_3$ 的 CDPF 样品对 C$_3$H$_8$ 的特征温度均高于未掺杂 La$_2$O$_3$ 的样品，可能是因为掺杂的 La$_2$O$_3$ 与 Al$_2$O$_3$ 涂层发生固相反应生成 LaAlO$_3$ 类钙钛矿物质，增加了样品的结晶度，CDPF 样品对 C$_3$H$_8$ 的催化活性和选择性减弱，结晶度增加对 C$_3$H$_8$ 和 CO 的影响机理类似，在此不再赘述。

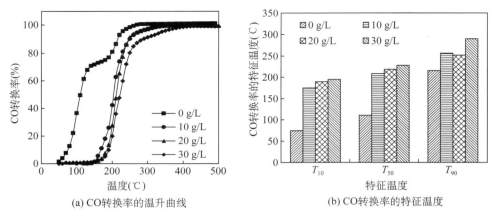

(a) CO 转换率的温升曲线   (b) CO 转换率的特征温度

图 7-15　CDPF 样品对 CO 转换率的温升特性

图 7-16 所示为掺杂 0 g/L、10 g/L、20 g/L 和 30 g/L 不同 La_2O_3 浓度的 CDPF 样品对 C_3H_8 转换率的温升曲线和特征温度。由图 7-16(a)可见，随着温度升高到 300℃，CDPF 样品对 C_3H_8 的转换率逐渐升高。如图 7-16(b)所示，随着 La_2O_3 掺杂浓度的增加，CDPF 样品对 C_3H_8 的特征温度 T_{10} 和 T_{50} 均呈先升高再降低，然后再升高的趋势，这种变化趋势与 H_2-TPR 谱图的还原峰温度特征相一致。

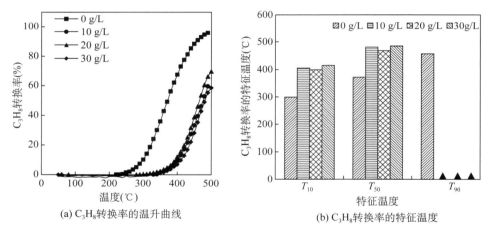

(a) C_3H_8 转换率的温升曲线   (b) C_3H_8 转换率的特征温度

图 7-16　CDPF 样品对 C_3H_8 转换率的温升特性(▲表示特征温度超过 500℃)

（3）NO_2 产率

由 NO 的存储和释放理论可知，在 150～300℃ 范围，随着温度升高，NO 在催化剂表面氧化成的 NO_2 增加，NO_x 储存量增加；在 300～500℃ 范围，NO_x 储存量随温度的升高而下降，硝酸盐因热力不稳定分解释放 NO_2。

图 7-17 所示为掺杂 0 g/L、10 g/L、20 g/L 和 30 g/L 不同 La_2O_3 浓度的 CDPF 样品对 NO_2 产率的温升曲线和特征温度。由图 7-17(a)可见，随着温度升高，CDPF 样品的 NO_2 产率先升高出现驼峰，再降低出现谷值，然后，随温度升高而升高。由图 7-17(b)可见，随着 La_2O_3 掺杂浓度的增加，CDPF 样品对 NO_2 产率的 T_{10} 依次呈升高趋势。0 g/L 样品的

NO$_2$ 最大产率值较大,其次是 20 g/L 样品。

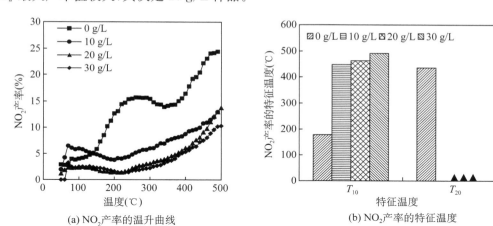

(a) NO$_2$产率的温升曲线　　　　(b) NO$_2$产率的特征温度

图 7-17　CDPF 样品对 NO$_2$ 产率的温升特性(▲表示特征温度超过 500℃)

7.2.3　双金属氧化物掺杂的影响

研究发现,在以 γ-Al$_2$O$_3$ 为主的载体涂层中掺杂 Fe$_2$O$_3$、CeO$_2$ 和 ZrO$_2$ 等金属氧化物可以提高催化剂和载体的热稳定性。在 CDPF 催化剂中掺杂的 Fe$_2$O$_3$ 和负载的贵金属之间产生强相互作用,这种强相互作用在稳定贵金属活性组分、阻止贵金属活性粒子的迁移和烧结等方面起到重要作用[20]。在催化剂中掺杂 CeO$_2$-ZrO$_2$ 双金属氧化物对提高 γ-Al$_2$O$_3$ 载体的抗高温烧结和储放氧能力具有一定的促进作用[29]。Fe$_2$O$_3$-CeO$_2$ 双金属氧化物比 CeO$_2$-ZrO$_2$ 双金属氧化物更能增强催化剂的氧化还原性能。

1) CDPF 样品的表征

(1) XRD 检测分析

图 7-18 所示为分别掺杂 Fe-Ce、Ce-Zr 和 Zr-Fe 不同双金属氧化物的 CDPF 样品的 XRD 谱图,分别对每簇最强的特征峰进行标记,依次为 a、b 和 c。采用 MDI Jade 5.0 软件进行物相检索,只能检测到痕量元素 Fe、Ce 和 Zr 存在,未能检测到金属氧化物的晶相。

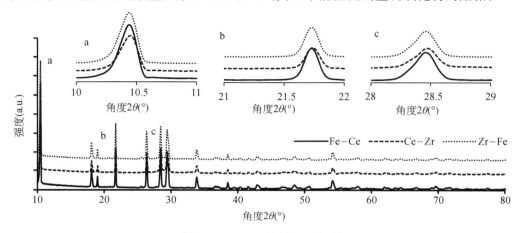

图 7-18　CDPF 样品 XRD 谱图

表 7-6 为样品的晶胞参数和晶胞体积。在 CDPF 样品制备过程中,双金属氧化物的金属离子会发生一定程度的部分取代而形成固溶体,从晶体的稳定性考虑,相互取代的离子尺寸越相近,形成的固溶体越稳定,而晶格变形越小;反之,相互取代的离子尺寸相差较大,则形成的固溶体不稳定,晶格变形较大。Ce^{4+}、Zr^{4+} 和 Fe^{3+} 有效离子半径依次减小,由于 Ce^{4+} 和 Zr^{4+} 离子半径相差较小,Ce-Zr 双金属氧化物掺杂后,容易形成有晶格缺陷的 Ce-Zr 固溶体[35],而掺杂 Ce-Zr 双金属氧化物的催化剂样品的晶胞参数收缩变小,表明 Ce^{4+} 和 Zr^{4+} 离子相互替代的数量较多,形成较多的 Ce-Zr 固溶体[36]。

表 7-6   晶胞参数及结晶度

样品	晶胞参数 a(Å)	晶胞参数 b(Å)	晶胞体积(Å³)	结晶度(%)
Fe-Ce	9.790 4	9.334 6	774.88	75.33
Ce-Zr	9.785 5	9.330 9	773.78	75.73
Zr-Fe	9.790 4	9.334 7	774.88	75.21

（2）表面原子价态及浓度分析

（a）原子全谱图及浓度

表 7-7 所示为 CDPF 样品载体表面的原子浓度,可以发现 Fe-Ce 双金属氧化物能够较好地促进 Pt 在载体表面分散。

表 7-7   CDPF 样品载体表面原子浓度(摩尔百分比%)

样品名称	Pt	Pd	O	Fe	Ce	Zr
Fe-Ce	1.48	0.04	97.3	0.85	0.33	
Ce-Zr	1.25	0.00	94.8		0.34	3.54
Zr-Fe	1.11	0.00	94.1	0.80		4.00

（b）表面 Pt 拟合分峰

图 7-19 为分别掺杂 Fe-Ce、Ce-Zr 和 Zr-Fe 不同双金属氧化物 CDPF 样品表面 Pt 原子窄谱图的拟合分峰,分别对两种价态的 Pt 4f 轨道峰面积进行积分,得到 Pt 不同价态的 4f 轨道相应比例。

掺杂 Fe-Ce 的样品表面低氧化态 Pt^{2+} 比例较高,而掺杂 Zr-Fe 的样品表面的高氧化态 Pt^{4+} 比例较高。在浸渍制备过程中,$Pt(NO_3)_2$ 在载体上沉积,经 550℃氧气气氛焙烧处理后,受 Pt 物种和载体之间的相互作用的影响,$Pt(NO_3)_2$ 大多形成氧化态 PtO_x[37],Pt 多以 Pt^{2+} 和 Pt^{4+} 氧化物形式存在。在相同焙烧温度的制备过程中,双金属氧化物影响着载体和 Pt 物种的相互作用,进而影响载体表面 Pt^{2+} 和 Pt^{4+} 氧化物种的浓度和比例。在焙烧制备过程中,掺杂 Fe-Ce 双金属氧化物能够较好地抑制 Pt^{2+} 向 Pt^{4+} 转变,而掺杂 Zr-Fe 复合金属氧化物对催化剂表面 Pt^{2+} 向 Pt^{4+} 转变的抑制作用表现较弱。

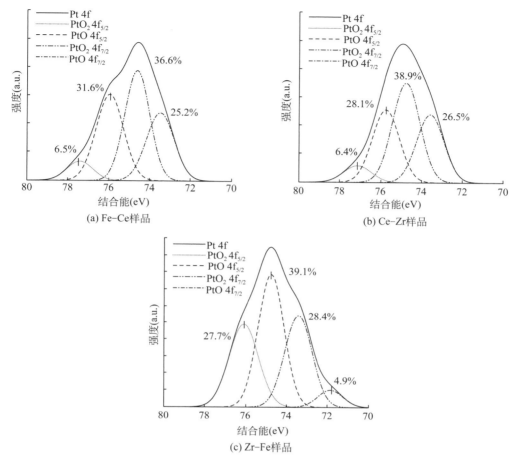

图 7-19　CDPF 样品 Pt 原子拟合分峰

（c）表面 O 1s 拟合分峰

图 7-20 所示为分别掺杂 Fe-Ce、Ce-Zr 和 Zr-Fe 不同双金属氧化物的 CDPF 样品表面的 O 1s 的窄谱图拟合分峰。

吸附氧 O_{ad} 具有较高的迁移性，但浓度过高会抑制 CO 和 NO 在活性位的吸附和活化。掺杂 Fe-Ce 样品表面的吸附氧 O_{ad} 浓度较高，而掺杂 Ce-Zr 样品表面的活性氧 O_{ad} 浓度较低。晶格氧 O_L 浓度反映了氧空位浓度大小，晶格氧 O_L 浓度越低，意味着氧空位浓度越高，增加的氧空位能够促进外界的氧在氧空位进行吸附活化而形成新的中间体，进而促进氧化反应。同时，氧空位降低了晶格氧迁移的能量壁垒，增加了晶格氧的迁移率，提高了催化氧化活性。掺杂 Ce-Zr 样品的晶格氧 O_L 浓度较低，表明该样品表面的氧空位浓度较高，由于 Ce^{4+} 和 Zr^{4+} 离子半径相差较小，Ce-Zr 复合金属氧化物掺杂后，容易形成有晶格缺陷的 Ce-Zr 固溶体[35]，形成丰富的氧空位。掺杂 Fe-Zr 样品的晶格氧 O_L 浓度较高，表明在该样品表面的氧空位浓度较低，意味着形成的 Fe-Zr 固溶体较少。由氧空位推测样品表面的固溶体浓度，掺杂 Ce-Zr 样品表面的固溶体浓度最高，其次是掺杂 Fe-Ce 样品，掺杂 Zr-Fe 样品中生成的固溶体量较少，这一推论与由样品结晶度分析固溶体生成量的推论相一致。

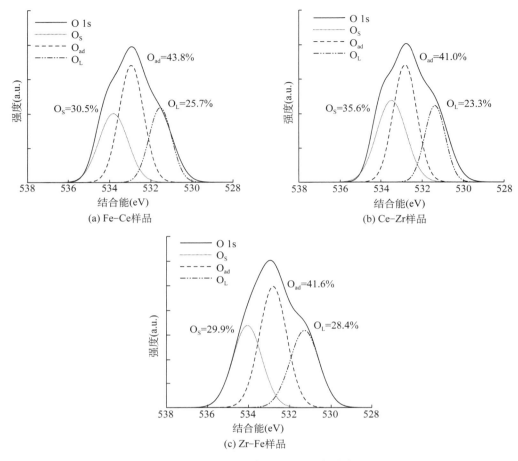

图 7-20　CDPF 样品 O 1s 拟合分峰

（3）H$_2$-TPR 程序升温还原分析

图 7-21 所示为分别掺杂 Fe-Ce、Ce-Zr 和 Zr-Fe 不同双金属氧化物的 CDPF 样品的

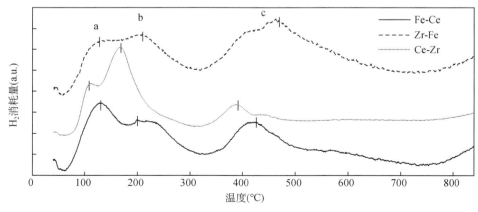

图 7-21　CDPF 样品 H$_2$-TPR 谱图

H_2-TPR 谱图。样品大都出现三个明显的还原峰,分别标记为 a、b 和 c,它们分别位于 $105\sim125℃$、$160\sim201℃$和 $380\sim460℃$。

低温区还原峰温度的高低能直接反映催化剂的低温活性,还原峰 a 可归属为载体表面 PtO 氧化物的还原[38],还原峰 b 归属为载体表面富集的 PtO_2 和表面分散的 PtO_x 和 PdO_x 氧化物种还原叠加的结果,还原峰 c 归属为部分较难还原的大颗粒 PtO_x 团聚颗粒、PtO_x 与掺杂的金属氧化物形成的络合物以及复合金属氧化物形成的固溶体晶格氧的共同还原峰叠加的结果。

2) CDPF 样品的活性评价

(1) CO 转换率

掺杂 Ce-Zr 的样品的结晶度较大,载体和活性组分的晶格趋于完整,晶格缺陷程度降低,组分间的相互作用力减弱,吸附氧和晶格氧的迁移率受到抑制,CO 在活性位的吸附活化能力减弱。另外,掺杂 Ce-Zr 的样品表面的晶格氧浓度较低,这意味着氧空位浓度较高,增加的氧空位不仅有助于促进表面氧和吸附氧的迁移,而且降低了晶格氧的迁移能量壁垒,提高了载体晶格氧的迁移率。但在反应过程中,过高浓度氧种的聚集和迁移可能对 CO 吸附形成"位阻效应",抑制后续 CO 分子的吸附,反而会降低催化剂对 CO 的氧化活性。综上所述,较大的结晶度和高浓度氧空位对 CO 吸附造成的"位阻效应"导致掺杂 Ce-Zr 的样品对 CO 的催化活性和选择性有所降低。

图 7-22 所示为分别掺杂 Fe-Ce、Ce-Zr 和 Zr-Fe 不同双金属氧化物的 CDPF 样品对 CO 转换率的温升曲线和特征温度。由图 7-22(a)可见,随着反应温度升高,CDPF 样品对 CO 的转换率均呈上升趋势。在整个升温过程中,Ce-Zr 样品的 CO 转换率略低于其他两个样品。由图 7-22(b)可见,Fe-Ce 样品对 CO 转换的特征温度均较低,Ce-Zr 样品对 CO 转换的特征温度均较高,对 CO 表现较弱的催化活性和选择性[31]。

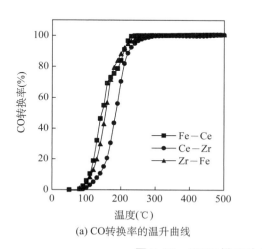
(a) CO转换率的温升曲线

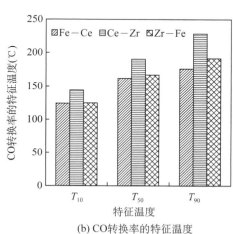
(b) CO转换率的特征温度

图 7-22　CDPF 样品对 CO 转换率的温升特性

(2) C_3H_8 转换率

图 7-23 所示为分别掺杂 Fe-Ce、Ce-Zr 和 Zr-Fe 不同双金属氧化物的 CDPF 样品对

C_3H_8 转换率的温升曲线和特征温度。如图 7-23(a) 所示，当反应温度升高到 250℃后，样品对 C_3H_8 的转换率快速升高。在整个升温过程中，Fe-Ce 样品对 C_3H_8 的转换率较高，其次是 Zr-Fe 样品。如图 7-23(b) 所示，掺杂 Fe-Ce 双金属氧化物的样品对 C_3H_8 具有较高的活性，其次是掺杂 Zr-Fe 双金属氧化物的样品，而掺杂 Ce-Zr 双金属氧化物的样品对 C_3H_8 的活性较差。

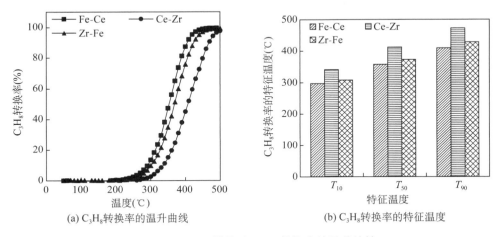

(a) C_3H_8 转换率的温升曲线   (b) C_3H_8 转换率的特征温度

图 7-23   CDPF 样品对 C_3H_8 转换率的温升特性

（3）NO_2 产率

图 7-24 所示为分别掺杂 Fe-Ce、Ce-Zr 和 Zr-Fe 不同双金属氧化物的 CDPF 样品对 NO_2 产率的温升曲线和特征温度。如图 7-24(a) 所示，随着反应温度升高，CDPF 样品的 NO_2 产率在 200~250℃ 出现驼峰。在中低温范围，Fe-Ce 和 Zr-Fe 样品具有较高的 NO_2 产率。在 300~330℃，NO_2 产率出现谷值，然后随温度升高，NO_2 产率呈升高趋势，在 450℃~500℃ 出现第二个驼峰。如图 7-24(b) 所示，掺杂 Fe-Ce 的催化剂样品对 NO_2 的生成具有较高活性，其次是掺杂 Zr-Fe 的样品，而掺杂 Ce-Zr 的样品对 NO 氧化为 NO_2 表现

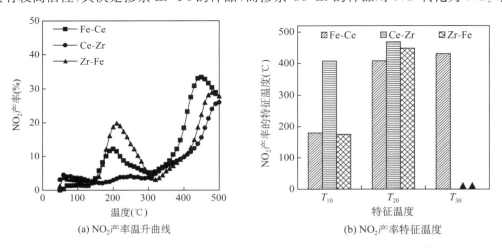

(a) NO_2 产率温升曲线   (b) NO_2 产率特征温度

图 7-24   CDPF 样品对 NO_2 产率的温升特性（▲表示特征温度超过 500℃）

较低的活性。

7.3　CDPF 催化剂老化性能研究

7.3.1　老化后不同 CDPF 的催化性能

1）试验方案

选用全尺寸三个 CDPF 样品作为研究对象,三个 CDPF 样品的载体结构一致,催化剂组分中的贵金属浓度依次增加,分别为 15 g/ft³、25 g/ft³、35 g/ft³,在 15 g/ft³ 涂层中掺杂了浓度为 20 g/L 的 La_2O_3 助剂。对柴油车六万公里整车老化的 CDPF 样品中心位置进行切割取样制样,取样位置见图 7-25,然后进行 CDPF 小样品的表征分析和活性评价。

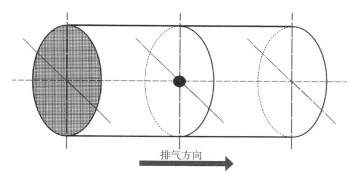

排气方向

图 7-25　CDPF 切割位置取样示意图

通过 XRD 对样品物相结构和晶相参数进行分析;利用 XPS 检测样品的载体表面元素浓度和价态;采用气相色谱在线分析技术进行样品的活性评价分析。

2）催化剂样品表征分析

（1）物相及晶胞参数分析

图 7-26 所示为 15 g/ft³ 型 CDPF 的新鲜、实验室老化、整车老化样品（分别简称为 15 g/ft³-新鲜、15 g/ft³-实验室老化和 15 g/ft³-整车老化）的 XRD 谱图。新鲜、实验室老化和整车老化样品的 XRD 谱图均在 10°～11°、17°～22° 和 25°～31° 范围出现明显的特征衍射峰簇,分别对每簇最强的特征峰进行标记,依次为 a、b 和 c,并进行放大显示。与新鲜样品相比,实验室老化样品的峰簇向大角度偏移,表明晶格参数有缩小趋势。整车老化样品的峰簇与新鲜样品的 2θ 角基本相当,并且整车老化样品的衍射峰变得尖锐,表明整车老化样品的晶粒增加,而晶型可能变得完美,并且在整车老化样品的 XRD 谱图中出现一些新的晶相,这有可能是分散的贵金属氧化物、金属氧化物以及碳烟和灰分在柴油车老化过程中形成的晶相较差的结晶物。

表 7-8 所示为样品的晶格常数,新鲜、实验室老化和整车老化样品的结晶度依次增加,这与实验室老化和整车老化样品中增加新晶相相关,在柴油车老化后的样品中分散的物质形成较多的新晶相,增加了样品的结晶度。在三个样品中,实验室老化样品具有较小的晶胞

参数 a 和 b 以及较小的晶胞体积,而整车老化样品的晶胞参数 a 较大,并且其晶胞体积小于新鲜样品,表明晶粒长大,晶型趋于完整,这与结晶度增加的结果相一致。

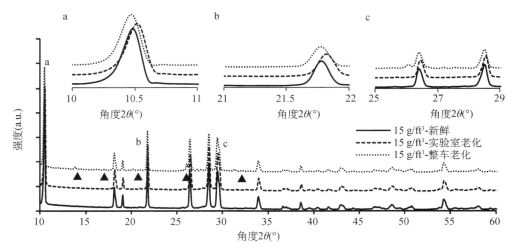

图 7-26　15 g/ft³ 型 CDPF 的新鲜、实验室老化和整车老化样品的 XRD 谱图

图 7-27 所示为 25 g/ft³ 型 CDPF 的新鲜、实验室老化、整车老化样品(分别简称为 25 g/ft³-新鲜、25 g/ft³-实验室老化和 25 g/ft³-整车老化)的 XRD 谱图。分别对每簇较强的特征峰进行标记,依次为 a、b 和 c,并进行放大显示。新鲜、实验室老化和整车老化的特征峰依次向大角度偏移,表明晶格参数有缩小趋势。

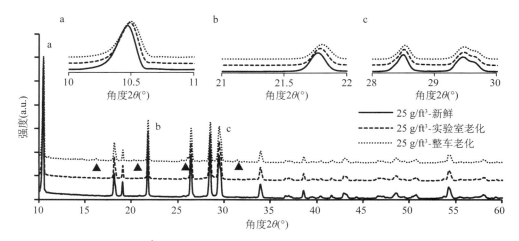

图 7-27　25 g/ft³ 型 CDPF 的新鲜、实验室老化和整车老化样品的 XRD 谱图

图 7-28 所示为 35 g/ft³ 型 CDPF 的新鲜、实验室老化、整车老化样品(分别简称为 35 g/ft³-新鲜、35 g/ft³-实验室老化和 35 g/ft³-整车老化)的 XRD 谱图。在整车老化样品的谱图中,出现较多的新晶相小峰簇,分别对每簇最强的特征峰进行标记,依次为 a、b 和 c,并进行放大显示。与新鲜样品的特征峰相比,实验室老化样品的衍射峰向大角度偏移,而整车老化样品的特征峰角度无明显偏移。表 7-8 给出了由 Debye-Scherrer 公式计算得出的样

品晶格常数。与新鲜样品相比,实验室老化样品的结晶度减小,并且实验室老化样品的晶胞参数和晶胞体积均减小。一方面可能是由于在 35 g/ft³ 样品表面叠加和团聚的贵金属在热处理过程中发生了再分散;另一方面,可能发生了晶格错位以及金属离子迁移,或者金属离子与载体的相互作用力产生了晶胞形变,导致样品的结晶度降低。而整车老化样品的结晶度增加了,结晶度增加一方面是因为载体表面形成的新晶相,在柴油车老化过程中载体的晶粒长大,晶型趋于完整,可能是整车老化样品的结晶度增加的另一方面原因。

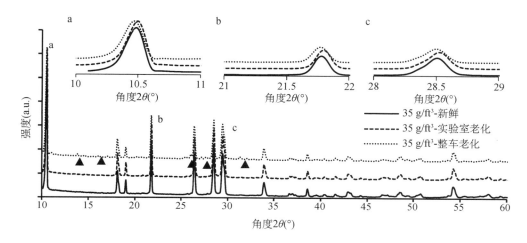

图 7-28　35 g/ft³ 型 CDPF 的新鲜、实验室老化和整车老化样品的 XRD 谱图

表 7-8　　　　　　　　　　　　　不同状态样品的晶胞参数及结晶度

样品		晶胞参数 a(Å)	晶胞参数 b(Å)	晶胞体积(Å³)	结晶度(%)
15 g/ft³	新鲜	9.774 5	9.318 3	771.00	77.24
	实验室老化	9.762 3	9.307 1	768.16	77.91
	整车老化	9.776 9	9.307 4	770.49	78.79
25 g/ft³	新鲜	9.779 3	9.325 0	772.31	76.15
	实验室老化	9.769 5	9.322 5	770.56	76.16
	整车老化	9.780 4	9.295 2	770.02	79.22
35 g/ft³	新鲜	9.774 1	9.319 2	771.00	77.89
	实验室老化	9.770 2	9.313 2	769.91	76.03
	整车老化	9.774 1	9.308 9	771.52	78.84

（2）XPS 表面元素及价态分析

对不同催化剂组分 CDPF 的新鲜样品、实验室老化和整车老化样品进行 XPS 表征,如表 7-9 所示,分别列出了 Pt、Pt^{4+}、不同类型氧(表面氧 O_S,吸附氧 O_{ad} 和晶格氧 O_L)和 S 的浓度。15 g/ft³ 型 CDPF 的新鲜、实验室老化和整车老化不同状态的样品表面的 Pt 原子浓度依次降低,而高氧化态的 Pt^{4+} 在实验室老化样品中浓度最高,在整车老化样品中,Pt^{4+} 浓

度最低。分析氧物种浓度变化,在实验室老化样品中,吸附氧 O_{ad} 浓度最高,其次是整车老化样品。与新鲜样品相比,实验室老化和整车老化样品表面的晶格氧 O_L 浓度依次降低,晶格氧浓度的降低可能意味着氧空位数量增加。在柴油车老化后的整车老化样品中,S 元素的浓度为 6.0%。

25 g/ft³ 型 CDPF 的新鲜、实验室老化和整车老化样品表面的 Pt 原子浓度呈降低趋势,高氧化态的 Pt^{4+} 的浓度亦呈降低趋势。分析氧物种浓度变化,在实验室老化样品中,吸附氧 O_{ad} 浓度最高,其次是整车老化样品,吸附氧具有较高的迁移率,有助于促进反应物在活性位的氧化脱附,实验室老化样品表面的晶格氧 O_L 浓度最低。在柴油车老化后的整车老化样品中,S 元素的浓度为 6.2%。

35 g/ft³ 型 CDPF 的新鲜、实验室老化和整车老化样品表面的 Pt 原子浓度呈降低趋势,高氧化态的 Pt^{4+} 的浓度亦呈降低趋势。分析氧物种浓度变化,新鲜、实验室老化和整车老化样品表面的吸附氧浓度依次增加,实验室老化样品表面的晶格氧 O_L 浓度最低,而整车老化样品表面的晶格氧浓度最高。在柴油车老化后的整车老化样品中,S 元素的浓度为 6.2%。

表 7-9　　　　　　　　　样品载体表面原子浓度(摩尔百分比%)

样品		Pt		O				S
		Pt	Pt^{4+}	O 1s	O_S	O_{ad}	O_L	
15 g/ft³	新鲜	0.74	0.30	96.3	25.4	37.8	33.0	/
	实验室老化	0.73	0.33	96.4	25.3	41.1	30.0	/
	整车老化	0.41	0.20	92.1	38.8	39.8	13.5	6.0
25 g/ft³	新鲜	1.37	0.70	96.8	29.7	31.0	36.1	/
	实验室老化	0.80	0.38	98.0	19.0	47.7	31.3	/
	整车老化	0.43	0.23	91.0	13.8	41.1	36.1	6.2
35 g/ft³	新鲜	1.35	0.60	96.6	33.1	31.5	32.0	/
	实验室老化	0.91	0.42	98.1	33.4	37.8	27.0	/
	整车老化	0.53	0.22	90.7	10.8	41.0	39.0	6.2

3) 催化性能活性评价

图 7-29 所示为 CDPF 新鲜、实验室老化和整车六万公里老化载体切割样品起燃特征温度。15 g/ft³ 型 CDPF 的新鲜、实验室老化和整车老化不同状态的样品对 CO、C_3H_8 转换率和 NO_2 产率的起燃特征温度差异较为明显。新鲜和实验室老化样品对 NO_2 产率 20% 的特征温度均超过 500℃,而整车老化样品对 NO_2 转换具有较高的活性。

25 g/ft³ 型 CDPF 的新鲜、实验室老化和整车老化样品对 CO 的起燃温度依次升高,三个不同状态的样品对 C_3H_8 的起燃温度亦呈升高趋势,整车老化样品比实验室老化样品对 C_3H_8 的起燃温度的劣化率较高。

35 g/ft³ 型 CDPF 的新鲜、实验室老化和整车老化样品对 CO 的起燃温度依次升高,整

车老化样品对 C_3H_8 的起燃温度超过 $500℃$。新鲜、实验室老化和整车老化样品对 NO_2 的 20% 产率的特征温度 T_{20} 先升高再降低，而柴油车老化后的整车老化样品对 NO_2 转换的活性提高。

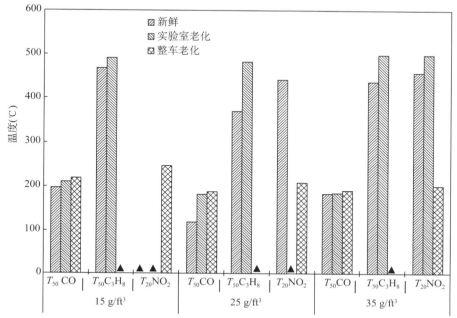

图 7-29　CDPF 的新鲜、实验室老化和整车老化样品的特征温度
（"▲"表示样品对某气体的转换温度超出 $500℃$）

7.3.2　不同 CDPF 老化位置的催化性能

1) 试验方案

为了研究 CDPF 在柴油车老化后不同位置区域的催化性能劣化特征，将耐久后的 $25\ g/ft^3$ 型 CDPF 进行人工保养和除灰等清理，然后按排气在 CDPF 孔腔的流向对 CDPF 进口、中间和出口区域中心位置进行机械切割取样，分别制得 CDPF 的进口层、中间层和出口层的切割样品，对每个切割样品进行表征分析和活性评价。图 7-30 所示为 CDPF 切割取样位置区域。

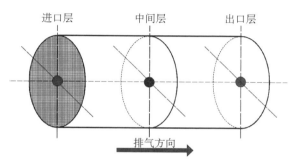

图 7-30　CDPF 进口层、中间层和出口层切割取样位置示意图

通过 XRD 对切割样品的物相结构和晶相参数进行分析;利用 XPS 分析切割样品载体表面的元素浓度和价态;采用气相色谱在线分析技术对柴油车老化后不同区域层的切割样品进行活性评价。

2）不同位置样品表征

（1）物相及晶胞参数分析

图 7-31 所示为 CDPF 新鲜样品、整车老化样品的进口层、中间层和出口层的 XRD 谱图（图中简称为新鲜、整车老化-进口层、整车老化-中间层和整车老化-出口层）。分别对每簇最强的特征峰进行标记,依次为 a、b 和 c,并进行放大显示。

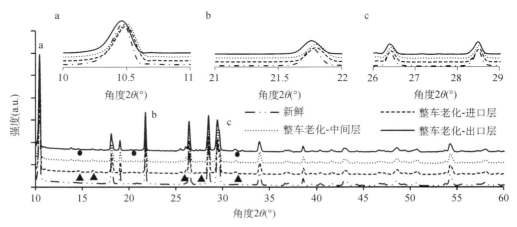

图 7-31　老化 CDPF 不同位置切样 XRD 谱图

整车老化-进口层、整车老化-中间层和整车老化-出口层样品的 XRD 谱图中出现数量较多、峰强较小的衍射峰,然而由于晶型较差,Jade 软件不能检测出所属晶相物质,可能是由于载体表面分散的贵金属和金属氧化物在整车老化中形成晶型较差的物相,还有一方面原因,由于未处理充分,残留在载体表面捕集的碳烟和灰分物质,增加了 XRD 谱图中的小衍射峰数量。

与新鲜样品相比,整车老化样品不同区域样品的特征峰角度呈现不同的变化,整车老化-进口层和整车老化-中间层样品的特征衍射峰均向大角度偏移,而整车老化-出口层样品衍射峰偏移量不明显。衍射峰向大角度偏移表明晶格发生收缩,由 Debye-Scherrer 公式计算样品晶格常数,见表 7-10 所示,与新鲜样品相比,整车老化-进口层和整车老化-中间层样品的晶胞参数 b 和晶胞体积均缩小,而整车老化-出口层样品的晶胞参数 a 和晶胞体积增大。整车老化-进口层、整车老化-中间层和整车老化-出口层切割取样的结晶度依次增加。

表 7-10　　　　　　　柴油车整车老化 CDPF 不同区域取样的晶胞参数

样品	晶胞参数 a（Å）	晶胞参数 b（Å）	晶胞体积（Å³）	结晶度（%）
新鲜	9.779 3	9.325 0	772.31	76.15
整车老化-进口层	9.784 2	9.293 8	770.51	78.30
整车老化-中间层	9.780 4	9.295 2	770.02	79.22
整车老化-出口层	9.787 0	9.309 6	772.26	79.50

（2）XPS 表面元素及价态分析

本节通过对柴油车整车老化的 CDPF 不同区域切割取样进行 XPS 表征。如表 7-11 所示，分别列出了 Pt、Pt^{4+}、不同类型氧（O_S,O_{ad} 和 O_L）和 S 的浓度。

催化剂样品表面的贵金属原子浓度高低在一定程度上反映了活性位数量的多少。与新鲜样品相比，整车老化样品不同区域层的 Pt 和 Pt^{4+} 原子浓度均下降，整车老化-进口层的 Pt 原子浓度下降率较高，其次是整车老化-出口层，而整车老化-中间层的 Pt 原子浓度下降率较低。而由进口到出口不同区域的样品相比，Pt^{4+} 原子浓度呈增加趋势。

表 7-11　　　　　　　　　　样品载体表面原子浓度（摩尔百分比%）

样品	Pt		O				S
	Pt	Pt^{4+}	O 1s	O_S	O_{ad}	O_L	
新鲜	0.74	0.30	96.3	25.4	37.8	33.0	/
整车老化-进口层	0.33	0.18	92.7	20.5	39.4	32.7	4.6
整车老化-中间层	0.43	0.23	91.0	13.8	41.1	36.1	6.2
整车老化-出口层	0.39	0.24	92.1	11.1	52.1	28.7	5.7

分析不同区域样品表面氧物种浓度变化，与新鲜样品相比，整车老化-进口层、整车老化-中间层和整车老化-出口层样品的吸附氧浓度依次增加。在柴油车整车老化后的整车老化样品中，整车老化-进口层、整车老化-中间层和整车老化-出口层样品的 S 元素的浓度分别为 4.6%、6.2% 和 5.7%，表明 S 元素的积聚在中心位置较多。

3）不同位置样品的活性评价

如图 7-32 所示为 CDPF 新鲜样品以及在柴油车上六万公里整车老化 CDPF 样品的进口层、中间层和出口层中心位置切割样品（图中简称为新鲜、整车老化-进口层、整车老化-中间层和整车老化-出口层）的催化活性评价结果。

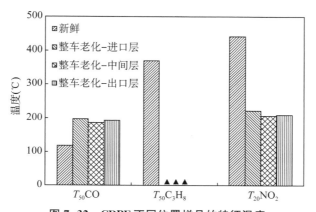

图 7-32　CDPF 不同位置样品的特征温度
（"▲"表示样品对某气体的转换温度超出 500℃）

与新鲜样品相比，整车老化 CDPF 不同位置取样对 CO 的起燃温度均升高，整车老化-进口层位置对 CO 起燃温度劣化率最高，其次是整车老化-出口层位置。

新鲜样品对 C_3H_8 的起燃温度为 369.9℃,而整车老化样品不同位置对 C_3H_8 的起燃温度均超过 500℃,沿气流方向随着深度增加,不同区域样品对 C_3H_8 的最大转换率增加,但增加幅度不明显。

与新鲜样品相比,整车老化 CDPF 样品不同区域位置切样对 NO_2 的 T_{20} 均大幅降低,整车老化-中间层样品降低幅度略大,其次是整车老化-出口层样品。

7.3.3 不同老化阶段捕集碳烟和灰分微观形貌

为了探究 CDPF 在三万和六万公里不同老化阶段 CDPF 载体堆积碳烟和灰分的组分与老化后 CDPF 载体表面组分的差异,当 CDPF 在柴油车上老化三万和六万公里时,对 CDPF 中心孔腔内堆积的碳烟和灰分混合物进行取样。

研究采用美国 FEI 公司的 Quanta 250 FEG SEM & EDS 进行碳烟和灰分物质的形貌观察和半定量元素比例检测。扫描电子显微镜和 X-射线能量色散谱方法(Scanning Electron Microscope,SEM;Energy Dispersive Spectroscopy,EDS)是利用扫描电子束照射被检样品表面,电子束在扫描过程中和样品发生相互作用,产生二次电子(或背散射电子)或部分电子被吸收,而二次电子的发射量随样品表面的形貌而变化,产生反映样品微区形貌、结构及成分的各种信息。通过检测二次电子或背散射电子信息进行形貌观察,用 X 射线能谱仪或波谱仪测量电子与样品相互作用所产生的特征 X 射线的(频率)波长与强度,对微小区域所含元素进行定性或定量分析。SEM & EDS 能够实现对被检样品表面的微观形貌、颗粒尺寸范围和元素的定性、定量分析[39]。

本研究对柴油车三万公里和六万公里不同整车老化阶段的 CDPF 中堆积的碳烟和灰分进行了微观形貌观察和半定量元素分析。图 7-33 所示为不同阶段碳烟和灰分混合物和燃烧后灰分的扫描电镜图片。

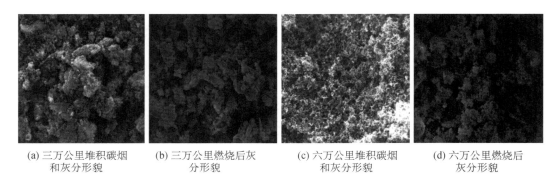

(a) 三万公里堆积碳烟　　(b) 三万公里燃烧后灰　　(c) 六万公里堆积碳烟　　(d) 六万公里燃烧后
　　和灰分形貌　　　　　　　分形貌　　　　　　　　和灰分形貌　　　　　　　灰分形貌

图 7-33　不同阶段碳烟和灰分混合物和燃烧后灰分的扫描电镜图

如图 7-33(a)所示,CDPF 三万公里整车老化阶段的碳烟和灰分混合物的团聚体均由不规则块状颗粒聚集而成,团聚颗粒较大,表面凹凸不平,团聚体之间排列疏松,有明显的孔状结构。团聚体中碳烟和灰分颗粒相互掺杂,以碳烟颗粒为主。经 EDS 测定,表面富集 C 元素,比例为 83.8%,C 元素可能以有机碳和元素碳为主,并有碳酸盐物质存在于灰分中。O 元素比例为 13.4%,S 元素比例为 0.3%。

图 7-33(b)所示为 CDPF 三万公里整车老化时堆积的碳烟和灰分混合物进行燃烧得到的灰分微观形貌,灰分多以不规则的光滑片层和块状结构聚集而成,团聚颗粒较小,颗粒之间排列紧密。EDS 分析表明,灰分中粒子簇中富集 C 和 O 元素,比例分别为 47.2% 和 36.8%,C 元素主要以碳酸盐形式存在。S 元素比例为 5.0%,以硫酸盐形式存在于灰分中。

如图 7-33(c)所示,CDPF 六万公里整车老化阶段的碳烟和灰分的团聚体均由不规则块状颗粒聚集而成,团聚颗粒较小,表面呈絮状多孔分布,团聚体之间排列致密。经 EDS 检测,团聚体表面富集 C 元素,比例为 83.2%。C 元素富集比例相对于三万阶段有所增加,一方面表明碳烟在 CDPF 发生催化再生前的碳烟堆积量增加,意味着载体表面的催化剂劣化程度增加,对碳烟的催化再生温度提高。另一方面,可能存在碳酸盐在灰分中比例增加的现象。O 元素比例为 10.8%,S 元素比例为 0.7%,六万公里整车老化后碳烟和灰分混合物中 S 元素比例增加较明显。

图 7-33(d)所示为 CDPF 六万公里整车老化堆积碳烟和灰分混合物进行燃烧得到的灰分微观形貌,灰分多以不规则的球状结构聚集成簇,团聚颗粒较小,颗粒之间排列紧密程度相对于三万公里的灰分增强。由 EDS 元素检测分析,灰分中粒子簇中富集 O 元素,比例为 42.8%,而 C 元素浓度相对较低。除此之外,还有一定量的 Na、P、S 和 Ca,其中,S 元素的浓度为 12.0%,相对于三万公里的灰分中 S 元素增加了 1.4 倍。

图 7-34 所示为对六万公里整车老化后的 CDPF(保养除灰后)中心区域载体进行 EDS 元素比例检测的结果。整车老化后的 CDPF 载体表面富集 O 元素,C 元素比例为 21.3%,C 元素主要是在催化反应过程中在载体表面形成的碳酸盐,以及附着在载体表面灰分中的碳酸盐组分。尾气中的 S 物种较容易与贵金属结合,而使贵金属失活,载体表面检测到的 S 元素主要以硫酸盐的形式分散在载体表面,这是六万公里老化后的 CDPF 的活性发生劣化的一方面原因。而三万和六万公里老化后的灰分中 S 元素分别占 5.0% 和 12.0%,意味着吸附在载体上的硫物种相对较少,表明载体和催化剂具有一定的抗硫作用,能抑制柴油车尾气中的硫物种与载体表面的贵金属结合而失活,这也是 CDPF 在柴油车老化后,其催化活性劣化程度较低却依然保持较高催化活性的原因之一。

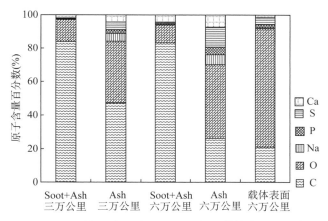

图 7-34　CDPF 堆积碳烟、灰分以及老化后载体表面的元素比例

7.4 CDPF 催化剂对柴油机排放的影响

CDPF 设计方案如表 7-12 所示,主要研究催化剂负载量及配比对 CDPF 排温特性、背压特性及污染物减排特性的影响规律。所设计 CDPF 均使用相同的结构参数(孔密度:200 cpsi、直径 $D \times$ 长度 L:267 mm$\times$286 mm),材质均为堇青石。其中编号 1 中 DPF 采用主流技术参数,编号 1~4 用于研究催化剂负载量对 CDPF 减排特性的影响;编号 1、5~7 用于研究催化剂配比对 CDPF 减排特性的影响。

表 7-12   CDPF 设计方案

编号	贵金属负载量(g/ft³)	贵金属配比(Pt:Pd:Rh)	研究内容
1	10	5:1:0	标准 DPF
2	5	5:1:0	负载量
3	20	5:1:0	负载量
4	0	—	负载量
5	10	10:2:1	配比
6	10	7:1:0	配比
7	10	10:1:0	配比

7.4.1 CDPF 催化剂负载量的影响

1) 对排气参数的影响

图 7-35 为不同工况下不同贵金属负载量的 DPF 的前后温差。由图 7-35(a)可知,1 400 r/min 转速下,随负荷的增大,DPF 前后温差呈先增大后减小的趋势,在 25% 负荷时取极大值。由图 7-35(b)可知,75% 负荷不同转速下,DPF 前后温差随发动机转速的增大呈先增大后减小的趋势,在 1 100 r/min 时取极大值。对于不同贵金属负载量的 DPF,有无贵金属负载对 DPF 前后温差影响较大。总体来看白载体温差最小,不同负载量温差规律不明显。

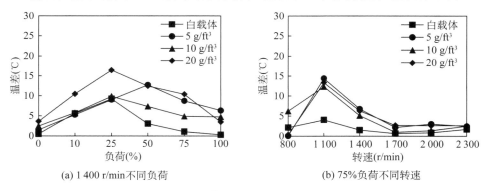

(a) 1 400 r/min不同负荷   (b) 75%负荷不同转速

图 7-35   不同贵金属负载量 DPF 前后温差

　　随着负荷和转速的增大,发动机尾气流量增大,使 DPF 前后压差增大。不同贵金属负载量对 DPF 前后压差影响不大,但白载体压差随转速和负荷的增加增幅低于有贵金属的DPF,高转速高负荷白载体压差较小[40]。图 7-36 为不同工况下不同贵金属负载量的 DPF 的前后压差。由图 7-36(a)可知,1 400 r/min 转速下,随负荷的增大,DPF 前后压差呈增大趋势,不同贵金属负载量对 DPF 前后压差影响不大。由图 7-36(b)可知,75%负荷条件下,DPF 前后压差随发动机转速的增大呈增大趋势。

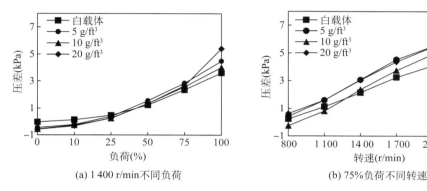

(a) 1 400 r/min不同负荷　　　　　　　　(b) 75%负荷不同转速

图 7-36　不同贵金属负载量 DPF 前后压差

2) 对气态污染物排放的影响

　　由于高负荷 CO 和 THC 基本全被转化,因此只讨论低温减排性能。图 7-37 为 1 400 r/min 转速不同负荷条件下不同贵金属负载量的 DPF 对 CO 和 THC 等气态污染物排放的影响。由图 7-37(a)可知,在空负荷下,白载体和 $10\,g/ft^3$ 的 DPF 的 CO 排放浓度较高, $5\,g/ft^3$ 和 $20\,g/ft^3$ 的 DPF 的 CO 排放浓度较低。在 10% 负荷下,白载体的 DPF 的 CO 排放浓度为 3.5×10^{-6},涂覆有贵金属的 DPF 的 CO 排放浓度基本为 0。由图 7-37(b)可知,在空负荷下,白载体和 $10\,g/ft^3$ 的 DPF 的 THC 排放浓度较高, $5\,g/ft^3$ 和 $20\,g/ft^3$ 的 DPF 的 THC 排放浓度较低。在 10% 负荷下,白载体的 THC 排放浓度最高, $5\,g/ft^3$ 的 DPF 的 THC 排放浓度最低。空负荷条件下,不同贵金属负载量影响 DPF 后 CO 和 THC 排放浓度,但与负载量大小关系不大。10% 负荷下,未涂覆贵金属的 DPF 的 CO 和 THC 排放浓度

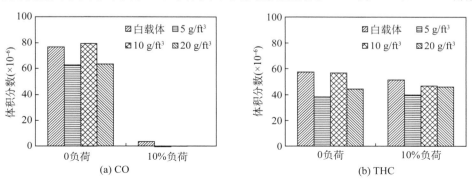

(a) CO　　　　　　　　　　　　(b) THC

图 7-37　不同贵金属负载量 DPF 的 CO 和 THC 减排特性

高于涂覆贵金属的 DPF,但 CO 和 THC 的排放浓度并不随负载量的增大而递减,甚至略有增加,这是因为此时排气温度和流量相对较小,贵金属不能充分地发挥作用。

图 7-38 为不同工况下不同贵金属负载量的 DPF 对 NO_2 占比的影响。由图 7-38(a)可知,1 400 r/min 转速下,随负荷的增大,DPF 后 NO_2 占比呈先增大后减小的趋势,在 50% 负荷处取极大值。NO_2 占比随着 DPF 贵金属负载量的增加呈现增加趋势,白载体的 NO_2 占比最低。由图 7-38(b)可知,75% 负荷条件下,随转速的增大,DPF 后 NO_2 占比呈先减小后增大的趋势,白载体的整体 NO_2 占比低于有贵金属的 DPF,贵金属负载量越大,NO_2 占比整体越多。

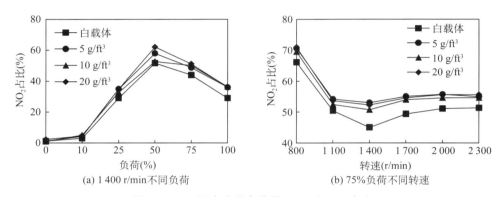

(a) 1 400 r/min不同负荷   (b) 75%负荷不同转速

图 7-38　不同贵金属负载量 DPF 后 NO_2 占比

3) 对颗粒物排放的影响

总体而言,不同负载量的 DPF 对固体颗粒数量的影响无明显规律,这主要是因为 DPF 过滤效率极高,尾端的颗粒数量很少,容易受到气流、再生、环境颗粒等因素影响。图 7-39 所示为不同工况下不同贵金属负载量 DPF 的固体颗粒排放特性。由图 7-39(a)可以看出,20 g/ft³ 的 DPF 固体颗粒排放略高于其他负载量。由图 7-36(b)可以看出,75% 负荷不同转速下白载体的固体颗粒排放最高。

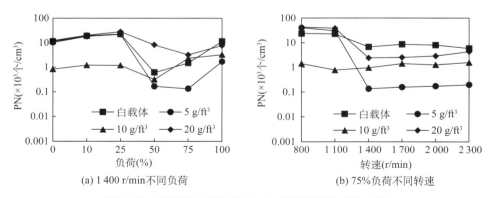

(a) 1 400 r/min不同负荷   (b) 75%负荷不同转速

图 7-39　不同贵金属负载量 DPF 的固体颗粒减排特性

贵金属负载量对 DPF 过滤效率影响不大,且相对而言贵金属负载量的提升对大粒径颗粒有一定减排效果。图 7-40 所示为 1 400 r/min 50% 负荷时 DPF 贵金属负载量对 PN 粒径分布的影响。可以看出,该工况条件下,不同 DPF 后 PN 在不同粒径的分布均很少,且随着粒径增加数量有降低趋势。有贵金属的 DPF 对 360 nm 以上的 PN 排放低于白载体,对其他粒径的 PN 排放无明显影响。

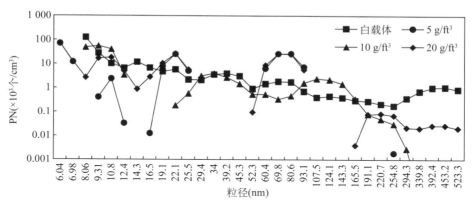

图 7-40　1 400 r/min 50%负荷下不同贵金属负载量 DPF 对 PN 粒径分布的影响

7.4.2　CDPF 催化剂贵金属配比的影响

1) 对排气参数的影响

Rh 的加入使高负荷 DPF 前后温差增大,这是由于 Rh 是还原金属,减少了氧化放热。图 7-41 为不同工况下不同 Pt/Pd/Rh 配比的 DPF 的前后温差。由图 7-41(a)可知,1 400 r/min 转速下,随负荷的增大,5∶1∶0、7∶1∶0 和 10∶2∶1 配比的 DPF 前后温差呈先增大后减小的趋势,分别在 25%、50%和 25%负荷取极大值,10∶1∶0 配比下,DPF 前后温差呈增大趋势,75%和 100%负荷下温差增大至 10℃以上。对于不同 Pt/Pd/Rh 配比的影响,高配比的 10∶1∶0 在 75%和 100%负荷 DPF 前后温差高于 5∶1∶0 和 7∶1∶0,这可能是由于高温下 Pt 的活性降低,氧化放热减少。由图 7-41(b)可知,75%负荷条件下,DPF 前后温差随发动机转速的增大呈先增大后减小再增大的趋势,在 1 100 r/min 时取极大值。高配比的 10∶1∶0 在 75%负荷不同转速整体温差高于 5∶1∶0 和 7∶1∶0,Rh 的加入使

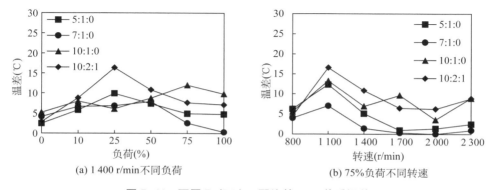

(a) 1 400 r/min 不同负荷　　　　　　　(b) 75%负荷不同转速

图 7-41　不同 Pt/Pd/Rh 配比的 DPF 前后温差

得 75% 负荷不同转速温差增大。

对于不同 Pt/Pd/Rh 配比, 增大 Pt 配比对 DPF 前后压差影响不大, 增加 Rh 金属元素, 使 DPF 前后压差减小。图 7-42 为不同工况下不同 Pt/Pd/Rh 配比的 DPF 的前后压差。由图 7-42(a) 可知, 1 400 r/min 转速下, 随负荷的增大, 不同 Pt/Pd/Rh 配比的 DPF 的前后压差均呈增大趋势, 对于不同 Pt/Pd/Rh 配比的影响, 增大 Pt 配比对 DPF 前后压差影响不大, Rh 的引入使 DPF 前后压差减小。由图 7-42(b) 知, 75% 负荷条件下, DPF 前后压差随发动机转速的增大而增大。

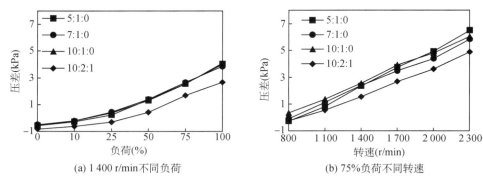

(a) 1 400 r/min 不同负荷   (b) 75% 负荷不同转速

图 7-42 不同 Pt/Pd/Rh 配比的 DPF 前后压差

2) 对气态污染物排放的影响

图 7-43 为 1 400 r/min 转速不同负荷条件下不同 Pt/Pd/Rh 配比的 DPF 对 CO 和 THC 等气态污染物排放的影响。由图 7-43(a) 可知, Pt 配比增大, 空负荷下, CO 排放减少, 10% 负荷下, CO 排放均接近 0; 增加 Rh 金属元素, 空负荷下, CO 排放减少, 10% 负荷下, CO 排放浓度增至 3.3×10^{-6}。由图 7-43(b) 可知, Pt 配比增大, THC 排放减少, 增加 Rh 金属元素, 空负荷下, THC 排放减少, 10% 负荷下, THC 排放增多。综上所述, 增大 Pt 配比, 使 CO 和 THC 排放在负荷下减少, 增加 Rh 金属元素, 使空负荷 CO 和 THC 排放略有减少, 10% 负荷下 CO 和 THC 排放增多。

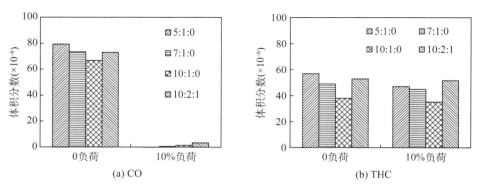

(a) CO   (b) THC

图 7-43 不同 Pt/Pd/Rh 配比 DPF 的 CO 和 THC 减排特性

图 7-44 为不同工况下不同 Pt/Pd/Rh 配比的 DPF 的 NO_2 占比。由图 7-44(a) 可知, 1 400 r/min 转速下, 随负荷的增大, 不同 Pt/Pd/Rh 配比 DPF 后 NO_2 占比均呈先增大后减

小的趋势,对于不同 Pt/Pd/Rh 配比,10∶1∶0 的高 Pt 配比在 25% 以上负荷的 NO_2 占比明显高于其他配比,但在低负荷占比最少。7∶1∶0 配比的 NO_2 整体低于 5∶1∶0,增加 Rh 金属元素,NO_2 占比在在高负荷减小但低负荷增大。由图 7-44(b) 可知,75% 负荷条件下,不同 Pt/Pd/Rh 配比 DPF 后 NO_2 占比均呈先减小后增大的趋势,对于不同 Pt/Pd/Rh 配比的影响,5∶1∶0 和 10∶1∶0 配比的 NO_2 占比较大且比较接近,而 7∶1∶0 配比的性能较差,这与 DOC 不同配比的规律一致,可能是不同配比具有不同的协同效果,7∶1∶0 的协同效果较差。Rh 的引入使 NO_2 占比减小,且整体最低。

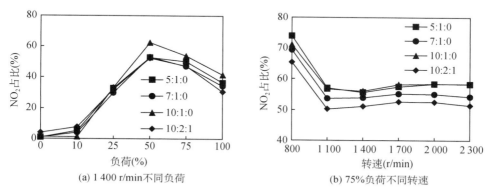

(a) 1 400 r/min 不同负荷　　　　　(b) 75% 负荷不同转速

图 7-44　不同 Pt/Pd/Rh 配比 DPF 后 NO_2 占比

3) 对颗粒物排放的影响

图 7-45 所示为不同工况下不同贵金属配比 DPF 的固体颗粒排放特性。由图 7-45(a) 可以看出,10∶2∶1 的 DPF 后固体颗粒排放略高于其他配比,随着 Pt 占比的增加,固体颗粒排放整体增多。由图 7-45(b) 可以看出,75% 负荷不同转速下同样是 10∶2∶1 的 DPF 后固体颗粒排放略高于其他配比,且随着 Pt 占比的增加,固体颗粒排放整体增多。

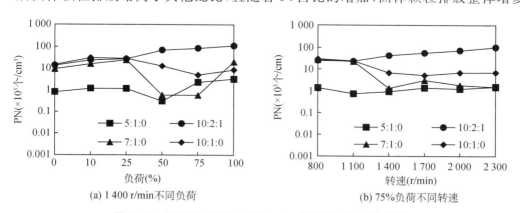

(a) 1 400 r/min 不同负荷　　　　　(b) 75% 负荷不同转速

图 7-45　不同 Pt/Pd/Rh 配比 DPF 的固体颗粒减排特性

图 7-46 所示为 1 400 r/min 50% 负荷时 DPF 贵金属配比对 PN 粒径分布的影响。可以看出,该工况条件下,不同 DPF 后 PN 在不同粒径的分布均很少,且随着粒径增加数量有降低趋势。Rh 的引入使 45 nm 以上的颗粒物数量明显增加,Pt 比重最高的(10∶1∶0)的 DPF 后 165 nm 以上 PN 排放也比其他配比略高。

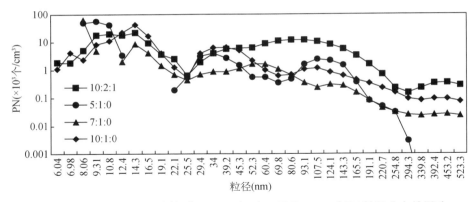

图 7-46　1 400 r/min 50％负荷不同 Pt/Pd/Rh 配比 DPF 对 PN 粒径分布的影响

参考文献

［1］　冯谦,楼狄明,谭丕强,等. 催化型 DPF 对车用柴油机气态污染物的影响研究［J］. 燃料化学学报,2014,42(12):1513-1521.

［2］　赵地顺. 催化剂评价与表征［M］. 北京:化学工业出版社,2011.

［3］　辛绍强. 催化技术应用于柴油机尾气净化的研究［D］. 天津:天津大学, 2007.

［4］　贾莉伟. 乙醇汽油机动车排放特性与尾气净化催化剂研究［D］. 天津:天津大学,2006.

［5］　冯谦. 柴油车催化型 DPF 的催化性能及应用研究［D］. 上海:同济大学,2012.

［6］　温雅. 基于催化连续再生颗粒捕集器的生物柴油发动机排放特性研究［D］. 上海:同济大学,2015.

［7］　Alexandr K，Thomas H，Colton S. Engine test for DOC quenching in DOC-DPF system for non-road applications［C］. SAE Paper，2010-01-0815.

［8］　Bensaid S，Russo N，Fino D. CeO₂ catalysts with fibrous morphology for Soot oxidation：The importance of the Soot-catalyst contact conditions［J］. Catalysis Today，2013，216:57-63.

［9］　管斌. 低温选择性催化还原氮氧物的基础研究［D］. 上海:上海交通大学,2012.

［10］　于青. Pt/分子筛催化剂上氢气选择催化还原 NO 的研究［D］. 天津:南开大学,2010：37-60.

［11］　韩玉惜. 轻型柴油车尾气氧化催化剂中铈锆复合氧化物/氧化铝/分子筛材料催化性能的研究［D］. 杭州:浙江大学,2012：39-49.

［12］　黄继武. 多晶材料 X 射线衍射──实验原理、方法与应用［M］. 北京:冶金工业出版社,2012：44-65.

［13］　KANEEDA M，IIZUKA H，HIRATSUKA T，et al. Improvement of thermal stability of NO oxidation Pt/Al₂O₃ catalyst by addition of Pd［J］. Applied Catalysis B：Environmental，2009，90(3-4)：564-569.

［14］　宋春雨. 负载型双贵金属催化剂的制备与应用［D］. 北京:北京工业大学,2011.

［15］　徐康. 瞬态下铑催化消除汽车尾气污染物的详细机理［D］. 大连:大连理工大学,2010.

［16］　周菊发,赵明,彭娜. Pt/MO$_x$-SiO₂(M＝Ce，Zr，Al)催化剂对 CO 和 C₃H₈ 氧化性能的影响［J］. 物理化学学报,2012,28(6):1448-1454.

［17］　崔亚娟,方瑞梅,尚鸿燕,等. 载体材料对单 Pd 三效催化剂性能及催化活性的影响［J］. 无机化学学报,2015,31(5):989-1002.

［18］　齐绍英. 用于柴油车排气中碳烟净化的 CuO-CeO₂ 复合氧化物催化剂表面活性氧的研究［D］. 广州:华南理工大学,2010.

[19]　陈红萍,梁英华,郑小满,等. 铁锆复合氧化物催化甲醇与 CO_2 直接合成 DMC 反应性能[J]. 分子催化,2013,27(6):556-565.

[20]　江莉龙,马永德,曹彦宁,等. 高比表面积铝土矿载体的制备及在 CO 氧化反应中的应用[J]. 无机化学学报,2012,28(6):1157-1164.

[21]　赵航,王务林. 车用柴油机后处理技术[M]. 北京:中国科学技术出版社,2010.

[22]　辛绍强. 催化技术应用于柴油机尾气净化的研究[D]. 天津:天津大学.

[23]　杜庆洋,杨振明,张劲松. SO_2 对柴油机尾气中 CO 和 HC 在 $Pt/\gamma-Al_2O_3$ 上催化氧化的影响[J]. 内燃机,2004,3:17-20.

[24]　褚国良,王国仰,祁金柱,等. CDPF 被动再生特性及再生平衡条件研究[J].汽车工程,2019,41(12):1365-1369+1434.

[25]　APRIL RUSSELL, WILLIAM S. Diesel oxidation catalystsEpling [J]. Catalysis Reviews:Science and Engineering,2011,53:337-423.

[26]　ZHOU X X, WANG M, YAN D W, et al. Synthesis and performance of high efficient diesel oxidation catalyst based on active metal species-modified porous zeolite BEA[J]. Journal of Catalysis,2019,379:138-146.

[27]　黄海凤,顾蕾,漆仲华,等. Mo 掺杂对柴油机氧化催化剂 Pt/Ce-Zr 的助催化作用[J]. 高校化学工程学报,2015,29(4):859-865.

[28]　闫海俊. Pd/CeO_2 氧化催化剂结构与催化性能研究[D]. 天津:天津大学,2010.

[29]　蒋平平,卢冠忠,郭杨龙,等. 在 CeO_2-ZrO_2 中加入 La_2O_3 对改善单 Pd 三效催化剂性能的作用[J]. 无机化学学报,2004,20(12):1390-1396.

[30]　王军,沈美庆,王晓玲,等. La_2O_3 对 Pd 催化剂载体的改性效应[J]. 天津大学学报,2001,34(3):392-395.

[31]　黄怡,侯瑞玲,王家玺,等. La_2O_3 的负载方式对 La_2O_3 助 Pd/SiO_2 催化剂上的 CO 吸附和加氢反应性能的影响[J]. 分子催化,1991,5(3):217-226.

[32]　赵卓,彭鹏,傅平丰. 稀土催化剂材料在环境保护中的应用[M]. 北京:化学工业出版社,2013:70-98.

[33]　杨冬霞,曹秋娥,赵云昆,等. 柴油车尾气净化铂催化剂的试验研究[J]. 稀有金属,2005,29(4):485-489.

[34]　CALISKAN H, MORI K. Environmental, enviroeconomic and enhanced thermodynamic analyses of a diesel engine with diesel oxidation catalyst (DOC) and diesel particulate filter (DPF) after treatment systems[J]. Energy,2017,128:128-144.

[35]　袁发贵. 铈锆固溶体的合成及其催化氧化 CO 性能研究[D]. 昆明:云南大学,2015:23-36.

[36]　晏冬霞. 铈铁基复合氧化物的制备及其催化碳烟燃烧性能研究[D]. 昆明:昆明理工大学,2007:59-68.

[37]　于秋实. 负载型 Pt/Fe_2O_3 催化剂的制备及其 CO 氧化反应性能研究[D]. 长春:吉林大学,2010:47-59.

[38]　杨铮铮,陈永东,赵明,等. 具有低 SO_2 氧化活性的 Pt/ZrXTi1-XO2 柴油车氧化催化剂的制备及性能[J]. 催化学报,2012,33(5):819-826.

[39]　王振东,张振,徐广新. 掺杂双金属氧化物对 CDPF 催化性能的影响[J]. 贵金属,2019,40(1):12-17+24.

[40]　耿小雨. 结构参数对重型柴油机 DOC+CDPF 性能影响研究[D]. 上海:同济大学,2018:29-46.

第 8 章　DPF 主动再生及控制技术

DPF 主动再生依靠柴油机内部或外部装置提供额外能量,提高排气和 DPF 载体温度,使载体捕集的颗粒能够迅速燃烧,从而实现再生。DPF 主动再生主要包括喷油助燃再生、电加热再生、微波加热再生、红外加热再生等方式[1]。电加热、微波加热、红外加热等再生方式都需要依靠额外设备,系统复杂,对电源要求较高,而喷油助燃主动再生,对燃油硫含量要求不高,再生时机的选择范围较大,是 DPF 主动再生最重要的技术路线之一。

8.1　喷油助燃再生

喷油助燃再生的实现方式主要有两种:缸内后喷和排气管喷射。

8.1.1　缸内后喷

缸内后喷主动再生技术,主要是依靠柴油机常规喷射后增加的燃油喷射实现再生。当 DOC 入口排气温度达到 260℃以上时,后喷的燃油随排气到达 DOC 并在其内部进行放热反应,通过调节喷射时刻和喷射量,使 DPF 入口温度达到主动再生所需要的 550℃以上高温。

该主动再生技术,因无须另设排气管喷射装置,可节约成本,对布置空间要求较小。由于控制单元也与柴油机共用,在控制上易于实现,是 DPF 再生技术发展的一个重要方向。但是缸内后喷方式也存在明显不足。首先,缸内后喷会导致部分燃油沾在气缸壁上,往复运动的活塞会把这些燃油带入润滑油,从而导致润滑油被燃油稀释,容易造成柴油机磨损并缩短柴油机使用寿命;其次,后喷的燃油有一部分会在气缸内燃烧放热,而尾气经排气管到达 DPF 的过程,必然会有很多热量散失,缸内后喷主动再生会造成 3%左右的燃油消耗恶化。

8.1.2　排气管喷射

排气管喷射主动再生技术,是在 DOC 上游的排气管喷射燃油,利用 DOC 内部燃油氧化释放热量,使 DPF 中累积的颗粒迅速氧化,是柴油机满足未来严格排放法规的关键技术之一[2]。

1) 不同结构和布置形式

下面对排气管喷射主动再生的不同布置方式进行介绍。

(1) 燃烧室＋DPF

为保证在绝大多数工况特别是在低温工况下均能再生,需要采用点燃的方式使其燃烧,同时还要辅以补气系统保证其正常燃烧,否则反而会增加排放。图 8-1 为喷油助燃装置布置型式。

图 8-1(a)为喷油助燃装置与 DPF 在排气管中的串联结构,这种情况下再生工况受到限

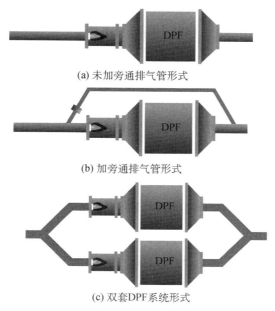

(a) 未加旁通排气管形式

(b) 加旁通排气管形式

(c) 双套DPF系统形式

图 8-1　喷油助燃装置布置型式

制。图 8-1(b)为 DPF 前设置一个旁通排气管,当 DPF 必须再生时,可以通过控制旁通排气管上的阀门,让一部分排气流经旁通排气管进入大气,以改善排气管喷油的燃烧环境,但是这种方式会增加颗粒排放量。图 8-1(c)所示为排气系统中安装双套 DPF 系统,由排气转换阀控制它们轮流工作,不仅避免了排气不经过滤直接排入大气,而且可以达到较好的燃烧效果,但是这种结构方式尺寸较大,在轻型车上布置困难,且成本较高。

（2）燃烧室＋DOC＋DPF

对于燃烧室＋DOC＋DPF 的方案,一般情况下,当排气温度大于 260℃时,燃油能在 DOC 中充分氧化,则点火系统不工作;当排气温度较低时,燃油无法在 DOC 中完全氧化,此时点火系统开始工作。这套系统基本上实现了在各种工况下均能再生,再生效率也较高。

（3）预混室＋DOC＋DPF

图 8-2 为带预混室的喷油再生系统,即预混室＋DOC＋DPF。如果该系统不带点火装置,则该方案受再生工况限制,但是其结构简单、布置方便、成本较低、控制难度较低。

其他布置方式还有 DOC＋燃烧器＋DOC＋DPF、燃油蒸发器＋DOC＋DPF 等,福特汽车公司研究中心还提出了包含两个主动稀 NO_x 催化器的再生方案。

2) DOC 温升特性

采用喷油助燃主动再生技术,DOC 的温升特性是非常重要的研究内容,它是主动再生喷油控制策略制定的重要依据,在改善主动再生效果的同时,可以有效防止催化剂和载体的热损坏和热疲劳。下文对采用排气管喷射主动再生技术下 DOC 的温升特性进行介绍,选取控制喷油量的喷油脉宽、柴油机转速以及 DOC 前排气温度作为研究变量。

试验发动机为一台排量 12.12 L、电控高压共轨、六缸直列重型柴油机。该柴油机配置的排气后处理系统采用箱式集成封装。DOC 体积为 11.12 L,孔密度为 300 cpsi,载体材质

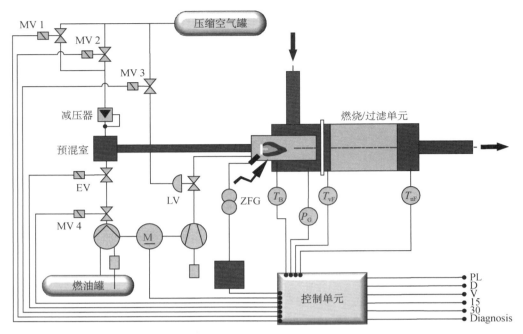

图 8-2 带预混室的喷油再生系统

为堇青石。采用轴针式喷油器,位于 DOC 前部 1.2 m 处排气管道上,沿排气流动方向倾斜 45°布置,喷油压力为 10 bar。图 8-3 为喷油器实物及安装布置。

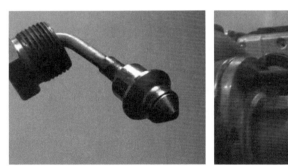
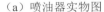

（a）喷油器实物图

（b）喷油器安装布置

图 8-3 喷油器实物及安装布置图

（1）喷油脉宽对 DOC 温升特性的影响

排气管喷油过程中,喷油量的大小是通过调节电磁阀开闭时间控制的,而直接调节的变量是喷油脉宽。在确定喷油压力的条件下,针阀开度不变,即喷射燃油流过面积保持一致,通过喷油器的燃油的流速是一定的。因此,喷油量和喷油脉宽基本呈线性相关。保持柴油机转速为 1 900 r/min,通过调节负荷保持 DOC 前排气温度为 260℃。图 8-4 所示为喷油脉宽对 DOC 温升特性的影响规律。

不同喷油脉宽下,DOC 后排气温度的增长速率基本是一致的,这是因为排气流量和

DOC 载体比热容是影响温升速率的主要因素,而这两个因素在该试验中是保持不变的。因此,在制定喷油策略时,可以将喷油脉宽由恒定值设定为逐渐增多的多段喷油方式,在达到前一个喷油脉宽的目标温升以后再加大脉宽,这样可以在基本保持同样温升速率的前提下,节约排气管喷入的燃油总量。

此外,喷油脉宽在 215 ms 以下时,DOC 后排气温度的增长幅度和喷油脉宽的增加幅度是基本一致的,而达到 315 ms 时,温度增长幅度明显变小。这是因为此时喷入的燃油无法在 DOC 中完全燃烧,放出热量与喷入燃油量不呈线性相关。

（2）柴油机转速对 DOC 温升特性的影响

控制其他变量不变,DOC 前排气温度保持为 260℃,喷油脉宽恒定为 215 ms,调节柴油机转速分别至 1 100 r/min、1 300 r/min、1 500 r/min 和 1 900 r/min。图 8-5 所示为柴油机转速对 DOC 温升特性的影响规律。

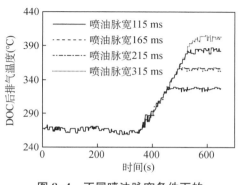

图 8-4　不同喷油脉宽条件下的
DOC 温升特性

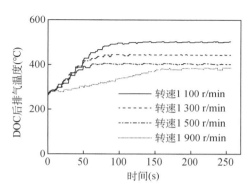

图 8-5　不同柴油机转速条件下的
DOC 温升特性

首先,DOC 的稳定温升目标值随着柴油机转速的提升逐渐降低,不同转速的目标温升差值大致与转速的差值成正比。这是因为在 DOC 前排气温度不变的情况下,排气体积流量和转速大致呈正相关,在喷油脉宽相同的条件下,喷入的燃油充分燃烧后放出的热量基本一致,而随着转速提升,排气流量增大,相同热量带来的温升也就降低。

此外,当柴油机转速在 1 100 r/min 至 1 500 r/min 区间范围内,DOC 温升曲线斜率基本是一致的,而转速为 1 900 r/min 的温升曲线斜率明显变小。这是因为转速达到 1 900 r/min 时,排气流速过大,导致喷入的燃油无法在 DOC 中充分反应,放出的热量相比于较低转速更少,这就导致了 DOC 后排气温升速率变小。因此,在制定排气管喷油策略时,也要考虑到柴油机在高转速下的燃油氧化反应时间,减少碳氢滑移。

（3）DOC 前排气温度对 DOC 温升特性的影响

控制其他变量不变,柴油机转速为 1 100 r/min,喷油脉宽恒定为 215 ms,通过调节柴油机输出转矩,调整 DOC 前排气温度分别至 270℃、320℃ 和 380℃。图 8-6 为 DOC 前排气温度对 DOC 温升特性的影响规律。

DOC 前排气温度分别为 270℃ 和 320℃ 时,DOC 温升幅度和温升速率基本一致,而当 DOC 前排气温度为 380℃ 时,温升速率和前两者基本一致,但温升幅度小于前两者。这是因

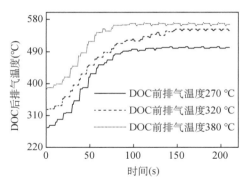

图 8-6 不同 DOC 前排气温度下的 DOC 温升特性

为排气温度不同导致排气体积流量不同,即排气温度越高排气体积流量越大,流速越快,而过快的流速导致喷入相同质量的燃油通过 DOC 的时间变短,无法充分反应。与柴油机转速为 1 900 r/min 情况不同的是,DOC 前排气温度为 380℃时排气温度较高,HC 离开 DOC 后能够继续反应,因此能够保持 DOC 后排气温升速率和另外两个温度下的温升速率基本一致。

可以看出,排气体积流量对排气管喷油量的调节具有重要参考意义。相比于柴油机转速,采用排气体积流量作为喷油量标定坐标,能够更加准确地调节主动再生排气管喷油量。

8.1.3 缸内后喷和排气管喷射对比

排气管喷射和缸内后喷的研究对象相似,控制策略也有很多共同之处。相比较而言,缸内后喷无须单独的喷油系统,成本低,可以通过后喷燃油缸内加温,提高 DOC 入口温度;还可以对进气量和 EGR 进行控制,控制灵活性较强;燃油喷射压力高,雾化好,能防止在再生过程中形成新的颗粒,但是由于水套和排气管带来热量散失,再生喷油量需要增加。

排气管喷射再生的优势是,喷射的燃油到达 DOC 距离短,易于控制,热量散失小,无润滑油稀释问题。但是需要单独配置一套喷油系统,在增加成本的同时,还需要一定的布置空间。对于中小型柴油机,可采用缸内后喷方案;对于大中型柴油机,可采用排气管喷射方案。

8.2 喷油助燃再生的控制

8.2.1 再生触发时机的选取

DPF 再生时容易出现 DPF 损坏和 DPF 再生不完全的问题[3-4,6]。DPF 损坏主要表现为 DPF 的局部烧熔和破裂,造成这个结果的主要原因是再生时机选择过迟,进而导致再生过程中 DPF 局部峰值温度过高和温度梯度过大,超过 DPF 材料耐受点,致使载体损坏或涂层脱落。

造成 DPF 再生不完全的主要原因是 DPF 在使用时,再生时机选择过早,造成碳烟颗粒的沉积量不足,出现 DPF 再生不完全的问题,来不及燃烧的燃油还会造成排气污染,并降低燃油经济性[4,5]。如果这种情况出现的次数过多,就会导致 DPF 内部多孔介质的微小孔隙被堵死,引起排气背压升高,给柴油机性能造成恶劣影响[6-7]。

因此,准确判断 DPF 的再生触发时机对保证 DPF 再生的安全性和完全性具有重大意义。喷油助燃主动再生系统对喷油控制策略的要求较高,而再生触发时机是保证合理再生的重要前提[7]。

目前判断再生时机的方法主要有以下几种:根据排气背压判断、根据行驶时间判断、根据行驶里程判断、根据总的耗油量判断等。综合分析以上判断方法,均是通过间接方法获得需要再生时的碳载量。因此,准确判断再生时机的实质是准确估算 DPF 的碳载量[8]。

一般情况下,对于触发再生时的碳载量上限的选取,主要基于以下几点考虑:

(1) 较高的碳载量在再生时自燃产生温度较高,再生效率高,再生油耗小;

(2) 在触发再生后,较高的碳载量可能导致 DPF 温度过高而烧损;

(3) 较高的碳载量会带来较高的排气背压,影响柴油机效率。

在此基础上,还要考虑载体材料、控制策略以及相同材料不同型号产品的差异等因素。图 8-7 为再生触发时最大碳载量推荐值。

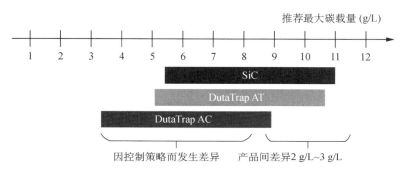

图 8-7　再生触发时最大碳载量推荐值

8.2.2　碳载量模型的建立

图 8-8 为 DPF 孔道内颗粒沉积随时间变化的规律。可以看出,颗粒在多孔介质内部的沉积规律多变,实际碳载量很难通过安装仪器设备直接测量。因此,建立合理的碳载量模型,对于获取合理的再生触发时机至关重要,这也是制定喷油助燃再生控制策略的最重要依据之一。

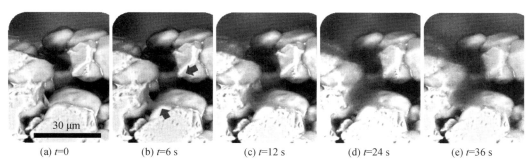

图 8-8　颗粒在 DPF 内部沉积的过程演变

1) 压降构成分析

图 8-9 为 DPF 总体压降构成。DPF 总体压降主要由以下几部分构成:①惯性压力损失,由排气从扩张管进入入口通道的收缩压 Δp_{con} 和排气从出口通道进入收缩管的扩张压 Δp_{exp} 构成;②摩擦损失,由入口和出口通道的沿程损失压降 Δp_{in} 和 Δp_{out} 构成;③滤饼层和壁面压降,由沉积层压降 Δp_{pl}、灰分层压降 Δp_{al}、壁面层压降 Δp_{wl} 和洁净层压降 Δp_{cw} 构成。

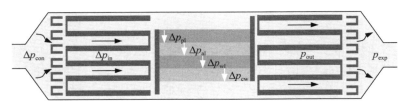

图 8-9　DPF 内部压力构成示意图

各部分压降构成关系如式(8-1)和式(8-2)所示：

$$\Delta p_{tot} = \Delta p_{con} + \Delta p_{exp} + \Delta p_{in} + \Delta p_{out} + \Delta p_{load} \tag{8-1}$$

$$\Delta p_{load} = \Delta p_{pl} + \Delta p_{al} + \Delta p_{wl} + \Delta p_{cw} \tag{8-2}$$

式中　Δp_{tot}——整体压降(Pa)；

　　　Δp_{load}——壁面和滤饼形成压降(Pa)。

其中，

$$\Delta p_{con} = \frac{1}{2}\xi_{con}\rho_g u_{in}^2 \tag{8-3}$$

$$\Delta p_{exp} = \frac{1}{2}(1-\lambda_r)^2\rho_g u_{out}^2 = \frac{1}{2}\xi_{exp}\rho_g u_{out}^2 \tag{8-4}$$

式中　ξ_{con}——无量纲的收缩系数；

　　　ξ_{exp}——无量纲的扩张系数，其值取决于载体孔隙率及雷诺数，在 0.3 到 1.24 之间。

当孔密度为 100 cpsi 或者 200 cpsi 的时候，λ_r 一般取值为 0.35；ξ_{con} 在 0.4 附近，而 ξ_{exp} 在 0.42 附近取值较为合适。

排气在 DPF 通道中的流动，被认为是不可压缩的层流。Δp_{in} 和 Δp_{out} 可由式(8-5)和式(8-6)计算得出：

$$\Delta p_{in} = \frac{1}{3}F_{w,in}\mu L_{DPF}\frac{u_{in}}{[d_{k,DPF}-2(\delta_{pl}+\delta_{al})]^2} \tag{8-5}$$

$$\Delta p_{out} = \frac{1}{3}F_{w,out}\mu L_{DPF}\frac{u_{out}}{d_{k,DPF}^2} \tag{8-6}$$

式中，F_w 为黏性损失系数或摩擦损失系数。

2）各捕集阶段等效渗透力学模型的建立

通过达西定律(Darcy's law)和较小的福希海默(Forchheimer)压力损失贡献，描述排气流过多孔介质的压降[9,11]。在流速较大情况下，考虑到存在惯性损失，需要添加 Forchheimer 项。由于 DPF 滤饼层、壁面压力损失的 Forchheimer 项的数量级非常小，对总体压降值的影响很小，因此舍去该项。

（1）深床捕集阶段：壁面层和洁净层渗透力学模型

根据达西定律，壁面层压降 Δp_{wl} 和洁净层压降 Δp_{cw} 分别由式(8-7)和式(8-8)给出：

$$\Delta p_{\mathrm{wl}} = \frac{\mu_{\mathrm{wl}} u_{\mathrm{wl}} \delta_{\mathrm{wl}}}{k_{\mathrm{wl}}} \tag{8-7}$$

$$\Delta p_{\mathrm{cw}} = \frac{\mu_{\mathrm{cw}} u_{\mathrm{cw}} (\delta_{\mathrm{w}} - \delta_{\mathrm{wl}})}{k_{\mathrm{cw}}} \tag{8-8}$$

式中　μ_{wl}——排气流经壁面层动力黏度；

　　　μ_{cw}——排气流经洁净层动力黏度；

　　　u_{wl}——排气在壁面层渗透速度；

　　　u_{cw}——排气在洁净层渗透速度；

　　　k_{wl}——壁面层渗透率；

　　　k_{cw}——洁净层渗透率。

设流经 DPF 单通道单面多孔介质的体积流量为 $Q_{\mathrm{v,ch}}$，

$$Q_{\mathrm{v,ch}}(z) = \frac{Q_{\mathrm{m}}}{3\,600\rho_{\mathrm{g}}(z)\dfrac{\sigma_{\mathrm{DPF}}}{0.025\,4^2} \cdot \dfrac{\pi D_{\mathrm{DPF}}^2}{4} \cdot 2} = \frac{3.584 \times 10^{-7} Q_{\mathrm{m}}}{\pi \sigma_{\mathrm{DPF}} \rho_{\mathrm{g}}(z) D_{\mathrm{DPF}}^2} \tag{8-9}$$

$$\rho_{\mathrm{g}}(z) = \frac{P(z)}{R_{\mathrm{g}} T_{\mathrm{g}}(z)} \tag{8-10}$$

式中　Q_{m}——DPF 入口气体质量流量；

　　　D_{DPF}——载体直径；

　　　ρ_{g}——排气密度；

　　　P——排气绝对压力；

　　　R_{g}——排气的特种气体常数；

　　　T_{g}——排气温度；

　　　z——到多孔介质入口平面的距离。

在柴油机实际运行过程中，排气穿过 DPF 多孔介质所需时间一般在 10^{-5} s 的数量级。若柴油机的实际运行工况不过于瞬变，可认为某一时刻流经 DPF 多孔介质的排气质量流量是恒定的。因此，为方便计算进行合理简化，$p(z)$ 和 $T_{\mathrm{g}}(z)$ 取多孔介质入口处和出口处的平均值，

$$\begin{cases} p_{\mathrm{con}} = [p(0) + p(\delta_{\mathrm{c}} + \delta_{\mathrm{w,DPF}})]/2 \\ T_{\mathrm{g,con}} = [T_{\mathrm{g}}(0) + T_{\mathrm{g}}(\delta_{\mathrm{c}} + \delta_{\mathrm{w,DPF}})]/2 \end{cases} \tag{8-11}$$

因此，

$$u_{\mathrm{wl}} = u_{\mathrm{cw}} = \frac{Q_{\mathrm{v,ch}}}{d_{\mathrm{k,DPF}} L_{\mathrm{DPF}}} \tag{8-12}$$

在低黏度流体中，作用在球形单元体上的拖曳力可由斯托克斯定律（Stokes'law）给出[12]。C_{S} 为斯托克斯-坎宁安因子（Stokes-Cunningham factor）[12]，它确定滑移流动效应，并通过该值对拖曳力公式进行修正[4]。

$$F_{wl} = \frac{3\pi\mu_{wl}u_{wl}d_{f,wl}}{\varepsilon_{wl}C_{S,wl}} \qquad (8-13)$$

$$F_{cw} = \frac{3\pi\mu_{cw}u_{cw}d_{f,cw}}{\varepsilon_{DPF,0}C_{S,cw}} \qquad (8-14)$$

式中　$\varepsilon_{DPF,0}$——壁面洁净状态下的孔隙率；

　　　ε_{wl}——壁面层的孔隙率；

　　　C_S——斯托克斯-坎宁安因子,取决于克努森数(Knudsen number, Kn)[9-10,12],后者为气体平均自由程(λ)和壁面平均孔径(d_{pore})的函数[9,11,13]。

$$C_S = 1 + Kn\left[1.257 + 0.4\exp\left(-\frac{1.1}{Kn}\right)\right] \qquad (8-15)$$

$$Kn_{wl} = \frac{2\lambda}{d_{pore,wl}} \qquad (8-16)$$

$$Kn_{cw} = \frac{2\lambda}{d_{pore,cw}} \qquad (8-17)$$

$$\lambda = \mu\sqrt{\frac{\pi}{2p\rho_g}} \qquad (8-18)$$

图 8-10 所示为壁面层划分和捕集单元受到的作用力示意图。设壁面中颗粒壁面层、洁净层中含有捕集单元的个数分别为 $N_{cell,wl}$、$N_{cell,cw}$,捕集单元总个数为 $N_{cell,w}$。

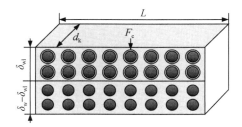

图 8-10　壁面层划分和捕集单元受到的作用力

$$N_{cell,wl} = \frac{6d_{k,DPF}L_{DPF}\delta_{wl}(1-\varepsilon_{DPF,0})}{\pi d_{f,0}^3} \qquad (8-19)$$

$$N_{cell,cw} = \frac{6d_{k,DPF}L_{DPF}(\delta_{w,DPF}-\delta_{wl})(1-\varepsilon_{DPF,0})}{\pi d_{f,0}^3} \qquad (8-20)$$

$$N_{cell,w} = N_{cell,wl} + N_{cell,cw} \qquad (8-21)$$

F_c 阻力作用于含有 $N_{cell,w}$ 个捕集单元的壁面,该压力损失通过反阻力作用于排气。

$$\Delta p_{wl} = \frac{N_{cell,wl}F_{wl}}{d_{k,DPF}L_{DPF}} \qquad (8-22)$$

$$\Delta p_{cw} = \frac{N_{cell,cw}F_{cw}}{d_{k,DPF}L_{DPF}} \qquad (8-23)$$

联立上式可得,

$$\Delta p_{wl} = \frac{18\mu_{wl}\delta_{wl}d_{f,wl}(1-\varepsilon_{DPF,0})Q_{v,ch}}{C_{S,wl}\varepsilon_{wl}d_{k,DPF}L_{DPF}d_{f,0}^{3}} \qquad (8-24)$$

$$\Delta p_{cw} = \frac{18\mu_{cw}(\delta_{w}-\delta_{wl})(1-\varepsilon_{DPF,0})Q_{v,ch}}{C_{S,cw}\varepsilon_{DPF,0}d_{k,DPF}L_{DPF}d_{f,0}^{2}} \qquad (8-25)$$

$$k_{wl} = \frac{C_{S,wl}\varepsilon_{wl}d_{f,0}^{3}}{18d_{f,wl}(1-\varepsilon_{DPF,0})} \qquad (8-26)$$

$$k_{cw} = \frac{C_{S,cw}\varepsilon_{DPF,0}d_{f,0}^{2}}{18(1-\varepsilon_{DPF,0})} \qquad (8-27)$$

定义壁面有效渗透率 $k_{w,ef}$,

$$\Delta p_{w} = \frac{\mu_{w}u_{w}\delta_{DPF}}{k_{w,ef}} = \frac{\mu_{wl}u_{wl}\delta_{wl}}{k_{wl}} + \frac{\mu_{cw}u_{cw}(\delta_{DPF}-\delta_{wl})}{k_{cw}} \qquad (8-28)$$

因此,

$$k_{w,ef} = \frac{k_{wl}k_{cw}}{f_{wl}k_{cw} + (1-f_{wl})k_{wl}} \qquad (8-29)$$

$$f_{wl} = \frac{\delta_{wl}}{\delta_{DPF}} \qquad (8-30)$$

式中, f_{wl} 为壁面层厚度占总壁厚的比例。

（2）滤饼捕集阶段:沉积层和灰分层等效渗透力学模型

根据达西定律,沉积层压降 Δp_{pl} 和灰分层压降 Δp_{al} 分别由式（8-31）和式（8-32）给出,

$$\Delta p_{pl} = \frac{\mu_{pl}}{k_{pl}}\int u_{pl}(z)dz \qquad (8-31)$$

$$\Delta p_{al} = \frac{\mu_{al}}{k_{al}}\int u_{al}(z)dz \qquad (8-32)$$

式中　μ_{pl}——排气在沉积层动力黏度;

　　　μ_{al}——排气在灰分层动力黏度;

　　　k_{pl}——沉积层渗透率;

　　　k_{al}——灰分层渗透率;

　　　u_{pl}——排气在沉积层渗透速度;

　　　u_{al}——排气在灰分层渗透速度。

定义函数 $u(z)$ 表示排气在滤饼层中的渗透速度,

$$u(z) = \frac{Q_{v,ch}}{[d_{k,DPF}-2(\delta_{pl}+\delta_{al})+2z]L_{DPF}} \qquad (8-33)$$

$$\begin{cases} u_{pl}(z) = u(z), & z \in [0,\delta_{pl}) \\ u_{al}(z) = u(z), & z \in [\delta_{pl},\delta_{pl}+\delta_{al}] \end{cases} \qquad (8-34)$$

联立上式可得,

$$\Delta p_{pl} = \frac{\mu_{pl} Q_{v,ch}}{2k_{pl} L_{DPF}} \ln\left[\frac{d_{k,DPF} - 2\delta_{al}}{d_{k,DPF} - 2(\delta_{pl} + \delta_{al})}\right] \qquad (8-35)$$

$$\Delta p_{al} = \frac{\mu_{al} Q_{v,ch}}{2k_{al} L_{DPF}} \ln\left(\frac{d_{k,DPF}}{d_{k,DPF} - 2\delta_{al}}\right) \qquad (8-36)$$

设气流作用于沉积层和灰分层的捕集单元的作用力为 F_{pl} 和 F_{al},

$$F_{pl} = \frac{3\pi \mu_{pl} u_{pl} d_{f,pl}}{\varepsilon_{pl} C_{S,pl}} \qquad (8-37)$$

$$F_{al} = \frac{3\pi \mu_{al} u_{al} d_{f,al}}{\varepsilon_{al} C_{S,al}} \qquad (8-38)$$

$$Kn_{pl} = \frac{2\lambda}{d_{pore,pl}} \qquad (8-39)$$

$$Kn_{al} = \frac{2\lambda}{d_{pore,al}} \qquad (8-40)$$

设壁面中颗粒沉积层和灰分层中含有初级粒子的个数分别为 $N_{cell,pl}$、$N_{cell,al}$,捕集单元总个数为 $N_{cell,c}$,

$$N_{cell,pl} = \frac{6\delta_{pl}(d_{k,DPF} - 2\delta_{al} - \delta_{pl})L_{DPF}(1 - \varepsilon_{pl})}{\pi d_{f,pl}^3} \qquad (8-41)$$

$$N_{cell,al} = \frac{6\delta_{al}(d_{k,DPF} - \delta_{al})L_{DPF}(1 - \varepsilon_{al})}{\pi d_{f,al}^3} \qquad (8-42)$$

$$N_{cell,c} = N_{cell,pl} + N_{cell,al} \qquad (8-43)$$

F_{pl} 和 F_{al} 分别为沉积层和灰分层中排气作用于捕集单元的力,该压力损失通过反阻力作用于排气,因此,

$$F_{pl} = \frac{3\pi \mu_{pl} u_{pl} d_{f,pl}}{\varepsilon_{pl} C_{S,pl}} \qquad (8-44)$$

$$F_{al} = \frac{3\pi \mu_{al} u_{al} d_{f,al}}{\varepsilon_{al} C_{S,al}} \qquad (8-45)$$

$$\Delta p_{pl} = \frac{N_{cell,pl} F_{pl}}{(d_{k,DPF} - 2\delta_{al} - \delta_{pl})L_{DPF}} \qquad (8-46)$$

$$\Delta p_{al} = \frac{N_{cell,al} F_{al}}{(d_{k,DPF} - \delta_{al})L_{DPF}} \qquad (8-47)$$

联立上式可得,

$$\Delta p_{pl} = \frac{18\mu_{pl}\delta_{pl}(1 - \varepsilon_{pl})Q_{v,ch}}{C_{S,pl}\varepsilon_{pl}(d_{k,DPF} - 2\delta_{al} - \delta_{pl})L_{DPF}d_{f,pl}^2} \qquad (8-48)$$

$$\Delta p_{al} = \frac{18\mu_{al}\delta_{al}(1 - \varepsilon_{al})Q_{v,ch}}{C_{S,al}\varepsilon_{al}(d_{k,DPF} - \delta_{al})L_{DPF}d_{f,al}^2} \qquad (8-49)$$

现作如下假设,

$$y_{pl} = \frac{(d_{k,DPF} - 2\delta_{al} - \delta_{pl})}{\delta_{pl}} \ln\left[\frac{d_{k,DPF} - 2\delta_{al}}{d_{k,DPF} - 2(\delta_{pl} + \delta_{al})}\right] \tag{8-50}$$

$$y_{al} = \frac{(d_{k,DPF} - \delta_{al})}{\delta_{al}} \ln\left(\frac{d_{k,DPF}}{d_{k,DPF} - 2\delta_{al}}\right) \tag{8-51}$$

通过计算可得,在 d_k 不变的前提下,y_{pl} 和 y_{al} 基本不随 δ_{pl} 和 δ_{al} 取值变化,计算结果均在 2 附近;并且考虑渗透率是多孔介质的固有属性,因此,为方便计算进行合理简化,y_{pl} 和 y_{al} 均取值为 2。因此,

$$k_{pl} = \frac{C_{S,pl}\varepsilon_{pl}d_{f,pl}^2}{18(1-\varepsilon_{pl})} \tag{8-52}$$

$$k_{al} = \frac{C_{S,al}\varepsilon_{al}d_{f,al}^2}{18(1-\varepsilon_{al})} \tag{8-53}$$

3) 碳载量计算

在以上分析的基础上,构建函数方程 $g(\delta_c)$,如式(8-54)所示。

$$g(\delta_c) = \frac{b_1}{(d_{k,DPF} - 2\delta_c)^4} + \frac{b_2}{(d_{k,DPF} - 2\delta_c)^4} + b_3 \ln\left(\frac{d_{k,DPF} - 2f_{al}\delta_c}{d_{k,DPF} - 2\delta_c}\right) + b_4 \ln\left(\frac{d_{k,DPF}}{d_{k,DPF} - 2f_{al}\delta_c}\right) - b_0 \tag{8-54}$$

其中,$b_j(0 \leqslant j \leqslant 4)$ 定义如式(8-55)~式(8-59)所示。

$$b_0 = \Delta p_{tot} - \frac{\mu_{wl}u_{wl}\delta_{wl}}{k_{wl}} - \frac{\mu_{cw}u_{cw}(\delta_{DPF} - \delta_{wl})}{k_{cw}} - \frac{8\xi_{exp}\rho_g Q_{v,ch}^2}{d_{k,DPF}^4} - \frac{4F_{w,out}\mu L_{DPF}Q_{v,ch}}{3d_{k,DPF}^4} \tag{8-55}$$

$$b_1 = 8\xi_{con}\rho_g Q_{v,ch}^2 \tag{8-56}$$

$$b_2 = \frac{4}{3}F_{w,in}\mu L_{DPF}Q_{v,ch} \tag{8-57}$$

$$b_3 = \frac{\mu_{pl}Q_{v,ch}}{2k_{pl}L_{DPF}} \tag{8-58}$$

$$b_4 = \frac{\mu_{al}Q_{v,ch}}{2k_{al}L_{DPF}} \tag{8-59}$$

因此,$g(\delta_c)$ 零点即为 δ_c 取值,而 $g(\delta_c)$ 为超越方程,解析解难以求出,采用泰勒级数展开公式,对原式进行求解。函数关系式 $g(\delta_c) = 0$ 可变形为式(8-60):

$$\frac{b_1 + b_2}{(d_{k,DPF} - 2\delta_c)^4} + (b_3 - b_4)\ln(d_{k,DPF} - 2f_{al}\delta_c) - b_3\ln(d_{k,DPF} - 2\delta_c) - b_0 + b_4\ln d_{k,DPF} = 0 \tag{8-60}$$

初设 DPF 碳载量为 M_1,深床捕集碳载量阈值为 M_d,滤饼碳载量为 M_c,因此,

$$M_1 = M_d + M_c \tag{8-61}$$

$$M_c = M_{al} + M_{pl} \tag{8-62}$$

$$M_{\mathrm{al}} = \frac{4 \times 10^3 \rho_{\mathrm{al}} f_{\mathrm{al}} \mathrm{d}_{\mathrm{c}} (d_{\mathrm{k,DPF}} - f_{\mathrm{al}} \delta_{\mathrm{c}}) L_{\mathrm{DPF}} N_{\mathrm{ch}}}{V_{\mathrm{DPF}}} \tag{8-63}$$

$$M_{\mathrm{pl}} = \frac{4 \times 10^3 \rho_{\mathrm{pl}} (1 - f_{\mathrm{al}}) \delta_{\mathrm{c}} [d_{\mathrm{k,DPF}} - (1 + f_{\mathrm{al}}) \delta_{\mathrm{c}}] L_{\mathrm{DPF}} N_{\mathrm{ch}}}{V_{\mathrm{DPF}}} \tag{8-64}$$

图 8-11 所示为颗粒捕集过程中 DPF 各部分压降随累积量的变化规律。

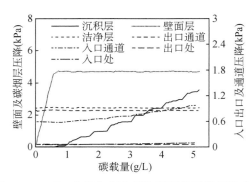

图 8-11　DPF 内部各部分压降随颗粒累积量的变化

收缩压 Δp_{con} 和扩张压 Δp_{exp} 占 DPF 总体压降的比重很小；洁净层压降 Δp_{cw}、Δp_{exp} 和出口通道沿程损失 Δp_{out} 基本不随颗粒累积量变化；深床捕集阶段，DPF 总压降的变化主要来自于壁面层压降 Δp_{wl} 的压降变化；滤饼捕集阶段，入口通道沿程损失压降 Δp_{in}、沉积层压降 Δp_{pl}、灰分层压降 Δp_{al} 变化明显，随着捕集量的增加不断升高。在压降变化过程中，Δp_{in} 和滤饼层的压降有一定的波动，这是由于碳烟在孔道内的迁移造成了表面滤饼层厚度和入口通道直径的改变。

8.2.3　再生控制策略

1) DPF 入口温度控制

排气管喷油主动再生时，要求 DOC 能迅速氧化喷入的燃油，喷油时 DOC 入口温度较高。假设喷入的燃油完全氧化，建立 DOC 温升集总参数模型，此时控制方程为常微分方程。

针对建立的 DPF 入口温度模型作如下假设：①柴油机所排气体为理想气体；②排气的物理及化学性质仅为温度及组分的函数；③喷射的燃油在 DOC 前充分雾化，且在 DOC 内反应完全；④仅考虑燃油的氧化，而忽略 CO、NO 等物质的氧化；⑤不考虑该系统热量损失[1,3]。

基于以上假设，建立系统能量守恒方程如式(8-65)，

$$(\rho_{\mathrm{c}} c_{\mathrm{c}} V_{\mathrm{c}} + \rho_{\mathrm{exh}} c_{\mathrm{exh}} V_{\mathrm{exh}}) \frac{\mathrm{d}T}{\mathrm{d}t} = \dot{Q}_{\mathrm{HC}} - (\dot{m}_{\mathrm{exh}} + \dot{m}_{\mathrm{HC}}) c_{\mathrm{p,exh}} (T - T_{\mathrm{c,in}}) \tag{8-65}$$

式中　ρ_{c}——DOC 载体密度；

　　　V_{c}——DOC 载体有效体积；

　　　c_{exh}——通道内排气比热容；

　　　V_{exh}——通道内排气体积；

$\dot{Q}_{HC}$——喷射燃油释放热量速率；

$\dot{m}_{HC}$——喷油速率；

$\dot{m}_{exh}$——排气质量流量；

$c_{p,exh}$——排气等压比热容；

$T_{c,in}$——DOC 入口排气温度。

燃油释放热量的速率可以通过喷油量及反应速率进行计算，

$$\dot{Q}_{HC} = \dot{m}_{HC}(LHV)R_{HC} \tag{8-66}$$

式中　LHV——柴油低热值；

　　　R_{HC}——柴油在 DOC 内与氧气发生反应的速率。

$$R_{HC} = K_{oxd}C_{HC}C_{O_2} \tag{8-67}$$

式中　C_{HC}——燃油雾化后形成 HC 气体浓度；

　　　C_{O_2}——氧气浓度。

K_{oxd} 可表示为阿累尼乌斯形式，

$$K_{oxd} = A\exp\left(\frac{-E}{RT}\right) \tag{8-68}$$

式中　A——反应的频率因子；

　　　E——反应活化能；

　　　R——摩尔气体常数；

　　　T——热力学温度。

R_{HC} 为小于 1 的数，当入口反应物浓度不变时，其数值应与阿累尼乌斯形式相似，也为指数形式，可通过 DOC 温升试验数据，标定该指数形式的两个关键参数，从而使零维模型所输出的结果与试验结果相符。图 8-12 所示为 DOC 温升模型计算结果。

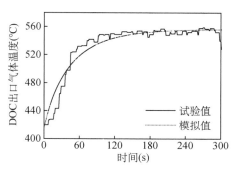

图 8-12　DOC 集总参数温升模型计算结果

在柴油机实际运行过程中，ECU 所读取到的柴油机排气质量流量等数据会在一定范围内波动。因此需要制定合理的控制策略，保证在柴油机工况发生变化时，能及时改变喷入 DOC 中的燃油量，同时入口温升速率也应合理，避免 DOC 入口喷油量过大，使燃油不能完全氧化而出现泄漏。

使用前馈＋反馈的控制方法对 DPF 入口温度进行控制。前馈油量可根据能量守恒公式计算得到，也可通过台架试验标定获得。反馈控制中，使用经典 PID 控制策略，通过计算 DPF 入口温度与目标温度的差值，实时反馈进行喷油量修正。图 8-13 所示为 PID 算法基本原理。

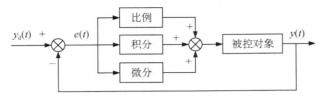

图 8-13 经典 PID 控制系统原理图

该控制器的控制偏差由目标值和被动对象的差值构成,

$$e(t) = y_d(t) - y(t) \tag{8-69}$$

在本系统中,偏差即为 DPF 入口目标温度 550℃ 与 DPF 入口实际温度的差值。

PID 的控制规律为,

$$u(t) = k_p \left[error(t) + \frac{1}{T_i} \int_0^t e(t) \mathrm{d}t + \frac{T_d d_{e(t)}}{\mathrm{d}t} \right] \tag{8-70}$$

式中 k_p——比例系数;

T_i——积分时间常数;

T_d——微分时间常数。

对于 PID 控制器而言,核心部分在于上述三个系数的整定。其中,比例系数可以成比例地反映所搭建控制系统的偏差信号,偏差一旦产生,此控制器即刻调控。但如果一个系统仅使用比例调节,则有可能产生系统稳态静差,为了消除这一静差,则增加积分调节。由式(8-70)可知,积分调节作用的强弱由积分时间常数 T_i 决定。微分环节反映了控制系统偏差的变化速率,引入微分调节的目的在于加快系统的闭合速度,减少系统调节时间。

在进行 PID 参数整定过程中,首先需要确定 k_p 值。对于喷油系统而言,其喷油量有最大限值,不可能无限调整 k_p 取值,试验所使用的喷油系统最大喷油量为 3.55 g/s,故在调整比例项及积分项的过程

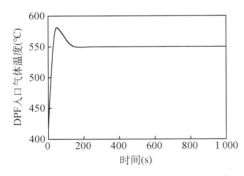

图 8-14 PID 控制下的 DPF 入口温度

中,需避免调整后的值大于系统最大喷油量。因此,可在控制模型中加入喷油量限幅模块。图 8-14 所示为 PID 控制下的 DPF 入口温度变化规律,在避免过高超调量的前提下,可将 DPF 入口温度稳定在 550℃ 附近。

2) 再生系统及控制策略

图 8-15 所示为 DPF 再生系统结构。再生系统采集相关的温度和压力,判断 DPF 是否需要再生;燃油喷射控制单元(FCU)通过采集 DPF 入口和出口的温度、压力等数据对喷油时刻和喷油量等关键控制参数进行判断。再生控制单元还包括三路温度传感器信号处理电路、三路压力传感器信号处理电路、六路 ADC 模数转换、两路大功率 PWM 输出、几路通信接口等。

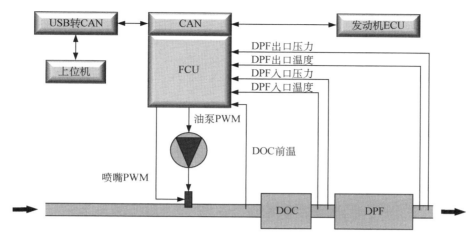

图 8-15　DPF 再生系统硬件结构

DPF 再生控制的一般流程如下：

（1）系统上电后，先进行初始化、系统自检；然后设定油泵和油嘴驱动频率，启动油泵，保持固定油压。

（2）初始化完成后，读取 DPF 两端压差、DPF 后温、柴油机转速或排气流量等参数，据此估算 DPF 碳载量。估算结果经过滤波之后，同碳载量阈值 m_0 进行比较，如果连续几次计算结果均大于 m_0，则说明 DPF 需要进行再生。

（3）如果 DPF 需要进行再生，则读取柴油机转速和 DOC 前温。如果柴油机转速小于特定值 n_0，并且 DOC 前温大于特定值 T_0，则认为满足再生条件，开始再生。对于 n_0 和 T_0 的选择，根据当前碳载量的不同而有所变化，即当碳载量比较大时可以相对降低再生条件要求；当碳载量大于某数值时，柴油机排气背压很高，燃烧极度恶化，需要进行强制再生，此时的再生条件为柴油机转速为 n_1、DOC 前温大于 T_1。从再生条件满足时开始，进入第一个再生阶段。

（4）在第一阶段，需要将 DOC 出口排气温度以一定温升速率 V_T 提高到某个特定值 T_{reg1}，并在该 T_{reg1} 保持一定时间；该 T_{reg1} 可以让 DPF 中颗粒开始快速燃烧，但又不至于因为燃烧放热导致 DPF 温度过高而烧损。随着再生过程的进行，DPF 中颗粒逐渐减少，燃烧速率降低，DPF 温度开始回落。当控制系统检测到 DPF 后温从最高点开始下降时，进入再生第二阶段。

（5）在第二阶段，DOC 后温继续以温升速率 V_T 升高到一个更高的温度 T_{reg2}，并保持在该温度。这是为了在保证安全的前提下提高 DPF 中剩余颗粒的燃烧速率，减小再生过程中燃油消耗量。

（6）在再生过程中不断读取 DPF 两端压降，计算 DPF 碳载量，判断 DPF 再生是否完成。同时，也利用 DPF 出口和入口温度，计算各个时刻颗粒燃烧速率，积分得到已经燃烧的颗粒质量。用两种方法来判断再生进行程度，确定再生是否完成，减小误判概率。

（7）同时，再生过程中需要时刻监测 DPF 后温，如果该温度超过某阈值 T_{danger}，则立刻停止喷油，以防 DPF 烧损。整个再生过程也需要不断监测柴油机转速和 DOC 前温，判断是否仍然满足再生条件。

（8）如果条件持续一段时间不能满足再生要求，则需要中断再生。如果再生过程由于工况不再满足再生条件而被中断，则需要设置相应标志。当再生条件再次满足时，决定是否立即重新开始再生过程。判断依据为：DPF 剩余碳载量是否大于某个数值 m_{remain}，DPF 载体温度是否依然大于数值 T_{remain}。

（9）如果再生过程完成，则清零相关中间数据，继续检测计算 DPF 碳载量，等待下次再生。

图 8-16 所示为一次顺利的 DPF 再生控制大致流程。

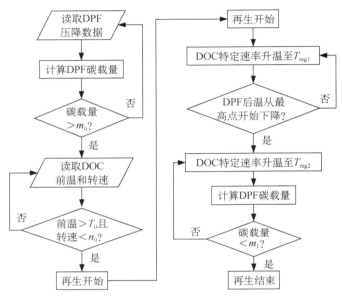

图 8-16　DPF 再生控制流程

8.2.4　再生效果

1）再生过程中的温度和压降变化

试验柴油机排量为 7.14 L，额定功率为 199 kW，国四排放水平。配置的 DPF 体积为 17.0 L，长度为 266.7 mm，孔密度为 200 cpsi。为对 DPF 主动再生过程中 DPF 过滤体内部温度场进行观察，在 DPF 过滤体中共布置 9 个 K 型热电偶，分别对 DPF 内部 9 个不同位置的温度进行测量。图 8-17 所示为测点布置示意图。

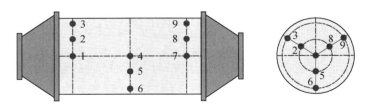

图 8-17　DPF 内部热电偶安装位置示意图

图 8-18 所示为 DPF 主动再生过程中的温度及压降变化规律。试验中，柴油机排气温

度一直稳定在 300℃,排气流量稳定在 440 kg/h,在 140 s 时开始往排气管中喷入柴油,将 DPF 的入口温度提高到 550℃,开始主动再生,在 1 130 s 时停止喷射,结束主动再生过程。

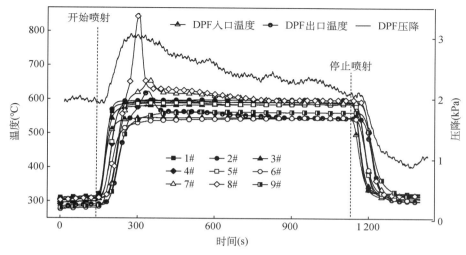

图 8-18　DPF 主动再生过程中的温度及压降变化

由图可以看出,DPF 主动再生时,由于排气温度升高,排气体积流量增大,DPF 压降会显著增大,但随着 DPF 中累积的颗粒燃烧氧化,DPF 流通阻力逐渐减小,其压降又会逐渐降低,待 DPF 再生完成后,其压降降低到低于再生前水平。

喷油开始后,DPF 温度迅速升高到 550℃,DPF 中颗粒快速起燃,大约在 300 s 时,DPF 后端径向中间位置处(8♯热电偶安装位置)达到温度峰值 850℃,然后温度迅速回落。这一过程中,大部分颗粒被氧化,部分未被氧化颗粒在后续过程中缓慢氧化放热,直至再生结束。

DPF 主动再生过程中,其内部局部区域的温度远高于 DPF 的进口温度和出口温度,内部温度梯度最大达到 4 600℃/m。由于颗粒氧化释放的热量会随排气从 DPF 前端传向后端,DPF 轴向温度分布呈现出越靠近 DPF 后端温度越高的规律。在径向上,DPF 温度分布呈现出中间温度最高、中心温度次之、边缘温度最低的规律。DPF 边缘由于向环境散热,温度最低,而由于排气流动均匀性引起的颗粒加载不均匀等因素则是造成 DPF 径向中间温度高于中心温度的主要原因[8]。

2) 再生过程中的气态污染物排放

图 8-19 所示为 DPF 主动再生过程中的 NO_x 排放浓度变化规律。原机 NO_x 排放总量体积浓度为 $1\ 130\times10^{-6}$,其中 NO 占 98% 以上,NO_2 体积浓度只有 20×10^{-6},几乎没有 N_2O 排放。由于 DOC 的氧化作用,DOC 后的 NO_2 占到了 NO_x 排放总量的 65%,但是当柴油喷射开始后,由于 NO_2 的氧化性强于 O_2,NO_2 优先于 O_2 参与到 HC 的氧化反应中,DOC 后的 NO_2 浓度迅速减少至接近于零,直至柴油喷射停止后,DOC 后的 NO_2 浓度迅速恢复到柴油喷射开始前的水平。

由于 DPF 的被动再生,DPF 后 NO_2 浓度略低于 DOC 后 NO_2 浓度。当柴油喷射开始后,由于 DOC 后 NO_2 浓度迅速降低,DPF 后 NO_2 浓度也迅速降低,但由于 DPF 氧化作用,DPF 后 NO_2 浓度会高于 DOC 后 NO_2 浓度,且随着 DPF 温度升高,DPF 后 NO_2 浓度会逐

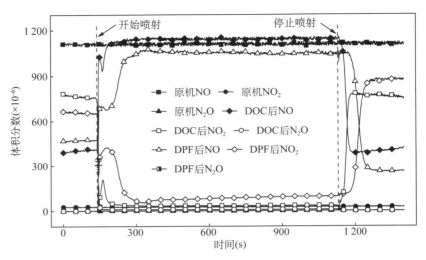

图 8-19　DPF 主动再生过程中的 NO_x 浓度变化

渐增大,但当 DPF 温度高于 350℃ 之后,由于化学平衡的限制,DPF 后 NO_2 浓度又会逐渐减小,因此,DPF 后 NO_2 浓度在 200 s 时出现一个排放峰值,随后迅速降低。当 DPF 主动再生结束后,DPF 后 NO_2 浓度迅速增大,且此时 DPF 刚再生完,没有颗粒参与被动再生反应,无 NO_2 消耗,反而由于 DPF 氧化作用,DPF 后 NO_2 浓度还会略高于 DOC 后 NO_2 浓度。

　　值得注意的是,在开始喷油和停止喷油的瞬间,DOC 后和 DPF 后均出现了 N_2O 瞬时排放峰值,这可能是因为开始喷油和停止喷油的瞬间,出现了 NO_x 和 HC 同时吸附在催化剂表面的情况,HC 将部分 NO_x 还原成了 N_2O。在未喷射柴油时,NO_x 过量,占据了催化剂的全部活性位,而在柴油持续喷射的过程中,HC 过量,占据了催化剂的全部活性位,因而均不会有大量 N_2O 生成[8]。

　　图 8-20 所示为 DPF 主动再生过程中的 HC 和 CO 排放浓度变化规律。原机 HC

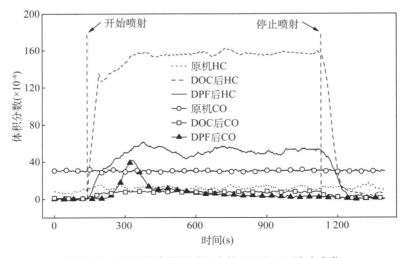

图 8-20　DPF 主动再生过程中的 HC 和 CO 浓度变化

排放体积浓度约为 10×10^{-6}，CO 排放体积浓度约为 30×10^{-6}。开始喷射柴油前，由于催化剂氧化作用，DOC、DPF 后 HC 和 CO 浓度几乎为零。柴油喷射开始后，DOC 后出现了体积浓度为 150×10^{-6} 的 HC 泄漏，即使在 DPF 后也仍然有 50×10^{-6} 体积浓度的 HC 泄漏，柴油喷射停止后，DOC 和 DPF 后 HC 泄漏迅速减少至零。柴油喷射引起了 DOC 后小幅的 CO 泄漏，但泄漏浓度小于 10×10^{-6}。在 DPF 主动再生过程中，大约在 300 s 时，DPF 后出现了一个体积浓度为 40×10^{-6} 的 CO 泄漏峰值，这个时间窗口正好对应于图 8-19 中 DPF 的最大温度峰值，可能是由于 DPF 中颗粒氧化速率过快，部分碳烟由于缺少 O_2 被不完全氧化为 CO，从而导致 DPF 后 CO 泄漏。随着 DPF 中颗粒氧化速率的降低，DPF 后 CO 泄漏也逐渐减少，主动再生结束后，DPF 后 CO 泄漏迅速减少至零。

3）再生过程中的颗粒排放

图 8-21 所示为 DPF 主动再生过程中 PN 排放浓度变化规律，图 8-22 所示为 DPF 主动再生过程中颗粒的粒径分布图谱。从图中可以看出，原机 PN 排放浓度约为 4×10^6 个/cm^3。大部分由可挥发性成分组成的核膜态颗粒及部分聚集态颗粒物在 DOC 中被氧化，DOC 后的 PN 排放浓度减少至约 6×10^5 个/cm^3，DPF 后的 PN 浓度仅约 2.5×10^4 个/cm^3。柴油喷射开始后，由于温度升高，DOC 氧化能力增强，DOC 后 PN 排放浓度进一步降低约 30%，而由于累积在载体孔道中的碳烟层被氧化，同时载体孔道因受热膨胀而扩张，过滤体孔隙率增大，DPF 的过滤效率降低，DPF 后 PN 排放会有所增加。柴油喷射停止后，DOC 后 PN 排放浓度迅速恢复到柴油喷射开始前的水平，而 DPF 后 PN 排放浓度会突然增大，然后再慢慢降低。

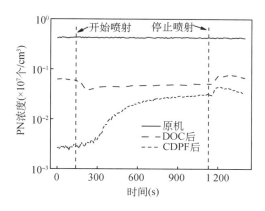
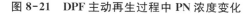

图 8-21　DPF 主动再生过程中 PN 浓度变化

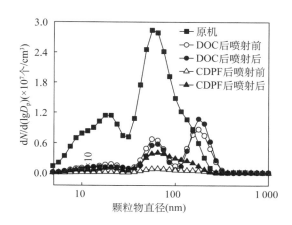

图 8-22　DPF 主动再生时的颗粒粒径分布

当柴油喷射停止后，排气温度迅速降低，排气中颗粒布朗运动强度减弱，而此时由于 DPF 的热惯性，过滤体的孔道仍然保持在扩张状态，因此 DPF 过滤效率会迅速降低，DPF 后 PN 排放会呈现出突然增大的现象。随着过滤体温度逐渐降低，载体孔道逐渐收缩，DPF 过滤效率逐渐增大，DPF 后 PN 排放又呈现出慢慢降低的现象。同样地，当柴油喷射开始后，DPF 过滤体孔道中碳烟层被迅速氧化，但 DPF 后 PN 排放并没有突然增大，这是因为排气升温速率比过滤体升温速率快,排气中颗粒布朗运动的加剧在一定程度上抵消了载体碳烟层被氧化导致的过滤效率下降。

参考文献

［1］ 决坤有. 催化型颗粒物捕集器积碳过程及主动再生特性研究［D］. 上海:同济大学,2020:41-57.

［2］ 楼狄明,张正兴,谭丕强,等. 柴油机颗粒捕集器再生平衡仿真研究［J］. 内燃机工程,2010,31(4):39-43.

［3］ 楼狄明,赵泳生,谭丕强,等. 基于 GT-power 柴油机颗粒捕集器捕集性能的仿真研究［J］. 环境工程学报,2010,4(1):173-177.

［4］ 罗富. 热边界条件对柴油机颗粒捕集器性能影响研究［D］. 上海:同济大学,2019:48-53.

［5］ 谭丕强,胡志远,楼狄明,等. 微粒捕集器再生技术的研究动态和发展趋势［J］. 车用发动机,2005,159(5):9-12.

［6］ 谭丕强,胡志远,楼狄明,等. 柴油机捕集器结构参数对不同粒径微粒过滤特性的影响［J］. 机械工程学报,2008,44(2):175-181.

［7］ 张静. 催化型颗粒捕集器喷油助燃系统性能研究［D］. 上海:同济大学,2020:29-36.

［8］ 张俊,张文彬,李传东,等. 催化型柴油机颗粒捕集器喷油助燃主动再生过程试验研究［J］. 中国电机工程学报,2016,36(16):4402-4407.

［9］ PAYRI F, BROATCH A, SERRANO J R, et al. Experimental-theoretical methodology for determination of inertial pressure drop distribution and pore structure properties in wall-flow diesel particulate filters (DPFs)［J］. Energy, 2011, 36(12):6731-6744.

［10］ SERRANO J R, ARNAU F J, PIQUERAS P, et al. Packed bed of spherical particles approach for pressure drop prediction in wall-flow DPFs (diesel particulate filters) under soot loading conditions ［J］. Energy, 2013, 58(1):644-654.

［11］ TAN P Q, WANG D Y, YAO C J, et al. Extended filtration model for diesel particulate filter based on diesel particulate matter morphology characteristics［J］. Fuel, 2020, Article number:118150.

［12］ TSUJIMOTO D, JIN K, FUKUMA T. A statistical approach to improve the accuracy of the DPF simulation model under transient conditions［C］. SAE Technical Paper, 2019, 2019-01-0027.

［13］ UENISHI T, TANAKA E, SHIGENO G, et al. A quasi two dimensional model of transport phenomena in diesel particulate filters-The effects of particle and wall pore diameter on the pressure drop ［C］. SAE Technical Paper, 2015, 2015-01-2010.

第9章 颗粒后处理系统对柴油车排放性能的影响

由 DOC 与 CDPF 耦合而成的颗粒后处理系统可显著降低柴油车尾气中的有害气体及颗粒物排放水平。本章基于转毂测试系统和车载排放测试系统对加装颗粒后处理系统的重型柴油车的颗粒物减排特性进行了分析,并基于道路实车老化分析了颗粒后处理系统的耐久性能,介绍了柴油车颗粒后处理技术在线监控系统,并对在用柴油车加装颗粒后处理系统的环保效益进行了评价。

9.1 基于整车转毂的柴油车颗粒后处理系统性能评价

基于图 9-1 所示的重型转鼓试验平台,分别采用中国重型商用车瞬态循环(C-WTVC)和中国典型城市公交循环(CCBC)对重型柴油货运车和柴油公交车加装 DOC+CDPF 前后的颗粒物排放进行检测,分析 DOC+CDPF 对重型柴油车颗粒物的减排效果。

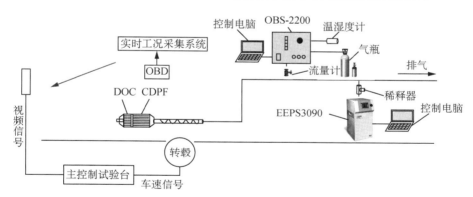

图 9-1 重型货运车转毂排放测试系统

1) 重型柴油货运车转毂试验

试验所选车辆为排量 9.7 L 的某重型柴油货运车,转毂测试平台为 MAHA-AIP 公司的重型底盘测功机,试验用颗粒后处理系统为 DOC+CDPF,其参数如表 9-1 所示。试验所用燃料为市售国 V 标准-10♯柴油。

表 9-1　　　　　　　　　　　重型柴油货运车用颗粒后处理系统参数

项目	参数	
	DOC	CDPF
载体直径/mm	340	330.2

（续表）

项目	参数	
	DOC	CDPF
载体长度/mm	100	304.8
孔密度/cpsi	400	200
壁厚/mm	0.06	0.35
孔隙率/%	/	55
平均孔径/μm	/	8~13
载体材料	FeCrAl	堇青石
催化剂组分	Pt/Pd/Rh	Pt/Pd/Rh
贵金属剂量/g·ft^{-3}	55	35
贵金属配比	10:1:0	10:2:1
助剂成分	$Fe_2O_3 + ZrO_2 + ZSM_{-5}$	$Fe_2O_3 + Ce_2O_3$
涂层	$Al_2O_3 \cdot H_2O$	$Al_2O_3 \cdot H_2O$

试验循环为 C-WTVC 循环,该循环基于世界重型商用车瞬态循环(WTVC),按照中国商用车特点进行了加速度调整。具体试验循环如图 9-2 所示,该循环共计 1 800 s,分为 3 个阶段,分别为市区循环工况(0~900 s)、公路循环工况(900~1 368 s)和高速循环工况(1 368~1 800 s)。

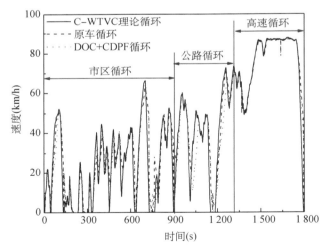

图 9-2　C-WTVC 试验循环

2) 柴油公交车转毂试验

试验所选车辆为排量 7.1 L 的某柴油公交车,试验所用平台如图 9-1 所示。试验使用两套后处理装置,分别为一套 DOC 及一套 DOC＋CDPF,两套后处理装置采用相同的DOC,其技术参数如表 9-2 所示。

表 9-2　　　　　　　　　　　　　　柴油公交车用颗粒后处理系统参数

参数	DOC	CDPF
孔密度/cpsi	400	200
壁厚/mm	0.06	0.35
孔隙率/%	—	55
平均孔径/mm	1.21	1.45
载体材料	FeCrAl	董青石
催化剂组分	Pt/Pd/Rh	Pt/Pd/Rh
贵金属剂量/g·ft^{-3}	55	25
贵金属配比 Pt:Pd:Rh	10:1:0	10:2:1
涂层	γ-Al_2O_3	$Al_2O_3+TiO_2$

　　试验循环采用《重型混合动力电动汽车能量消耗试验方法》(GB/T 19754—2005)推荐的中国典型城市公交循环(CCBC 循环),如图 9-3 所示。CCBC 循环工况是基于北京、上海和广州 3 个城市公交车运行实际工况数据开发的,由 14 个短行程组成,总运行时间 1 314 s,平均车速为 16.16 km/h,最高车速为 60 km/h,行驶里程共 5.89 km。其中,怠速、加速、减速、匀速行驶的时间比例分别为 28.1%,33.9%,24.8%及 13.2%。该测试循环能很好地体现我国城市公交车平均车速低、加减速频繁、匀速比例低等工况特征。

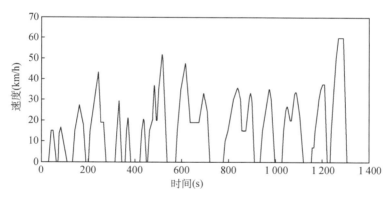

图 9-3　中国典型城市公交循环(CCBC 循环)

9.1.1　重型柴油货运车加装颗粒后处理系统性能评价

1) PM 排放特性

　　图 9-5 为试验重型柴油货运车加装 DOC+CDPF 前后的颗粒质量 PM 排放因子及减排率[1]。可以看出,加装颗粒后处理系统后,市区循环、公路循环和高速循环工况下 PM 排放因子分别下降 92.9%,94.0%,94.3%,从整个循环来看,PM 排放因子下降 93.8%。DOC+CDPF 对重型柴油货运车市区、公路和高速工况的 PM 减排率均超过 90%,且中高速工况的 PM 减排效果更明显。

2）PN 排放特性

图 9-6 为试验重型柴油货运车加装 DOC＋CDPF 前后的颗粒数量 PN 排放因子及减排率。可以看出,该重型柴油货运车加装 DOC＋CDPF 后的 PN 排放因子下降 98.9％。市区循环、公路循环和高速循环试验车辆的 PN 排放分别下降 98.4％、98.8％、99.0％,DOC＋CDPF 对重型柴油货运车市区、公路和高速工况的 PN 减排率均接近 99％,减排效果显著。

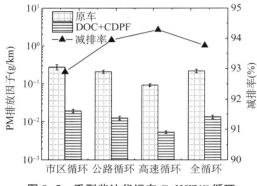

图 9-5 重型柴油货运车 C-WTVC 循环 PM 排放因子及减排率

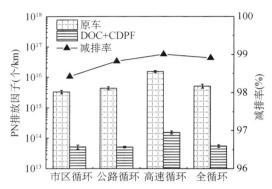

图 9-6 重型柴油货运车 C-WTVC 循环 PN 排放因子及减排率

3）颗粒粒径分布特性

图 9-7 为试验重型柴油货运车加装 DOC＋CDPF 前后的颗粒数量浓度粒径分布特性。可以看出,试验重型柴油货运车加装 DOC＋CDPF 前的颗粒数量浓度随粒径呈双峰分布,峰值粒径分别在 10 nm 和 90 nm,且 90 nm(聚集态)处的颗粒数量峰值大于 10 nm(核膜态)峰值,市区循环的核膜态颗粒峰值最小、聚集态颗粒峰值最大;高速循环的核膜态颗粒峰值最大、聚集态颗粒峰值最小。加装 DOC＋CDPF 后,试验重型柴油货运车的核膜态和聚集态颗粒数量均降低,颗粒数量浓度随粒径仍呈双峰分布,核膜态颗粒峰值粒径仍为 10 nm,聚集

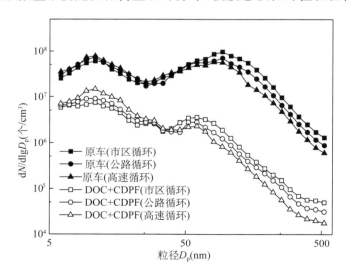

图 9-7 颗粒数量浓度粒径分布

态颗粒的峰值粒径减小为 60 nm,且峰值显著下降,说明 DOC+CDPF 对粒径大于 50 nm 的聚集态颗粒减排效果更加明显。

9.1.2　柴油公交车加装颗粒后处理系统性能评价

1) PM 排放特性

图 9-8 为试验公交车加装 DOC、DOC+CDPF 前后的颗粒质量 PM 排放。由图可知,与原车比较,公交车中加装 DOC,DOC+CDPF 后 PM 排放降低,DOC 可小幅降低试验车辆的 PM 排放,DOC+CDPF 的对公交车的 PM 减排效果较为突出,CCBC 循环的 PM 减排效果超过 98%,低速、中速、高速工况的 PM 减排效果分别达 98.7%、98.8% 和 98.6%,DOC+CDPF 对柴油公交车低、中、高速行驶工况的 PM 减排效果基本相当。

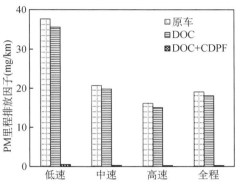

图 9-8　基于里程的 PM 排放因子

2) PN 排放特性

试验公交车加装 DOC、DOC+CDPF 前后的颗粒数量 PN 排放特性如图 9-9 所示。由图可知,公交车中加装 DOC、DOC+CDPF 后 PN 排放降低,DOC 可小幅降低试验车辆的 PN 排放,DOC+CDPF 对柴油公交车的 PN 减排效果较为突出,CCBC 循环的 PN 减排效果超过 99%,低速、中速、高速工况的 PN 降幅分别达 99.0%、99.1% 和 99.8%,DOC+CDPF 对柴油公交车高速行驶工况的 PN 减排效果更好。

3) 颗粒粒径分布特性

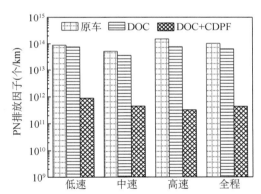

图 9-9　柴油公交车 CCBC 循环的 PN 排放因子

图 9-10 为试验公交车加装 DOC、DOC+CDPF 前后 CCBC 循环不同行驶工况的颗粒物数量粒径分布特征。从图中可以看出,试验车辆的颗粒物对数浓度呈对数双峰分布,第一个峰值出现在 10 nm 处,第二个峰值出现在 70~80 nm 处,低速和中速行驶工况下双峰形态较为明显,高速行驶工况下粒径小于 50 nm 的颗粒物浓度上升,分布曲线呈近单峰形态。高速工况下颗粒物数量排放较高的特点导致试验公交车 CCBC 循环的颗粒物数量粒径分布和高速行驶工况相近,呈近似单峰分布。与原车比较,试验柴油公交车安装 DOC 后的颗粒物数量粒径分布仍然呈对数双峰分布,两峰间的波谷出现在 22.1~25.5 nm 处,第一个峰值粒径(10 nm)的颗粒物数量有一定程度的降低。低、中、高速三种行驶工况中,DOC 对高速行驶工况 10 nm 处的颗粒数量降低效果明显,说明 DOC 对柴油公交车核膜态的颗粒数量有一定的降低效果,尤其是高速行驶工况。

安装 DOC+CDPF 后,试验柴油公交车全粒径段的颗粒物数量都得到了有效控制,各粒径段的颗粒数量排放明显降低,说明 DOC+CDPF 对柴油公交车低、中、高行驶工况,各粒径段的颗粒数量均有明显的降低效果。值得注意的是,安装 DOC＋CDPF 后,试验柴油公交车的峰值粒径依次位于 10 nm 处和 70～80 nm 处,但这两个峰值之间 19.1 nm 处出现了一个微小的波峰,使加装 DOC＋CDPF 后柴油公交车颗粒物数量的粒径分布呈现近似三峰对数分布。

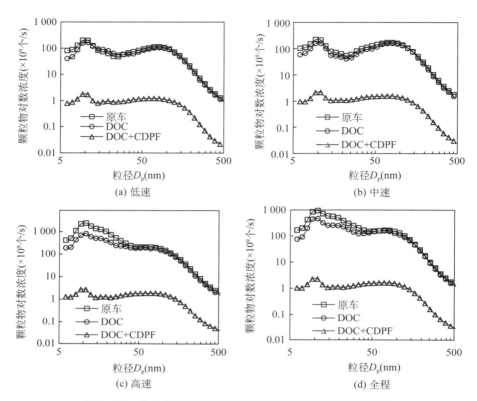

图 9-10　柴油公交车 CCBC 循环颗粒物数量粒径分布特征

9.2　基于车载排放测试的柴油车颗粒后处理系统性能评价

基于车载排放测试(Portable Emission Measurement System,PEMS)平台对加装 DOC＋CDPF 的柴油货运车及公交车进行实际道路排放测试,分析后处理系统对重型柴油车实际道路排放特性的影响[2]。

1) 重型柴油货运车道路试验方案

试验车辆为排量 9.7 L 的某重型柴油货运车,测试系统见前文图 3-10。试验用后处理系统为 DOC＋CDPF,DOC 材料为 FeCrAl,尺寸为 360 mm×90 mm,400 cpsi;CDPF 为堇青石材料,尺寸为 381 mm×305 mm,200 cpsi。试验所用燃料为市售国Ⅴ标准-10♯柴油。

重型柴油货运车实际道路车载测试工况包括稳态工况和自由行驶工况。稳态工况下,试验重型柴油货运车分别以恒定车速 0 km/h、5 km/h、10 km/h、15 km/h、20 km/h、30 km/h、40 km/h、50 km/h 持续行驶 60 s 以上,60 s 为各车速下尾气检测的一个采样周期。从静止(0 km/h)开始,车速每次增加 5 km/h,直至 60 km/h,共计 540 s,重复试验 3 次。自由行驶工况下,驾驶员根据实际道路车流量情况,在试验路线上依照实际道路,自由行驶约 20 min,试验路线如图 9-11 所示。

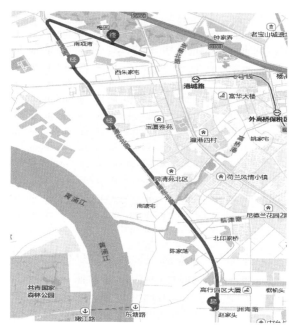

图 9-11　重型柴油货运车试验路线

2）柴油公交车道路试验方案

试验车辆为排量 7.1 L 的国三柴油公交车。PEMS 测试平台如图 3-10 所示。试验用后处理装置为 DOC 和 DOC＋CDPF,DOC 材料为 FeCrAl,400 cpsi;CDPF 为堇青石材料,200 cpsi,试验所用燃料为市售国五 0♯柴油。

车载测试的工况包括稳态工况和自由行驶工况。采用的稳态及瞬态测试循环与货运车一致。图 9-12 为柴油公交车试验路线。

图 9-12　柴油公交车试验路线

为了进行遥测数据分析,麻省理工的 José Luis Jiménez Palacios[3] 提出车辆比功率 (vehicle specific power,VSP),VSP 反映了车辆行驶过程中实际输出和功率需求之间的关系,是研究整车排放,尤其是整车实际道路排放的重要综合工况参数,已被广泛应用于研究和排放法规制定等领域[3-5]。

本文的公交车 VSP 的计算方法如式 9-1 所示。所有工况点采样充足,数据具有统计意义。

$$VSP = (1.1a + 0.091\ 99)v + 0.000\ 168v^3 \tag{9-1}$$

式中　VSP——车辆比功率,kW/t;

　　　v——车速,m/s;

　　　a——加速度,m/s²。

9.2.1　重型柴油货运车加装颗粒后处理系统性能评价

1) 稳态工况颗粒排放特性

图 9-13 所示为 DOC+CDPF 对重型柴油货运车颗粒物质量排放特性的影响。可以看出,原车颗粒物质量排放率随着速度的增加而增加,在怠速 0 km/h 时,颗粒物质量排放率为 8.0 μg/s,在 50 km/h 时达到最大值,为 43.6 μg/s。加装 DOC+CDPF 后,重型柴油货运车的实际道路所有车速下的颗粒物质量排放率均小于 15 μg/s。与安装前比较,0 km/h、10 km/h、20 km/h、30 km/h、40 km/h、50 km/h 的颗粒物质量减排率分别为 75.7%、68.2%、78.6%、69.9%、63.5%、66.6%,说明 DOC+CDPF 可有效降低重型柴油货运车实际道路行驶的颗粒物质量排放。

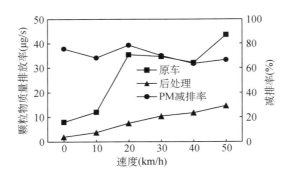

图 9-13　颗粒物质量排放率及减排率

图 9-14 为 DOC+CDPF 对重型柴油货运车颗粒物数量排放特性的影响。从图中可以看出,随着速度的增加,原车排放的颗粒物数量排放率先下降后有所回升,整体呈现 V 形,即该曲线的二阶导数始终为正,在 40 km/h 至 50 km/h 处,原车颗粒物数量曲线上升幅度明显加大。安装 DOC+CDPF 后,颗粒物数量远低于 2×10^{13} 个/km。不同速度对应的减排率分别为 97.0%、95.0%、95.2%、95.9%、96.4%,说明 DOC+CDPF 能够有效降低重型柴油货运车的颗粒物数量排放。

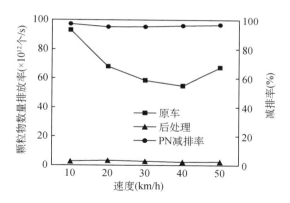

图 9-14　颗粒物数量排放率及减排率

图 9-15 为 DOC＋CDPF 对重型柴油货运车实际道路稳态工况核膜态和聚集态颗粒物数量排放的影响,具体减排率数据见表 9-3。可以看出,低速(≤15 km/h)、中速(15～35 km/h)和高速(35～55 km/h)所有速度工况下,重型柴油货运车排放的核膜态颗粒物数量均占总颗粒数量的 90％以上,DOC＋CDPF 均能大幅降低重型柴油货运车的颗粒物数量排放,减排率达 90％以上。

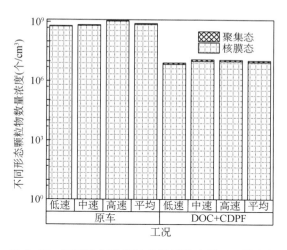

图 9-15　不同粒径段颗粒物数量浓度随工况的变化

表 9-3　　　　　　　　　　　　不同形态颗粒物数量浓度

颗粒物	工况	原车(个/cm³)	DOC＋CDPF(个/cm³)	减排率(％)
核膜态	低速	6.0×10^8	7.0×10^6	98.8
	中速	6.6×10^8	1.0×10^7	98.5
	高速	1.1×10^9	1.0×10^7	99.1
	平均	7.8×10^8	9.0×10^6	98.8

（续表）

颗粒物	工况	原车（个/cm³）	DOC＋CDPF（个/cm³）	减排率（%）
聚集态	低速	2.9×10^{7}	1.3×10^{6}	95.6
	中速	5.4×10^{7}	2.2×10^{6}	95.9
	高速	6.1×10^{7}	1.7×10^{6}	97.2
	平均	4.8×10^{7}	1.7×10^{6}	96.4

2）瞬态工况颗粒排放特性

图 9-16 为瞬态工况下 DOC＋CDPF 对重型柴油货运车颗粒物质量 PM 排放特性的影响。随着比功率 VSP 的增加，原车的颗粒质量 PM 排放呈缓慢增加趋势，后处理车的排放呈先减小再增加而后趋于平稳的趋势。VSP 为 0 时，PM 排放相对较低，主要是因为该工况包含较多的怠速工况采样点，造成 PM 排放偏低。相较于原车，后处理车颗粒质量 PM 的减排率达 90% 以上；且随着比功率 VSP 的增加，颗粒质量 PM 的减排率逐渐增加，0 kW/t 时为 90.53%，6 kW/t 时为 97.69%。

图 9-17 为瞬态工况下 DOC＋CDPF 对重型柴油货运车颗粒物质量 PN 排放特性的影响。随着比功率 VSP 的增加，原车的颗粒数量 PN 排放呈缓慢增加趋势，后处理车的 PN 排放呈先减小再增加的趋势。-4 kW/t 时，原车颗粒数量 PN 为 9.83×10^{11} 个/s，后处理车颗粒数量 PN 为 1.00×10^{11} 个/s，较原车降低 89.82%；0 kW/t 时，原车颗粒数量 PN 为 1.70×10^{12} 个/s，后处理车颗粒数量 PN 为 6.54×10^{10} 个/s，较原车降低 96.15%；6 kW/t 时，原车颗粒数量 PN 为 1.25×10^{13} 个/s，后处理车颗粒数量 PN 为 2.83×10^{11} 个/s，比原车降低 97.74%。

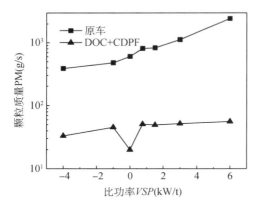

图 9-16　不同 VSP 下的瞬态 PM 排放特性

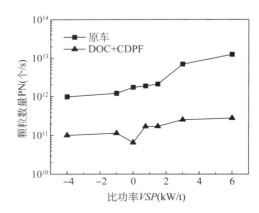

图 9-17　不同 VSP 下的瞬态 PN 排放特性

3）颗粒粒径分布特性

图 9-18 为颗粒物数浓度的粒径分布。上面的一组曲线是在不同速度下，原车的颗粒物数浓度粒径分布，其有两个峰值，第一个峰值出现在 9 nm 处，低、中、高速的峰值分别为：1.4×10^{8} 个/cm³、1.5×10^{8} 个/cm³、2.5×10^{8} 个/cm³。第二个峰值在 60 nm 处，低、中、高速的峰值分别为 4.4×10^{6} 个/cm³、7.4×10^{6} 个/cm³、9.2×10^{6} 个/cm³，低于 9 nm 处的峰值近 2 个数量级。所以原车的颗粒物主要由核膜态颗粒物组成。安装 DOC＋CDPF 后，颗粒物数

浓度变为三峰,粒径分别为 10 nm,39 nm 和 80 nm。在粒径小于 392 nm 范围内,安装 DOC ＋CDPF 装置后的颗粒物数浓度均低于原车的颗粒物数浓度,而在 392～523 nm 粒径范围内,中高速的后处理颗粒物数浓度虽然高于原车低速时的颗粒物数浓度,但还是低于相应的原车中高速时的颗粒物数浓度,所以在整个 5.6～560 nm 粒径范围内,DOC＋CDPF 均能很好地降低颗粒物数量。

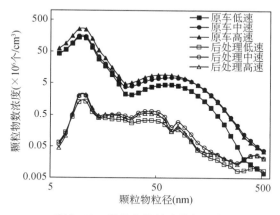

图 9-18　颗粒物数浓度粒径分布

　　图 9-19 为颗粒物质量浓度粒径分布,速度分为低速(≤15 km/h)、中速(15～35 km/h)和高速(35～55 km/h)。从图中可以看出,未安装 DOC＋CDPF 之前,颗粒物质量浓度的粒径分布呈现双峰趋势。其中第一个峰值出现在 10 nm 附近,峰值从原车低速到原车高速分别为 86.4 $\mu g/cm^3$、95.7 $\mu g/cm^3$、160 $\mu g/cm^3$。高速时排放的颗粒物质量浓度接近低速时的两倍。第二个峰值出现在粒径 124～165 nm 范围。与原车中高速相比,原车低速时的第二个峰值粒径较小,为 124 nm,其值为 2 011 $\mu g/cm^3$。原车中速峰值粒径为 165 nm,峰值为 5 101 $\mu g/cm^3$。原车高速峰值粒径为 165 nm,峰值为 4 833 $\mu g/cm^3$。可以发现,第二个峰值处,原车中速及高速的峰值均是低速时的两倍多,并且第二个峰值的颗粒物质量浓度高于第一个峰值处质量浓度近一个数量级。再来看后处理曲线,发现已从原车的双峰变为 3 峰。

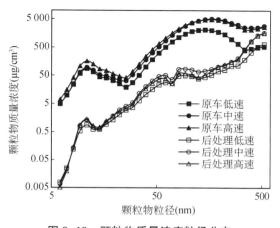

图 9-19　颗粒物质量浓度粒径分布

后处理曲线的第一个峰值还是在 10 nm 左右,其值远低于原车。此处,后处理低速、中速、高速的值分别为 0.9 $\mu g/cm^3$、1.3 $\mu g/cm^3$、1.4 $\mu g/cm^3$。后处理曲线的第二个峰值在 60 nm 处,低、中、高速处的值分别为 28.6 $\mu g/cm^3$、50.8 $\mu g/cm^3$、39.1 $\mu g/cm^3$。后处理曲线的第三个高峰最高,在 80 ~ 93 nm 范围,低、中、高速处的值分别为 49.8 $\mu g/cm^3$、85.4 $\mu g/cm^3$、59.1 $\mu g/cm^3$。DOC+CDPF 对重型柴油货运车的实际道路颗粒物质量排放有很好的减排效果。

9.2.2 柴油公交车加装颗粒后处理系统性能评价

1) 稳态工况颗粒排放特性

图 9-20 为柴油公交车稳态工况下加装 DOC 及 DOC+CDPF 颗粒物后处理系统后,其

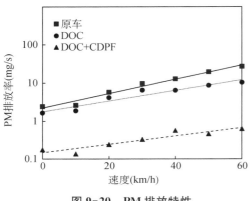

图 9-20　PM 排放特性

颗粒质量 PM 的排放特性。可以看出,随车速的增大,PM 排放率呈逐渐增大的趋势,从拟合曲线来看,PM 排放率与车速具有较好的指数相关性。这主要是因为车速加快,发动机喷油量增多,碳烟排放相对增多,而发动机转速升高使每一工作循环的时间明显缩短,致使燃烧不充分、不稳定,更容易生成较大的碳烟颗粒,因此,PM 排放率升高。从颗粒后处理装置对 PM 的减排性能来看,低速阶段,DOC 对 PM 的转化效率稍低,随着速度的增大,DOC 对 PM 的转化能力增强。这主要是因为低速阶段,发动机排气温度低,DOC 的催化活性不高,对碳烟中可溶性有机物的转化能力不强,PM 降幅较小。而随着速度的增大,排气温度升高,DOC 上催化剂性能激活加深,对可溶性有机物的转化能力增强,PM 排放率降幅增大。综合来看,DOC 使用后 PM 排放率的降幅为 51.0%。DOC+CDPF 使用后,PM 排放率下降显著,整个工况,PM 排放率降幅可达 96.9%,这主要是因为在 DOC 的基础上 CDPF 能高效捕集碳烟颗粒并将其氧化燃烧,从而使 PM 排放率大幅度下降。

图 9-21 为稳态工况下柴油公交车加装 DOC 及 DOC+CDPF 颗粒物后处理装置后,其颗粒数量 PN 的排放特性。从图中可以看出,随车速的增大,PN 排放率呈逐渐增大的趋势,从拟合曲线来看,PN 排放率与车速具有较好的指数相关性。究其原因,车速增大,发动机单位时间内循环次数增多,供油量增加,直接导致碳烟排放增多,另一方面,供油量增多将会形成局部空燃比较低的浓混合气区域,缸内温度和压力也会逐渐升高,缸内条件非常利于碳烟颗粒的形成,因

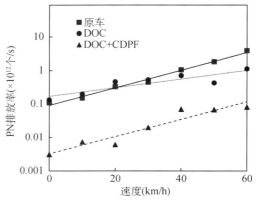

图 9-21　PN 排放特性

此,PN 排放率显著升高。从颗粒后处理装置对 PN 的减排性能来看,低速阶段,DOC 的使用并不会带来 PN 的减少,主要是因为 DOC 自身的流通式结构并不会起到碳烟捕集功能,而低速阶段发动机排气温度较低,DOC 的催化活性不足以氧化颗粒物中的可溶性有机物,随着速度的增大,排气温度升高,DOC 催化剂性能激活加深,能够对颗粒中的可溶性有机物起到很好的催化氧化作用,因此,PN 排放率明显下降。整个工况,单纯使用 DOC 可降低 54.09% 的 PN 排放。使用 DOC+CDPF 后,可以看出 PN 排放显著下降,整个工况,其对 PN 的捕集效率高达 92.90%。究其原因,一方面,前端的 DOC 催化氧化了碳烟中的可溶性有机物,并且将 NO 氧化成 NO_2;另一方面,后端的壁流式结构 CDPF 能够高效捕集碳烟颗粒,并且在贵金属的催化作用下,NO_2 与捕集的碳烟发生氧化作用,实现 CDPF 的再生[6-8]。

2）瞬态工况颗粒排放特性

图 9-22 为瞬态工况下 DOC+CDPF 对柴油公交车颗粒物质量 PM 排放的影响。随着比功率 VSP 的增加,原车的颗粒质量 PM 排放呈 W 趋势,加装后处理车的排放呈 M 趋势。相较于原车,后处理车颗粒质量 PM 的减排率达 90% 以上。

图 9-23 为 DOC+CDPF 对柴油公交车实际路线工况颗粒物数量 PN 排放的影响。随着比功率 VSP 的增加,原车和加装 DOC+CDPF 的颗粒数量 PN 排放呈先减少再增加而后趋于平稳的趋势。-8 kW/t 时,原车颗粒数量 PN 为 1.01×10^{12} 个/s,加装 DOC+CDPF 后颗粒数量 PN 为 7.41×10^{10} 个/s,较原车降低 92.66%;4 kW/t 时减排率最高,原车颗粒数量 PN 为 1.25×10^{13} 个/s,后处理车颗粒数量 PN 为 2.83×10^{11} 个/s,比原车降低 98.72%。

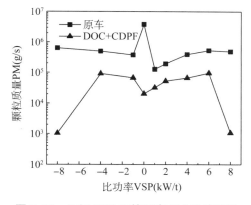 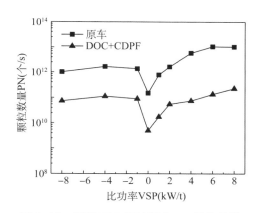

图 9-22　不同 *VSP* 下的瞬态 PM 排放特性　　图 9-23　不同 *VSP* 下的瞬态 PN 排放特性

3）颗粒粒径分布特性

图 9-24 为实际道路工况下颗粒数量浓度粒径分布。可以看出怠速、低速及中速时,柴油公交车的颗粒数量浓度峰值对应的粒径均在 70 nm 附近,加装颗粒后处理系统后,各颗粒数量浓度峰值对应粒径明显减小。高速时,原车及加装颗粒后处理系统公交车的颗粒数量浓度峰值对应粒径均减小至 50 nm 以内,加装 DOC+CDPF 后,各个速度下不同粒径对应颗粒数量浓度均大幅下降。

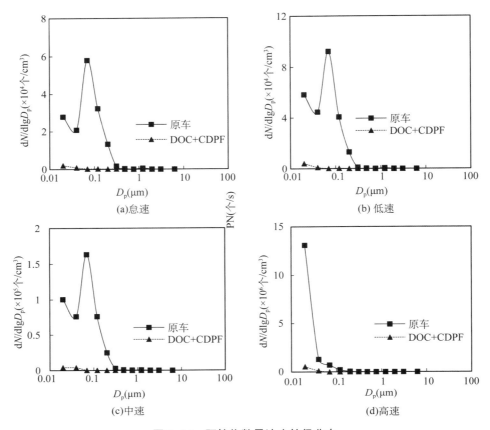

图 9-24　颗粒物数量浓度粒径分布

9.3　柴油车颗粒后处理系统耐久性能评价

　　基于一辆排量为 7.1 L 的国三柴油公交车开展颗粒后处理系统（DOC＋CDPF）实车耐久性能评价。测试采用图 3-10 所示的 PEMS 系统，每隔约 1.5 万公里进行一次排放跟踪检测，共进行了 7 次检测，耐久总里程约 12 万公里，相隔里程如表 9-4 所示。

表 9-4　　　　　　　　　　搭载颗粒后处理系统样车跟踪检测情况

行驶里程/万公里	DOC＋CDPF 样车
0	第一次检测
1.5	第二次检测
3	第三次检测
4	第四次检测
7	第五次检测
8	第六次检测
12	第七次检测

9.3.1　不同稳态工况下颗粒物排放随行驶里程变化规律

图 9-25 为 0 km/h、20 km/h、40 km/h、60 km/h 四种准稳态车速,加装 DOC＋CDPF 公交车颗粒物排放率随行驶里程的变化规律。从图中可以看出,试验公交车的 PM 和 PN 排放率随着车速的增加而上升,总体来看车速 60 km/h 的排放率最高。随着行驶里程的增加,DOC＋CDPF 的 PM 和 PN 排放率缓慢波动上升。行驶里程达到 8 万公里前,DOC＋CDPF 的准稳态车速行驶工况的 PM 排放率变化不大,当行驶里程到达 12 万公里时,各准稳态车速下的 PM 排放率均有不同程度的上升,40 km/h 与 60 km/h 两个车速下的 PM 排放率上升趋势最为明显,分别由 1.87×10^2 μg/s、1.49×10^2 μg/s 上升至 5.07×10^2 μg/s、4.80×10^2 μg/s,说明 DOC＋CDPF 在耐久里程达 8 万公里后的 PM 减排性能出现一定程度的劣化。但值得注意的是,12 万公里耐久里程内,DOC＋CDPF 的 PN 排放整体增幅较小,DOC＋CDPF 后处理装置在车辆准稳态车速行驶工况的 PN 减排性能无明显劣化。这说明准稳态车速行驶工况下 DOC＋CDPF 对 PN 的减排效果好于 PM[9]。

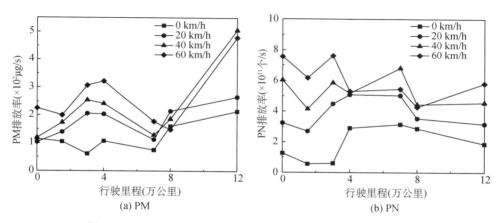

图 9-25　不同稳态车速下颗粒物排放率随行驶里程的变化规律

9.3.2　不同瞬态工况下颗粒物排放随行驶里程变化规律

图 9-26 为不同加速度行驶工况,加装 DOC＋CDPF 公交车颗粒物 PM 排放率随行驶里程的变化规律。由图可见,从初装至运行 7 万公里,DOC＋CDPF 的 PM 排放率随着行驶里程的增加变化幅度较小,且维持在较低水平。当行驶里程达到 12 万公里时,各准稳态加速行驶工况的 PM 排放率均有不同程度的上升,PM 平均排放率从 7 万公里的 1.49×10^2 μg/s 增加到 12 万公里的 7.52×10^2 μg/s。此外,DOC＋CDPF 劣化前,PM 排放率随着加速度的增加无明显变化;劣化后,PM 排放率随着加速度绝对值的增加呈先增大后减小的趋势。

图 9-27 为不同加速度下,加装 DOC＋CDPF 公交车颗粒物 PN 排放率随行驶里程的变化规律。由图可见,不同加速度下,DOC＋CDPF 的 PN 排放率随着行驶里程的累积而缓步上升,其中初装时排放率最低,其平均值为 1.27×10^{11} 个/s,在 3 万公里至 7 万公里阶段,排放率较前略有上升但变化幅度较小,且此阶段内排放率也维持在一稳定水平。而在行驶里程达到 12 万公里时,加速度为正的区域排放率有明显上升,其平均值达到了 11.53×10^{11}

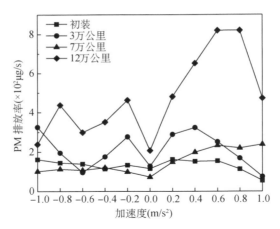

图 9-26　不同加速度下 PM 排放率随行驶里程的变化规律

个/s,可以认为,在 12 万公里时,DOC＋CDPF 的 PN 减排性能开始有所劣化。此外,PN 排放率在加速度为负时随着加速度的减小无明显变化规律,数值较小,在加速度为正的区域则随着加速度的增加呈先增加后减小的趋势[10]。

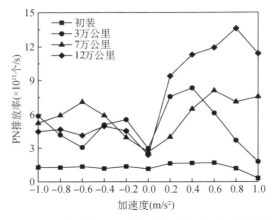

图 9-27　不同加速度下 PN 排放率随行驶里程的变化规律

图 9-28 为低速、中速、高速瞬态行驶工况下,加装 DOC＋CDPF 公交车颗粒物排放率随行驶里程的变化规律。由图 9-28(a)可见,除低速巡航工况之外,其余工况水平相近且在行驶里程未超过 8 万公里之前较为稳定,而在行驶里程达到 12 万公里时皆有明显上升,减速、中速巡航、高速巡航与加速工况的 PM 排放因子分别由初装的 2.50×10^4 μg/km、2.07×10^4 μg/km、1.91×10^4 μg/km、2.65×10^4 μg/km 上升至 12 万公里处的 3.45×10^4 μg/km、3.10×10^4 μg/km、3.76×10^4 μg/km、3.89×10^4 μg/km。而低速巡航工况的排放因子则较于其他工况始终较高,但随着行驶里程的累积没有明显的劣化现象,其平均 PM 排放因子为 4.53×10^4 μg/km。由图 9-28(b)可见,低、中、高速三种行驶工况下,加装 DOC＋CDPF 公交车的 PN 排放随着行驶里程的增加无明显劣化现象,并且各工况间水平接近;而加速与减速工况在行驶里程未超过 8 万公里之前也较为稳定且水

平与其他工况相接近,但在 12 万公里处有所上升,分别由 8 万公里处的 5.02×10^{13} 个/km、5.58×10^{13} 个/km 上升至 7.39×10^{13} 个/km、7.98×10^{13} 个/km,DOC+CDPF 略有劣化,但劣化程度尚不严重。

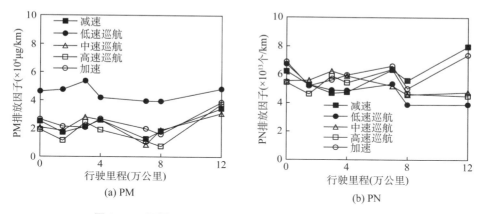

图 9-28　不同工况下 PM 排放率随行驶里程的变化规律

图 9-29 为减速工况下,DOC+CDPF 对颗粒物粒径分布随行驶里程的变化规律。由图 9-29(a)可见,在行驶里程超过 8 万公里前,DOC+CDPF 的 PM 转化性能在各粒径段皆保持良好,排放率较低。12 万公里处,大粒径段的 PM 排放率明显升高,且粒径越大、升幅越大。由图 9-29(b)可见,减速工况下,4 万公里处对应的粒径段的 PN 排放率略有升高,但升幅较小。当行驶里程超过 8 万公里后,小粒径段 PN 排放率开始有所升高,但粒径段较窄,后处理装置的 PN 转化性能整体劣化程度较轻。

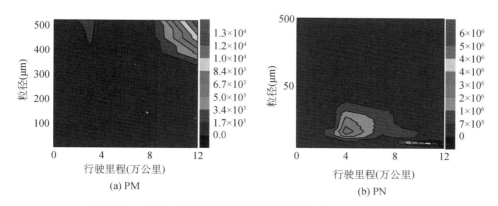

图 9-29　减速工况下,颗粒物粒径分布随行驶里程的变化规律

图 9-30 为低速巡航工况下,DOC+CDPF 对颗粒物粒径分布随行驶里程的变化规律。由图 9-30(a)可见,在行驶里程超过 8 万公里前,DOC+CDPF 的 PM 转化性能在各粒径段皆保持良好,排放率较低。12 万公里处,大粒径段的 PM 排放率明显升高,且粒径越大、升幅越大。由图 9-30(b)可见,低速巡航工况下,行驶里程达到 8 万公里之前,小粒径段的 PN 在不同阶段略有上升,但升幅较小。当行驶里程超过 8 万公里后,小粒径段 PN 排放率开始有所升高,但粒径段较窄,说明后处理装置的 PN 转化性能整

体劣化程度较轻。

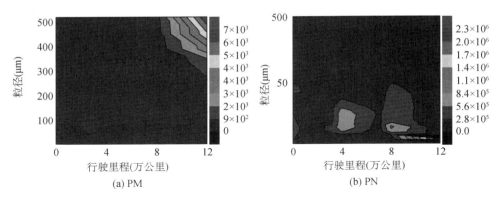

(a) PM (b) PN

图 9-30　低速巡航工况下颗粒物粒径分布随行驶里程的变化规律

图 9-31 为中速巡航工况下,DOC＋CDPF 对颗粒物粒径分布随行驶里程的变化规律。由图 9-32(b)可见,中速巡航工况下,4 万公里处一粒径段的 PN 排放率略有升高,但升幅较小。8 万公里处,中间粒径段的 PN 排放率略有上升,而超过 8 万公里后,小粒径段 PN 排放率开始有所升高,但粒径段较窄,后处理装置的 PN 转化性能整体劣化程度较轻。由图 9-31(a)可见,与低速巡航工况相类似,在行驶里程超过 8 万公里前,DOC＋CDPF 的 PM 转化性能在各粒径段皆保持良好,排放率较低。12 万公里处,大粒径段的 PM 排放率明显升高,且粒径越大、升幅越大。

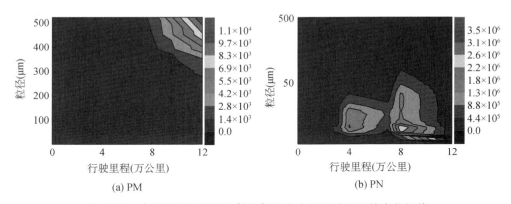

(a) PM (b) PN

图 9-31　中速巡航工况下颗粒物粒径分布随行驶里程的变化规律

图 9-32 为高速巡航工况下,DOC＋CDPF 对颗粒物粒径分布随行驶里程的变化规律。高速巡航工况下,DOC＋CDPF 的各粒径段 PN、PM 排放规律与中速巡航工况相类似,在此不再赘述。

图 9-33 为加速工况下,DOC＋CDPF 对颗粒物粒径分布随行驶里程的变化规律。由图 9-33(a)可见,加速工况下 PM 各粒径段排放规律与低速、中速与高速巡航工况相类似,在此不再赘述。由图 9-33(b)可见,加速工况下,4 万公里处一粒径段的 PN 排放率略有升高,但升幅较小。行驶里程超过 8 万公里后,小粒径段 PN 排放率开始有所升高,但粒径段较窄,后处理装置的 PN 转化性能整体劣化程度较轻。

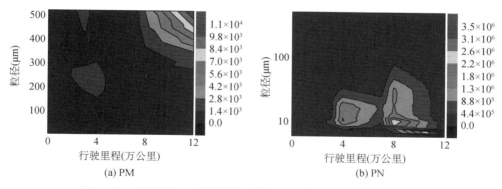

图 9-32　高速巡航工况下颗粒物粒径分布随行驶里程的变化规律

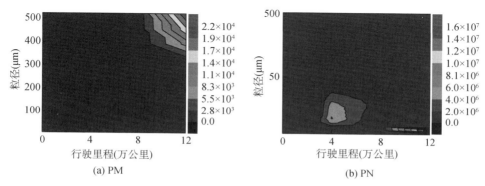

图 9-33　加速工况下颗粒物粒径分布随行驶里程的变化规律

9.4　柴油车尾气后处理技术在线监控系统开发及应用

目前我国针对机动车尾气排放制定了相应排放标准,并对车辆制定了年检、月检等检测规定。但传统检测均为非实时检测,一方面检测时需停车,给人们的出行带来不便;另一方面给车主留下作弊机会,不利于及时发现高排放车辆,对环境保护及健康安全带来隐患。针对机动车流动性特点,可利用先进的物联网、云计算、大数据等计算机网络新技术,实现典型柴油公交车排气污染管理的相关环境信息的采集、储存、传输、处理、分析的数字化和环境信息资源共享,实现机动车运行工况信息和污染物排放情况的实时有效监测与常态化跟踪,及时地为环境管理和宏观决策提供可靠的科学依据[11]。

远程系统的开发增加了检测系统的灵活性、可靠性、实时性,在减少人力物力的条件下实现实时监测车辆排放状况的目标,其研究具有很高的实用价值。

9.4.1　平台架构和系统配置

通过进行后处理装置的在线监控平台开发,建立重型柴油货运车后处理装置在线监控平台,实时监测包括 DOC 前排温 T_1、CDPF 前排温 T_2、CDPF 后排温 T_3、DOC 前压力 p_1、CDPF 前压力 p_2、CDPF 后压力 p_3、实时车速、运行里程、GPS 经纬度信息、系统状态等在内的后处理柴油车工作参数,确保尾气后处理装置的能效发挥。通过数据统计及数据分析,对车辆监管问题、排气是否合格进行科学诊断。

本系统平台采用了浏览器和服务器结构,开发的尾气后处理在线监控数据云平台架构如图 9-34 所示。

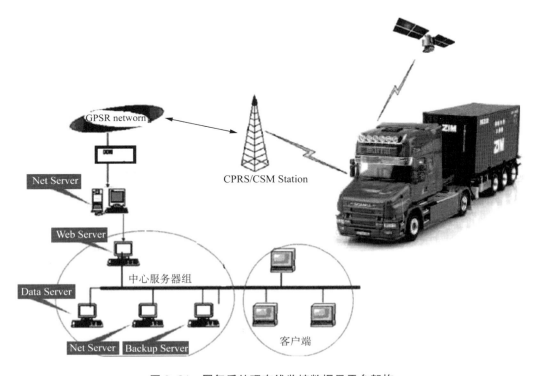

图 9-34　尾气后处理在线监控数据云平台架构

该系统中集装箱卡车的尾气处理装置的数据通过随车的数据采集器采集,然后统一连接到 Net Server 云平台,实现大于 20 000 辆车的数据传输和安全数据功能。同时为了能够充分实现数据计算的高性价比,所有的数据在收集好了之后,再次转发到 Data Server 服务器系统,在 Net Server 和 Data Server 之间进行数据传送的时候,借用 CS 的架构,两台服务器上都运行有服务器端软件和客户端软件。而对于终端客户的操作来说,系统采用 BS 的架构进行设计,允许在 PC、手机等终端上查看相应的原始数据和处理后的数据表单。该系统可以满足 30 000 辆车辆的尾气监控设备的数据上传,并保证 24 小时待机。

9.4.2　基于在线监控的后处理运行状况分析

本监控平台共 10 955 辆货运车,发动机功率 247 kW 车辆共 2 049 辆,占比 18.71%。选取示范车辆基本信息如表 9-7 所示。

表 9-7	示范车辆基本信息
装置 VIN	CY571161609140795
后处理装置运行状态	合格
发动机功率/kW	247
运管机构	市运输管理处
注册时间	2017-03-16

图 9-35 所示为示范车辆在 2017 年某月车速分布情况。由图可知,试验车辆在一个月内行驶速度主要集中在 45~60 km/h 这一速度区间。其中 55~60 km/h 占总体 27.78%,50~55 km/h 占总体 24.85%,45~50 km/h 占总体 7.93%。

图 9-36 所示为 2017 年 4 月份,示范车辆后处理设备前后温度分布情况。T_1(DOC 前)温度分布区间在 60~460℃,T_3(CDPF 后)温度分布区间在 60~400℃,因此在 60~460℃内,以 20℃为区间跨度将整体划分为 22 个温度区间。由于 T_1 及 T_3 在 20~60℃温度区间占比极小,因此图中未显示相关信息。T_1 及 T_3 的各温度区间占比随着温度的升高均呈现先增大后减小的趋势,并且分别在温度区间 240~260℃和 280~300℃占比最高,为 15.34%和 15.91%。

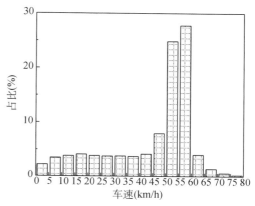

图 9-35　示范车辆速度分布

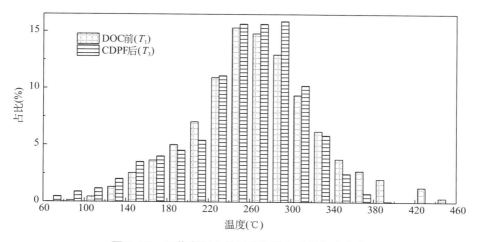

图 9-36　示范车辆 4 月后处理设备前后温度分布

图 9-37 所示为示范车辆 2017 年 4 月的平均车速分布情况。试验车辆 4 月份日均车速波动幅度不大,主要分布在 30~40 km/h。30 天内日均车速最小值为 12.67 km/h,日均车速最大值为 48.26 km/h。

图 9-38 所示为示范车辆后处理设备 2017 年 4 月的日均温度分布情况。由图可知 DOC

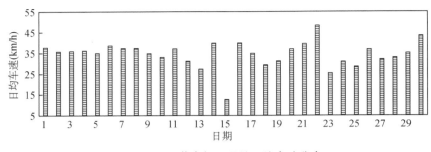

图 9-37　示范车辆 4 月份日均车速分布

前(T_1)、DOC 与 CDPF 之间(T_2)、CDPF 后(T_3)三点的温度与车速相关性较高。日均车速越大,后处理设备三个测试点的日均温度越高。

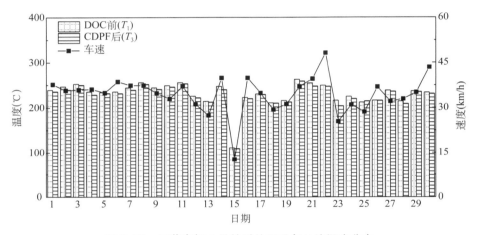

图 9-38　示范车辆 4 月份后处理设备日均温度分布

图 9-39 所示为 2017 年 4 月示范车辆后处理设备 DOC 前位置点的日均压强分布情况(DOC 与 CDPF 之间的 p_2、CDPF 后的 p_3 压强值过小,因此不在图中反映)。由图可知,

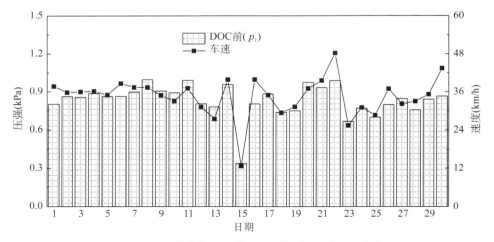

图 9-39　示范车辆 4 月份 DOC 前位置日均压强分布

DOC 前日均压强值与车速相关性较高,日均压强值随着日均车速值升高而变大,随着车速值降低而减小。

由全过程特性统计的示范车辆速度分布结果显示,4 月份试验车辆速度分布在 0～85 km/h 的工况点占全部工况的 99.9%,因此在 0～85 km/h 速度区间内,以 5℃为区间跨度,将整个速度区间划分为 17 个速度区间。在 4 月份随机选取三天,如图 9-40、图 9-41、图 9-42 所示,分别为所选三天的 DOC 前、DOC 与 CDPF 间、CDPF 后三个位置点的温度随速度分布的变化情况。由图可知,设备三点的温度在低速段 0～25 km/h 显著低于中高速段 25～85 km/h。在 0～20 km/h 的低速段及 55～85 km/h 的高速段,T_3 与 T_1 温度值接近;在 20～50 km/h 的中速段,T_3 与 T_1 温度值相差较大。

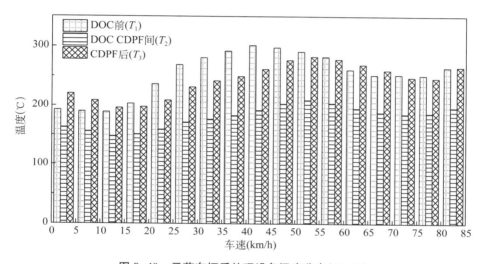

图 9-40　示范车辆后处理设备温度分布(Day 1)

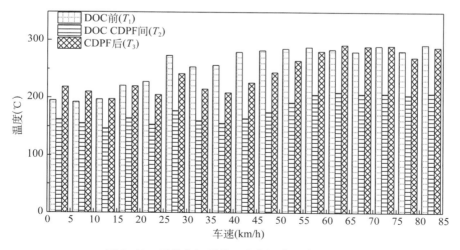

图 9-41　示范车辆后处理设备温度分布(Day 2)

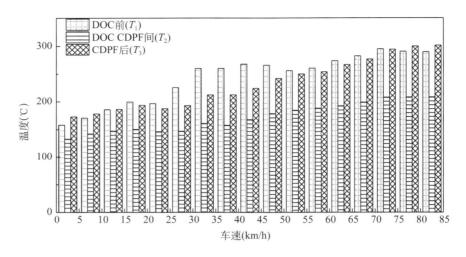

图 9-42　示范车辆后处理设备温度分布(Day 3)

9.5　柴油车颗粒后处理技术环保效益评估

9.5.1　概述

　　以机动车为主的流动源是上海市大气污染的重要来源之一,对上海市 $PM_{2.5}$ 污染的贡献约在 30% 左右。近年来,上海市不断加强机动车污染防治力度,新车提前实施国五标准,黄标车、老旧车限行力度不断加大,并出台了相应的经济政策,不断加快高污染车辆淘汰,近年来累计淘汰黄标车 33 万辆,老旧车 7 万辆。但是,与工业源相比,随着市民生活水平的提高和国际航运中心的建设,上海市机动车等流动源仍保持快速增长趋势,机动车污染防治将长期成为上海市大气环境保护的重点工作。柴油车是上海市机动车污染物排放的重要贡献源,对 NO_x 和一次 $PM_{2.5}$ 排放贡献约在 75% 和 90% 左右。据统计,上海市目前柴油车保有量约 33.2 万辆,国三及以下中重型柴油车 14.2 万辆,占柴油车总量的42.8%。从排放来看,国三及以下柴油车排放的 NO_x 和 PM 分别占柴油车总量的61.5% 和 80.4%。

　　为提升在用国三柴油车尾气排放控制水平,上海近年来逐步加大了对国三重点车型的尾气排放治理力度,2012 年 5 月～2013 年 12 月,上海市对 8 辆公交车安装后处理装置应用示范;2013 年 12 月～2014 年 11 月,上海市对 22 辆国三柴油公交车安装后处理装置,进行 16 个月考核试验。2014 年 12 月,上海市对 100 辆国三公交车安装后处理装置,并定期进行排放考核,减排性能高效,车辆运行情况良好;2015 年,4610 辆国三柴油公交车安装后处理装置,2016 年上半年完成了全市约 5 000 辆国三柴油公交车的 DPF 改造。2016 年 8 月,市交通委、市环保局、市发改委、市财政局相继印发了《关于印发〈上海市国三柴油集装箱运输车辆加装尾气净化装置补贴操作办法〉的通知》(沪交科〔2016〕392 号)和《上海市交通委员会关于做好国三柴油集装箱运输车辆加装尾气净化装置工作的通知》(沪交科〔2016〕511 号),要求上海市 1.1 万辆国三柴油车集装箱运输车辆进行 DPF 的改造。

9.5.2 抽测评估方法及流程

为了使抽样结果更具代表性,对所有参与的 10 955 辆国三集卡进行了统计,额定功率为 199 kW、213 kW 和 247 kW 数量最多,分别占所有车辆的 14%、33% 和 22%。本次抽样样本数量为 12,覆盖了占有量最高的品牌和功率的国三集卡。

抽样车型、车龄、DPF 安装时间等基本一致,整备质量约 7 000 吨、牵引总质量约 34 吨、发动机功率约 200~250 kW、排量约 10 L;累计行驶里程约 20~30 万。与此同时,抽样车辆满足尾气净化装置跟踪远程监控正常、正常维护保养的要求。

表 9-8　　　　　　　　　　　　　　被测车辆信息汇总

后处理供应商	车辆	里程	整备质量	技术特点	缸径×行程	最大功率	最大功率转速	排量
		km	kg		mm×mm	kW	r·min^{-1}	L
厂家 1	A 车	224 117	6 870	水冷,四冲程,直喷,增压中冷	126×130	213	2 200	9.7
	B 车	293 967	6 870		126×130	213	2 200	9.7
厂家 2	C 车	533 717	7 500		117×135	250	2 400	8.7
	D 车	464 716	7 500		117×135	250	2 400	8.7
厂家 3	E 车	268 668	5 325		126×130	213	2 200	9.7
	F 车	459 502	7 300		126×130	247	2 400	9.7
厂家 4	G 车	489 236	6 800		126×130	213	2 200	9.7
	H 车	374 484	6 800		126×130	213	2 200	9.7
厂家 5	J 车	89 642	6 800		126×130	199	2 200	9.7
	K 车	412 907	6 800		126×130	213	2 200	9.7
厂家 6	L 车	652 985	6 800		126×130	199	2 200	9.7
	M 车	407 854	6 800		126×130	199	2 200	9.7

表 9-9　　　　　　　　　　　　被抽中车辆的 DOC、DPF 规格参数

车辆	里程	功率	DOC 规格		DOC 涂层配方		DPF 规格		DPF 涂层配方	
			长度×直径	目数	负载	Pt/Pd/Rh	长度×直径	目数	负载	Pt/Pd/Rh
	km	kW	mm×mm	cpsi	g/L		mm×mm	cpsi	g/L	
A 车	224 117	213	102×267	400	1.1	7：1：0	203×266.7	200	0.353	5：1：0
B 车	293 967	213	152×267	400	1.1	7：1：0	254×266.7	200	0.353	5：1：0
C 车	533 717	250	90×340	400	1.6	10：1：0	304.8×330.2	200	1.059	10：2：1
D 车	464 716	250	110×317	400	1.6	10：1：0	381×304.8	200	1.059	10：2：1
E 车	268 668	213	160×245	400	1.1	1：0：0	/	200	0.318	2：1：0
F 车	459 502	247	160×274	400	1.1	1：0：0	/	200	0.318	2：1：0
G 车	489 236	213	152×305	400	0.7	1：0：0	304.8×304.8	200	0.085	10：1：0
H 车	374 484	221	152×267	400	0.7	1：0：0	279.4×266.7	200	0.085	10：1：0
J 车	89 642	199	140×258	250	0.9	5：1：0	254×267	200	0.353	5：1：0
K 车	412 907	213	150×277	250	0.9	5：1：0	305×286	200	0.353	5：1：0
L 车	652 985	199	152×267	400	1.1	1：0：0	304.8×266.7	200	0.177	10：1：0
M 车	407 854	199	152×267	400	1.1	1：0：0	304.8×266.7	200	0.177	10：1：0

　　试验平台为重型底盘测功机试验平台(图 9-1),采用基于定容采样系统(CVS)的排放测试系统在标准方法和工况下,开展 DPF 加装前后的气态污染物和颗粒物排放测试。

　　测试工况参考《重型商用车辆燃油消耗量测试方法》(GB/T 27840—2011),采用完整的 C-WTVC 循环(1 800 s)。如图 9-43 所示,该循环工况是以世界统一的重型商用车辆瞬态车辆循环(WTVC,World Transient Vehicle Cycle)为基础,调整加速度和减速度形成的驾驶循环。通过该测试循环,可以在真实地模拟重型商用车的运行情况。

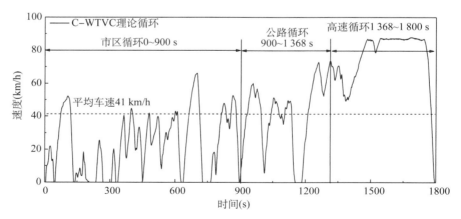

图 9-43　C-WTVC 测试循环

9.5.3　单车减排效果实测评估

测试结果如表 9-10 所示,加装 DPF 对国三柴油集卡 THC、CO、PN、PM、BC、OC 和 EC 减排作用明显,平均减排率分别达到 90.8%、65.0%、99.6%、89.9%、97.0%、92.0% 和 97.0%。

表 9-10　　　　　　　　　　单车减排效果评估(单位:%)

供应商	THC	CO	PN	PM	BC	EC	OC
平均	90.8	65.0	99.6	89.9	97.0	97.0	92.0
厂家 1	91.8	75.0	99.8	99.5	99.0	75.0	69.0
厂家 2	92.5	55.9	99.5	88.5	99.5	90.0	94.0
厂家 3	93.3	74.4	99.7	85.8	99.9	95.0	99.0
厂家 4	90.5	6.8	99.4	89.7	96.9	91.0	96.0
厂家 5	91.7	90.3	99.5	89.9	99.4	99.0	89.0
厂家 6	85.1	87.2	99.8	86.0	98.6	91.2	89.8

9.5.4　综合减排效果评估

对 5 000 辆国三公交车和 11 000 辆国三集卡推广应用 DPF 的减排效果测算如表 9-11 所示,2017 年上海市集卡车治理后 CO、THC 和 PM 各减排 414 吨、1 092 吨和 900 吨,PM 减排效果非常明显。

表 9-11　　　　　　　　　　减排效果测算表

项目	CO	THC	PM
2017 年排放基数/万吨	5	1.8	0.39
DPF 应用后排放/万吨	4.96	1.69	0.3
减排量/吨	414	1 092	900
减排率/%	0.8	6	23

根据上海市交通站在线监测的数据,如图 9-44 所示,CO、$PM_{2.5}$、BC 等污染物排放量逐步下降,由此可见 DPF 对城市柴油车减排效果显著。

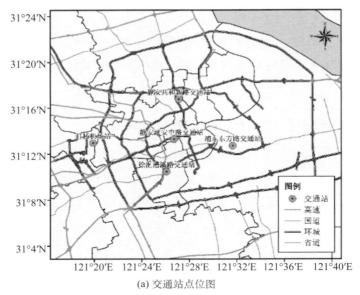

(a) 交通站点位图

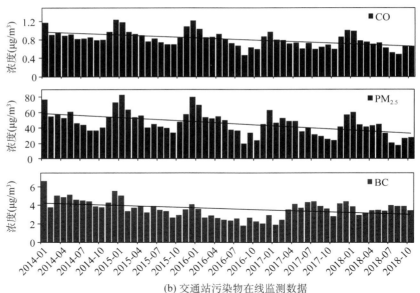

(b) 交通站污染物在线监测数据

图 9-44 交通站污染物在线监测情况

参考文献

[1] 张允华, 楼狄明, 谭丕强, 等. DOC+CDPF 对重型柴油车排放特性的影响[J]. 环境科学, 2017, 38 (5): 1828-1834.

[2] 楼狄明, 李泽宣, 谭丕强, 等. DOC+CDPF 对重型柴油车颗粒物道路排放特性的影响[J]. 环境工程, 2018, 36(06): 90-94.

[3] LAPUERTA M, ARMAS O, RODRÍGUEZ-FERNÁNDEZ J. Effect of Biodiesel Fuels on Diesel Engine Emissions [J]. Progress in Energy and Combustion Science, 2008, 34: 198-223.

［4］　赵可心.基于行驶里程的后处理装置对柴油公交车排放特性的影响［D］上海:同济大学,2017. 41-67

［5］　楼狄明,赵可心,谭丕强,等.不同后处理装置对柴油车排放特性的影响——基于行驶里程的后处理装置对柴油公交车气态物排放特性的影响［J］.中国环境科学,2016,36(08):2282-2288.

［6］　贺晓婧.重型柴油车远程监控系统与车载排放测试研究［D］.上海:同济大学,2018. 19-66

［7］　楼狄明,贺晓婧,张允华,等.DOC＋CDPF 对重型柴油车气态物排放特性影响的试验研究［C］//《环境工程》编委会、工业建筑杂志社有限公司.《环境工程》2018 年全国学术年会论文集(下册).《环境工程》编委会、工业建筑杂志社有限公司:《环境工程》编辑部,2018:354-358＋440.

［8］　刘影.不同后处理装置对柴油公交车排放特性的影响研究［D］.上海:同济大学,2017.

［9］　楼狄明,刘影,谭丕强,等.DOC/DOC＋CDPF 对重型柴油车气态物排放的影响［J］.汽车技术,2016(10):22-26.

［10］　楼狄明,钱思莅,冯谦,等. 基于 DOC＋CDPF 后处理技术的公交车实际道路颗粒物排放特性［J］.环境工程,2013(S1):348-353.

［11］　楼狄明,万鹏,谭丕强,等. DOC＋CDPF 配方对柴油公交车颗粒物排放特性影响［J］. 中国环境科学,2016,36(011):3280-3286.

缩略语和符号说明

缩写	英文全称	中文含义
Al_2O_3	Aluminium oxide	氧化铝
a. u.	any unit	任意单位
℃	Centigrade	摄氏度
CCBC	Chinese city bus cycle	中国典型城市公交循环工况
Ce_2O_3	Cerium oxide	三氧化二铈
CDPF	Catalyzed diesel particle filter	催化型柴油机颗粒捕集器
CO	Carbon monoxide	一氧化碳
CO_2	Carbon dioxide	二氧化碳
cpsi	channels per square inch	每平方英寸的孔道数
DOC	Diesel oxidation catalyst	柴油机氧化催化器
DPF	Diesel particle filter	柴油机颗粒捕集器
D_p	Particle diameter	颗粒粒径
EC	Elemental carbon	元素碳
EDS	Energy dispersive spectroscopy	能量色散谱
EPA	Environmental protection agency	美国环保局
Fe_2O_3	Iron(Ⅲ) oxide	氧化铁
FID	Flame ionization detector	火焰离子检测器
ft	foot	英尺
GC-MS	Gas chromatography-Mass spectrometer	气相色谱-质谱联用仪
HC	Hydrocarbon	碳氢化合物
H_2SO_4	Sulfuric acid	硫酸
H_2-TPR	Hydrogen Temperature-Programmed reduction	氢气程序升温还原
La_2O_3	Lanthanum oxide	氧化镧
NDIR	Non-dispersive infrared	非分散红外光
NDUV	Non-dispersive ultraviolet	非分散紫外光
NO_x	Nitrogen oxides	氮氧化物
NO	Nitric oxide	一氧化氮
NO_2	Nitrogen dioxide	二氧化氮
Nap	Naphthalene	萘

缩写	英文全称	中文含义
ng	nanogram	纳克
O_2	Oxygen gas	氧气
O_3	Ozone	臭氧
O_{ad}	Adsorbed oxygen	吸附氧
OC	Organic carbon	有机碳
O_L	Lattice oxygen	晶格氧
O_S	Surface oxygen	表面氧
PAHs	Polycyclic aromatic hydrocarbons	多环芳烃
Pd	Palladium	钯
PM	Particle matter/Particle mass	颗粒物、颗粒物质量
PN	Particle number	颗粒物数量
POC	Particle oxidation catalyst	颗粒氧化催化器
Pt	Platinum	铂
Rh	Rhodium	铑
SEM	Scanning electron microscope	扫描电子显微镜
SiC	Silicon carbide	碳化硅
SO_2	Sulfur dioxide	二氧化硫
SOF	Soluble organic fraction	可溶性有机物
TC	Total carbon	总碳
TEF	Toxic equivalency factor	毒性相当因子
THC	Totalhydrocarbon	总碳氢
TiO_2	Titanium dioxide	氧化钛
TPR	Temperature-programmed reduction	程序升温还原
VOCs	Volatile organic compounds	挥发性有机物
VSP	Vehicle specific power	比功率
XPS	X-ray photoelectron spectroscopy	X 射线光电子能谱
XRD	X-ray diffraction	X 射线衍射
ZrO_2	Zirconium dioxide	氧化锆